高等学校计算机应用规划教材

AutoCAD 机械制图
应用教程（2016版）

程凤娟　尹　辉　编著

U0301444

清华大学出版社

北　京

内 容 简 介

本书介绍了 AutoCAD 2016 在机械图形绘制方面的应用，内容丰富翔实，具有较高的参考价值。全书共15 章，包括基本概念与制图基础，绘制二维图形，编辑二维图形，设置线型、线宽、颜色与图层，图案填充、文字标注、块及属性，尺寸标注，制作样板文件，绘制简单机械图形，绘制常用标准件，绘制零件图，绘制装配图，创建常用图块、图库与表格，三维图形的绘制与编辑，绘制三维零件图，绘制三维实体装配图等内容。

本书结构清晰，语言简练，实例丰富，既可作为高等院校机械设计、工程制图及相关专业课程的教材，也可作为从事计算机绘图技术研究与应用人员的参考书。

本书各章对应的素材和电子教案可以通过 http://www.tupwk.com.cn/downpage 免费下载。

本书封面贴有清华大学出版社防伪标签，无标签者不得销售。

版权所有，侵权必究。侵权举报电话：010-62782989　13701121933

图书在版编目(CIP)数据

AutoCAD 机械制图应用教程：2016 版 / 程凤娟，尹辉　主编. —北京：清华大学出版社，2016
(高等学校计算机应用规划教材)
ISBN 978-7-302-45333-8

Ⅰ. ①A… 　Ⅱ. ①程… ②尹… 　Ⅲ. ①机械制图－AutoCAD 软件－高等学校－教材 　Ⅳ. ①TH126

中国版本图书馆 CIP 数据核字(2016)第 260834 号

责任编辑：王　定　程　琪
封面设计：孔祥峰
版式设计：思创景点
责任校对：成凤进
责任印制：何　芊

出版发行：清华大学出版社
　　　　网　　址：http://www.tup.com.cn，http://www.wqbook.com
　　　　地　　址：北京清华大学学研大厦 A 座　　　　邮　　编：100084
　　　　社 总 机：010-62770175　　　　　　　　　　邮　　购：010-62786544
　　　　投稿与读者服务：010-62776969，c-service@tup.tsinghua.edu.cn
　　　　质 量 反 馈：010-62772015，zhiliang@tup.tsinghua.edu.cn
　　　　课 件 下 载：http://www.tup.com.cn，010-62781730
印 装 者：三河市春园印刷有限公司
经　　销：全国新华书店
开　　本：185mm×260mm　　　　印　张：23.75　　　　字　　数：548 千字
版　　次：2016 年 12 月第 1 版　　　　　　　　　　印　　次：2016 年 12 月第 1 次印刷
印　　数：1～3000
定　　价：38.00 元

产品编号：064809-01

前　　言

AutoCAD 是 Autodesk 公司开发的著名产品，具有强大的二维、三维绘图功能，灵活方便的编辑修改功能，规范的文件管理功能，人性化的界面设计等。该软件广泛应用于建筑规划、方案设计、施工图设计、施工管理等各类工程制图领域，已成为目前机械制图、土木建筑工程领域从业人员必不可少的工具之一。

本书由浅入深地介绍了 AutoCAD 2016 在机械制图中的各种实际应用，让读者进一步步掌握 AutoCAD 绘图技巧的同时熟悉机械制图标准及相关的设计规范，养成良好的制图习惯。本书各章的内容安排如下：

第 1 章介绍了 AutoCAD 2016 的基本概念与机械制图的基础知识。

第 2 章介绍了使用 AutoCAD 2016 绘制二维图形的常用操作与相关的关键知识。

第 3 章介绍了编辑二维图形的操作方法与相关技巧。

第 4 章介绍了在 AutoCAD 2016 中设置图形线型、线宽、颜色与图层的方法与技巧。

第 5 章介绍了设置图案填充、文字标注及块与块属性的方法与技巧。

第 6 章介绍了使用 AutoCAD 2016 标注二维图形尺寸的方法与相关知识。

第 7 章介绍了使用 AuotCAD 2016 制作机械制图样板文件方法。

第 8 章介绍了绘制弹簧、电机、曲柄滑块机构、凸轮机构等简单机械图形的方法。

第 9 章介绍了绘制螺栓、轴承、把手、垫圈等常用标准件的方法。

第 10 章介绍了绘制连杆、吊钩、轴、齿轮、箱体、皮带轮等零件图的方法。

第 11 章介绍了如何根据已有零件图绘制装配图、如何绘制装配图以及如何根据已有装配图拆零件图等内容。

第 12 章介绍了在 AutoCAD 2016 中定义常用块、图库与表格的方法。

第 13 章介绍了使用 AutoCAD 2016 绘制与编辑三维实体的基础知识和相关技巧。

第 14 章介绍了利用 AutoCAD 2016 绘制三维实体零件的方法和技巧。

第 15 章介绍了利用 AutoCAD 2016 创建实体装配以及实体的分解图的方法。

本书是作者在总结多年教学经验与科研成果的基础上编写而成的，既可作为高等学校机械设计、工程制图及相关专业机械制图课程的教材，也可作为从事计算机绘图技术研究与应用人员的参考书。

除封面署名作者外，参与本书编写的还有陈笑、杜静芬、李玉玲、尹霞、孔祥亮、赵新娟、孙红丽等人。由于作者水平有限，加之创作时间仓促，本书难免有不足之处，欢迎广大读者批评指正。

服务邮箱：wkservice@vip.163.com。

作　者

2016 年 9 月

目　　录

第1章 基本概念与制图基础

AutoCAD 是由 Autodesk 公司开发的一款通用计算机辅助设计软件，该软件具有易于掌握、使用方便、体系结构开放等优点，能够帮助制图者实现绘制二维与三维图形、标注尺寸、渲染图形以及打印输出图纸等功能，被广泛应用于机械、建筑、电子、航天、造船、冶金、石油化工、土木工程等领域。

本章作为全书的开端，将重点介绍使用 AutoCAD 2016 绘制图形的基本概念与制图基础，为用户认识与学习该软件打下坚实基础。

1.1 AutoCAD 功能概述

AutoCAD 是由美国 Autodesk 公司开发的通用计算机辅助绘图与设计软件包，具有功能强大、易于掌握、使用方便、体系结构开放等特点，能够绘制平面图形与三维图形、标注图形尺寸、渲染图形以及打印输出图纸，深受广大工程技术人员的欢迎。AutoCAD 自1982 年问世以来，已经进行了多次升级，功能日趋完善，已成为工程设计领域应用最为广泛的计算机辅助绘图与设计软件之一。

1.1.1 绘制并编辑图形

AutoCAD 提供了丰富的绘图命令，使用这些命令可以绘制直线、构造线、多段线、圆、矩形、多边形、椭圆等基本图形，也可以将绘制的图形转换为面域，对其进行填充，还可以借助编辑命令绘制各种复杂的二维图形，如图 1-1 所示。

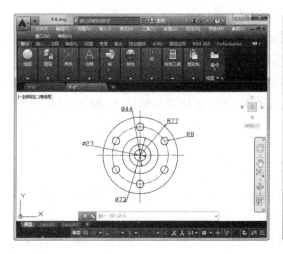 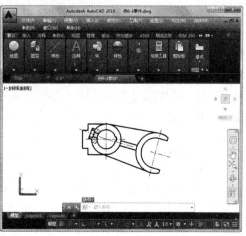

图 1-1　绘制二维图形

对于一些二维图形，通过拉伸、设置标高和厚度等操作就可以轻松地将其转换为三维图形。AutoCAD 提供了三维绘图命令，用户可以很方便地绘制圆柱体、球体、长方体等基本实体以及三维网格、旋转网格等网格模型。同样再结合编辑命令，还可以绘制出各种各样的复杂三维图形。图 1-2 所示为使用 AutoCAD 绘制的三维图形。

图 1-2　绘制三维图形

在工程设计中，也常常使用轴测图来描述物体的特征。轴测图是一种以二维绘图技术来模拟三维对象沿特定视点产生的三维平行投影效果，但在绘制方法上不同于二维图形的绘制。因此，轴测图看似三维图形，但实际上是二维图形。切换到 AutoCAD 的轴测模式下，就可以方便地绘制出轴测图，此时直线将绘制成与坐标轴成 30°、90°、150° 等角度，圆将绘制成椭圆形。

1.1.2　标注图形尺寸

尺寸标注是向图形中添加测量注释的过程，是整个绘图过程中不可缺少的一步。AutoCAD 提供了标注功能，使用该功能可以在图形的各个方向上创建各种类型的标注，也可以方便、快速地以一定格式创建符合行业或项目标准的标注。

标注显示了对象的测量值，对象之间的距离、角度，或者特征与指定原点的距离。在AutoCAD 中提供了线性、半径和角度 3 种基本的标注类型，可以进行水平、垂直、对齐、旋转、坐标、基线或连续等标注。此外，还可以进行引线标注、公差标注，以及自定义粗糙度标注。标注的对象可以是二维图形或三维图形。图 1-3 所示为使用 AutoCAD 标注的二维图形和三维图形。

1.1.3　渲染三维图形

在 AutoCAD 中，可以运用雾化、光源和材质，将模型渲染为具有真实感的图像。如果是为了演示，可以渲染全部对象；如果时间有限，或显示设备和图形设备不能提供足够的灰度等级和颜色，就不必精细渲染；如果只需快速查看设计的整体效果，则可以简单消隐或设置视觉样式。图 1-4 所示为使用 AutoCAD 进行渲染的效果。

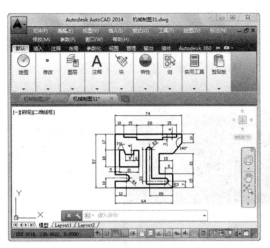

图 1-3　标注图形

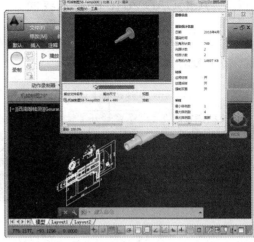

图 1-4　渲染图形

1.1.4　输出与打印图形

　　AutoCAD 不仅允许将所绘图形以不同样式通过绘图仪或打印机输出，还能够将不同格式的图形导入 AutoCAD 或将 AutoCAD 图形以其他格式输出。因此，当图形绘制完成之后可以使用多种方法将其输出。例如，可以将图形打印在图纸上，或创建文件供其他软件使用，如图 1-5 所示。

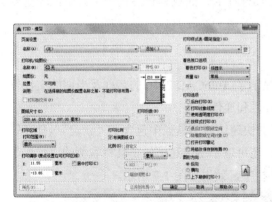

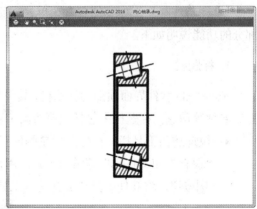

图 1-5　输出与打印图形

1.2　AutoCAD 用户界面

　　在学习 AutoCAD 2016 之前，首先要了解该软件的操作界面。新版软件非常人性化，提供便捷的操作工具，可以帮助使用者快速熟悉操作环境，从而提高工作效率。

1.2.1　AutoCAD 2016 的基本界面

在启动 AutoCAD 2016 后，软件将默认进入"草图与注释"工作空间。此时，AutoCAD 软件各部分的名称如图 1-6 所示。

图 1-6　"草图与注释"工作空间

"草图与注释"工作空间包含菜单栏、工具选项卡、面板和状态栏等，其中比较重要部分的功能说明如下。

1. 标题栏

AutoCAD 软件界面顶部为标题栏，其中显示了 AutoCAD 2016 的名称及当期的文件位置、名称等信息，标题栏中包括快速访问工具栏和通信中心。

● 快速访问工具栏：在标题栏左侧位置的快速访问工具栏中包含了"新建""打开""保存"和"打印"等常用工具。用户还可以单击快速访问工具栏右侧的"扩展" 按钮，将其他工具栏放置在该工具栏中，效果如图 1-7 所示。

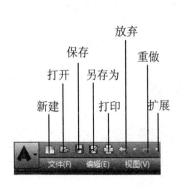

图 1-7　自定义快速访问工具栏

- 通信中心：在标题栏的右侧为通信中心，它是通过 Internet 与最新软件更新、产品支持通告和其他服务的直接链接。通信中心可以帮助用户快速搜索各种信息来源、访问产品更新和通告以及在信息中心保存主题(通信中心提供一般产品信息、产品支持信息、订阅信息、扩展通知、文章和提示灯信息)。

2. 文档浏览器

单击 AutoCAD 软件界面左上角的▲按钮，将打开文档浏览器。在文档浏览器的左侧为常用的工具，右侧为最新打开的文档，用户可以在其中指定文档名的显示方式，以便于更好地分辨文档，如图 1-8 所示。

当光标在文档名称上停留时，AutoCAD 将自动显示一个预览图形以及文档信息，效果如图 1-9 所示。

图 1-8　访问最近使用的文档

图 1-9　显示图形预览

3. 工具栏

AutoCAD 2016 的工具栏通常处于隐藏状态，要显示所需的工具栏，用户可以单击"自定义访问工具"按钮，在弹出的菜单中选择"显示菜单"命令，显示菜单，然后选择"工具"|"工具栏"|AutoCAD 命令，显示所有工具栏选项名称，如图 1-10 所示。

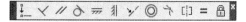

图 1-10　显示工具栏

4. 光标

AutoCAD 工作界面中当前的焦点(当前的工作位置)即为"光标"。针对 AutoCAD 工作的不同状态，对应的光标会显示不同的形状。例如，当光标位于 AutoCAD 的绘图区域时将呈现为十字形状，在这种情况下可以通过单击来执行相应的绘图命令；当光标呈现为小方格时，表示 AutoCAD 正处于等待选择状态，此时可以通过单击在绘图区域中进行单个对象的选择，或进行多个对象的框选，效果如图 1-11 所示。

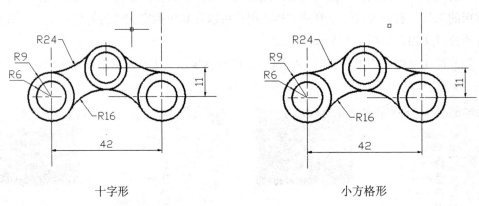

十字形　　　　　　　　　　　　　　　　　小方格形

图 1-11　光标的状态

5. 命令行

命令行位于绘图界面的最下方，主要用于显示提示信息和接受用户输入的数据。在 AutoCAD 中，用户可以按 Ctrl+9 组合键来控制命令窗口的显示与隐藏。当用户按住命令左侧的标题栏进行拖动时，将使其成为一个浮动面板，如图 1-12 所示。

图 1-12　命令行

提示：

另外，AutoCAD 还提供一个文本窗口，用户按 F2 键可以显示该窗口。文本窗口记录本次操作中的所有操作命令，包括单击按钮和所执行的菜单命令(在文档窗口中按 Enter 键也可以执行相应的操作)。

6. 状态栏

状态栏位于 AutoCAD 界面的最底端，其左侧用于显示当前光标的状态信息，包括 X、Y、Z 等 3 个方向上的坐标值。状态栏的右侧显示一些具有特殊功能的按钮，一般包括捕捉、栅格、动态输入、正交和极轴等，如图 1-13 所示。

功能按钮

图 1-13　状态栏

7. 选项卡

在 AutoCAD 2016 的界面上方的选项卡中，包含了该软件中几乎所有的操作工具，效果如图 1-14 所示。

选项卡

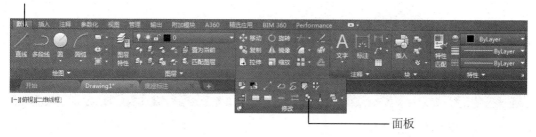

面板

图 1-14　选项卡

8. 坐标系

AutoCAD 提供两个坐标系：一个称为世界坐标系(WCS)的固定坐标系和一个称为用户坐标系(UCS)的可移动坐标系。UCS 对于输入坐标、定义图形平面和设置视图非常有用。改变 UCS 并不改变视点，只改变坐标系的方向和倾斜角度，效果如图 1-15 所示。

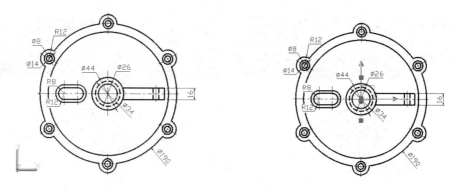

图 1-15　坐标系

1.2.2　AutoCAD 2016 的工作空间

AutoCAD 2016 提供了"草图与注释""三维基础""三维建模"和"AutoCAD 经典"等 4 种工作空间模式。要在这 4 种工作空间模式中进行切换，只需单击快速访问工具栏中的空间名称，然后在弹出的下拉列表中选择相应的空间即可，如图 1-16 所示。

1. "草图与注释" 空间

在默认状态下打开"草图与注释"空间，其界面主要由"文档浏览器"按钮、功能区选项板、快速访问工具栏、文本窗口与命令行、状态栏等元素组成，如图 1-17 所示。在该空间中，可以使用"绘图""修改""图层""注释""块"等面板方便地绘制二维图形。

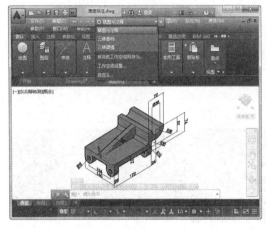 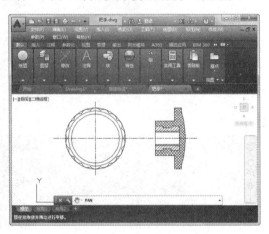

图 1-16　选择工作空间　　　　　　　　图 1-17　"草图与注释"空间

2. "三维基础" 与 "三维建模" 空间

使用"三维基础"或"三维建模"空间，可以方便地在三维空间中绘制图形。在功能区选项板中集成了"建模""实体""曲面""网格""渲染"等面板，从而为绘制三维图形、观察图形、创建动画、设置光源、为三维对象附加材质等操作提供了非常便利的环境，如图 1-18 所示。

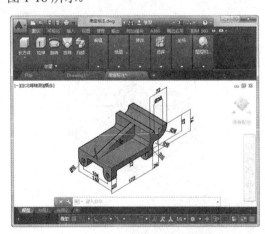 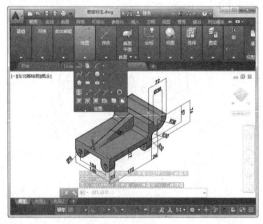

图 1-18　"三维基础"空间与"三维建模"空间

3. AutoCAD 工作空间设置

对于习惯 AutoCAD 传统界面的用户来说，可以使用"AutoCAD 工作空间设置"功能，对工作空间进行设置，如图 1-19 所示。

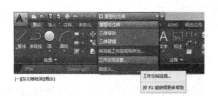

图 1-19　AutoCAD 工作空间设置

1.3　AutoCAD 命令输入

　　AutoCAD 是一款命令行驱动的绘图软件，因此命令对于 AutoCAD 来说就是绘图的基石。要熟练地使用 AutoCAD 制图，用户就必须掌握如何使用命令。AutoCAD 中常用的命令输入方法是鼠标输入和键盘输入，绘图时一般都是结合两种设备进行的，利用键盘输入命令和参数，利用鼠标执行工具栏中的命令、选择对象、捕捉关键点等。

1.3.1　命令与系统变量

　　命令是用户需要进行的某个操作。大部分的 AutoCAD 命令都可以通过键盘输入，然后在命令行中执行(而且部分命令只有在命令行中才能执行)。

　　系统变量用于控制某些命令的工作方式，一般在命令行中执行。它们可以打开或关闭模式，可以设置填充图案的默认比例，可以存储关于当前图形和程序配置的信息。

1.3.2　通过菜单命令绘图

　　选择菜单栏中相应的菜单命令，即可进行相应的操作。例如，选择"绘图"|"直线"命令，即可执行直线命令，命令行提示如下：

　　　　命令：_line 指定第一点：　　　　//系统提示要求用户在绘图区用鼠标或者坐标值定位第一点

1.3.3　通过工具栏按钮绘图

　　单击工具栏中的按钮可以执行相应的命令。例如，单击"绘图"工具栏中的"直线"按钮，执行直线命令，命令行提示如下：

> 命令: _line 指定第一点:　　　　　　　//系统提示要求用户在绘图区用鼠标或者坐标值定位第一点

1.3.4　通过输入命令绘图

在 AutoCAD 中，大部分命令都具有其对应的命令名，可以直接在命令行中输入命令名并按 Enter 键来执行。例如，在命令行中直接输入 line，按 Enter 键，命令行提示如下：

> 命令: line　　　　　　　　　　//输入命令，按 Enter 键
> 指定第一点:　　　　　　　　　//系统提示要求用户在绘图区用鼠标或者坐标值定位第一点

提示:

在 AutoCAD 中，命令不区分大小写。各种命令对应的简写命令可以使用户更快捷地绘图。另外，在执行完上一次命令之后，如果还想继续执行该命令，可以按 Enter 键继续执行命令。

1.3.5　使用透明命令

AutoCAD 2016 中的许多命令可以透明使用，即可以在使用另一个命令的同时，在命令行中输入这些命令或直接再单击工具栏中的其他命令。透明命令通过在命令名的前面加一个单引号来表示，常用于更改图形设置或显示选项，例如在画直线的过程中需要缩放视图，则可以使用透明命令，等缩放完视图之后再接着画直线。这样可以避免绘制点落在视图之外所带来的不便。

以"直线"命令为例，单击"直线"按钮 ╱ 执行"直线"命令，然后单击"标准"工具栏中的"实时缩放"按钮 🔍。

> 命令: _line 指定第一点:'_zoom　　　　　//执行"直线"命令的同时执行"实时缩放"命令
> >>指定窗口的角点，输入比例因子(nX 或 nXP)，或者　　//系统提示信息
> [全部(A)/中心(C)/动态(D)/范围(E)/上一个(P)/比例(S)/窗口(W)/对象(O)] <实时>:　　//缩放视图
> >>按 Esc 或 Enter 键退出，或右击显示快捷菜单　　//按 Esc 或 Enter 键退出
> 正在恢复执行 LINE 命令　　　　　　　//系统提示信息
> 指定第一点:
> //继续执行直线命令，系统提示要求用户在绘图区用鼠标或者坐标值定位第一点

1.3.6　退出执行命令

在 AutoCAD 2016 中执行命令的过程中，如果用户不想执行当前命令了，可以按 Esc 键退出命令的执行状态。

1.4　AutoCAD 图形管理

在 AutoCAD 中，图形文件管理一般包括创建新文件、打开已有的图形文件、保存文件、加密文件和关闭图形文件等。

1.4.1　创建图形

　　创建新图形的方法有很多种，包括使用向导创建图形或使用样板文件创建图形。无论采用哪种方法，都可以选择测量单位和其他单位格式。

1. 使用样板文件创建图形

　　在快速访问工具栏中单击"新建"按钮，或单击"文档浏览器"按钮，在弹出的菜单中选择"新建"|"图形"命令，即可打开"选择样板"对话框创建新图形文件，如图 1-20 所示。

　　在"选择样板"对话框中，可以在文件列表框中选中某一个样板文件，这时在右侧的预览中将显示出该样板的预览图像，单击"打开"按钮，可以将选中的样板文件作为样板来创建新图形。例如，以样板文件 Tutorial –iArch.dwt 创建新图形文件后，可以看到如图 1-21 所示的效果。

图 1-20　创建图形

图 1-21　图形样板

提示：

　　样板文件中通常包含与绘图相关的一些通用设置，如图层、线型、文字样式等，使用样板创建新图形不仅可以提高绘图的效率，而且还可以保证图形的一致性。

2. 使用向导创建图形

　　在 AutoCAD 2016 中，如果需要建立自定义的图形文件，可以利用向导来创建新的图形文件。

　　【例 1-1】以英制为单位，以小数为测量单位，其精度为 0.0，十进制度数的精度为 0.00，以顺时针为角度的测量方向，以 A1 图纸的幅面作为全比例单位表示的区域，创建一个新图形文件。

　　(1) 启动 AutoCAD 2016 后，在命令行中输入 STARTUP，按 Enter 键。

(2) 在命令行的"输入 STARTUP 的新值<0>:"提示下输入 1, 然后按 Enter 键, 如图 1-22 所示。

(3) 在快速访问工具栏中单击"新建"按钮 , 打开"创建新图形"对话框, 然后选择"英制"单选按钮, 如图 1-23 所示。

图 1-22　输入 STARTIP 参数　　　　图 1-23　"创建新图形"对话框

(4) 单击"使用向导"按钮, 打开"选择向导"列表框, 然后选择"高级设置"选项, 并单击"确定"按钮, 如图 1-24 所示。

(5) 打开"高级设置"对话框, 选择"小数"单选按钮, 然后在"精度"下拉列表框中选择0.0选项, 如图 1-25 所示。

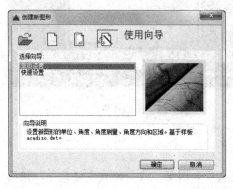

图 1-24　选择向导　　　　　　　　图 1-25　"高级设置"对话框

(6) 单击"下一步"按钮, 打开"角度设置"选项卡, 选择"十进制度数"单选按钮, 并在"精度"下拉列表框中选择0.00选项, 如图 1-26 所示。

(7) 单击"下一步"按钮, 打开"角度测量"选项卡, 使用默认设置。

(8) 单击"下一步"按钮, 在打开的"角度方向"选项卡中选择"顺时针"单选按钮, 设置角度测量的方向, 如图 1-27 所示。

(9) 单击"下一步"按钮, 打开"区域"选项卡, 在"宽度"文本框中输入420, 在"长度"文本框中输入297, 如图 1-28 所示。

(10) 完成以上设置后, 单击"完成"按钮, 即可完成创建图形的操作, 如图 1-29 所示。

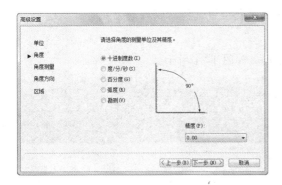

图 1-26　设置角度单位及精度

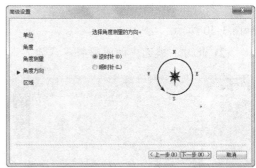

图 1-27　设置角度测量的方向

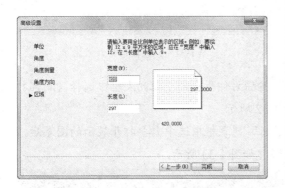

图 1-28　设置区域参数

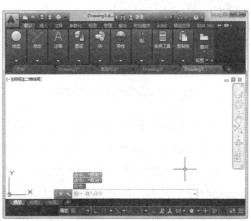

图 1-29　创建图形

1.4.2　打开图形文件

在快速访问工具栏中单击"打开"按钮，或单击"文档浏览器"按钮，在弹出的菜单中选择"打开"|"图形"命令，即可打开已有的图形文件，此时将打开"选择文件"对话框。

在"选择文件"对话框的文件列表框中选择需要打开的图形文件，此时在右侧的预览框中将显示出该图形的预览图像。在默认情况下，打开的图形文件的格式都为.dwg 格式。图形文件通常以"打开""以只读方式打开""局部打开"和"以只读方式局部打开"4 种方式打开。如果以"打开"和"局部打开"方式打开图形时，可以对图形文件进行编辑；如果以"以只读方式打开"和"以只读方式局部打开"方式打开图形，则无法对图形文件进行编辑；如果以"以只读方式局部打开"和"局部打开"方式打开图形，将打开"局部打开"对话框，提示用户指定加载图形的视图范围和图层。

【例 1-2】在 AutoCAD 中执行打开命令，以"只读"方式和"局部打开"方式打开图形。

(1) 选择"文件"|"打开"命令，打开"选择文件"对话框，选中一个图形文件后，

单击"打开"按钮右侧的■按钮，在弹出的下拉列表框中选择"以只读方式打开"选项，如图 1-30 所示。

(2) 此时，被选中的图形将以只读方式打开，如图 1-31 所示。

图 1-30　以只读方式打开图形

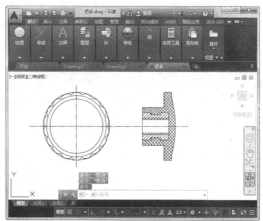

图 1-31　只读图形打开效果

(3) 重复执行步骤(1)的操作，在"打开"按钮右侧弹出的下拉列表框中选择"局部打开"选项，打开"局部打开"对话框，如图 1-32 所示。

(4) 在"局部打开"对话框右侧的"图层名"列表框中选中需要打开显示的图层后，单击"打开"按钮，即可以局部方式打开图形，如图 1-33 所示。

图 1-32　"局部打开"对话框

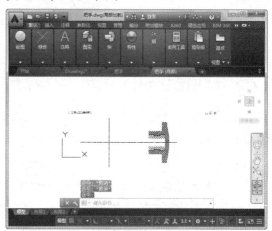

图 1-33　局部图形打开效果

1.4.3　保存图形文件

在 AutoCAD 中，可以使用多种方式将所绘图形以文件形式存入磁盘。例如，在快速访问工具栏中单击"保存"按钮 ，或单击"文档浏览器"按钮 ，在弹出的菜单中选择"保存"命令，以当前使用的文件名保存图形；也可以单击"文档浏览器"按钮 ，在弹出的菜单中选择"另存为"|"图形"命令，将当前图形以新的名称保存，如图 1-34 所示。

在 AutoCAD 2016 中第一次保存创建的图形时，系统将打开"图形另存为"对话框。

默认情况下，文件以"AutoCAD 图形(*.dwg)"格式保存，也可以在"文件类型"下拉列表框中选择其他格式，如图 1-35 所示。

图 1-34　保存图形文件　　　　　图 1-35　"图形另存为"对话框

1.4.4　关闭图形文件

单击"文档浏览器"按钮，在弹出的菜单中选择"关闭"|"当前图形"命令，或在绘图窗口中单击"关闭"按钮，可以关闭当前图形文件。

在 AutoCAD 中执行 CLOSE 命令后，如果当前图形没有保存，系统将弹出 AutoCAD 警告对话框，询问是否保存文件。此时，单击"是"按钮或直接按 Enter 键，可以保存当前图形文件并将其关闭；单击"否"按钮，可以关闭当前图形文件但不保存；单击"取消"按钮，可以取消关闭当前图形文件，既不保存也不关闭当前图形文件。

1.4.5　修复与恢复图形文件

图形文件损坏后或程序意外终止后，可以通过使用命令查找并更正错误，或通过恢复为备份文件修复部分或全部数据。

1. 修复损坏的图形文件

AutoCAD 中文件损坏后，可以通过使用命令查找并更正错误来修复部分或全部数据。出现错误时，诊断信息将记录在 acad.err 文件中，这样用户就可以使用该文件报告出现的问题。

如果在图形文件中检测到损坏的数据或者用户在程序发生故障后要求保存图形，那么该图形文件将标记为已损坏。如果只是轻微损坏，有时只需打开图形便可以修复它。要修复损坏的文件，可以在快速访问工具栏中选择"显示菜单栏"命令，在弹出的菜单栏中选择"文件"|"图形实用工具"|"修复"|"修复"命令(RECO VER)，可以打开"选择文件"对话框，从中选择一个需要修复的图形文件，并单击"打开"按钮，如图 1-36 所示。

图 1-36　修复图形文件

此时，将 AutoCAD 2016 将尝试打开图形文件，并在打开的对话框中显示核查结果。

2. 创建和恢复备份文件

备份文件有助于确保图形数据的安全。计算机硬件问题、电源故障或电压波动、用户操作不当或软件问题均会导致图形中出现错误。经常做好保存工作，可以确保在因任何原因导致系统发生故障时将丢失的数据降到最低限度。出现问题时，用户可以恢复图形备份文件。

在快速访问工具栏中选择"显示菜单栏"命令，在弹出的菜单栏中选择"工具"|"选项"命令(OPTIONS)，打开"选项"对话框，选择"打开和保存"选项卡，在"文件安全措施"选项组中选择"每次保存时均创建备份副本"复选框，就可以指定在保存图形时创建备份文件，如图 1-37 所示。

图 1-37　设置保存图形时创建备份

执行此次操作后，每次保存图形时，图形的早期版本将保存为具有相同名称并带有扩展名.bak 的文件。该备份文件与图形文件位于同一个文件夹中。

通过将 Windows 资源管理器中的.bak 文件重命名为带有.dwg 扩展名的文件,可以恢复为备份版。需要将其复制到另一个文件夹中,以免覆盖原始文件。

如果在"打开和保存"选项卡的"文件安全措施"选项组中选择了"自动保存"复选框,将以指定的时间间隔保存图形。默认情况下,系统为自动保存的文件临时指定名称 filename_a_b_nnnn.sv$。

- Filename 为当前图形名。
- a 为在同一工作任务中打开同一图形实例的次数。
- b 为在不同工作任务中打开同一图形实例的次数。
- nnnn 为随机数字。

这些临时文件在图形正常关闭时自动删除。出现程序故障或电压故障时,不会删除这些文件。要从自动保存的文件恢复图形的早期版本,可以通过使用扩展名 .dwg 代替扩展名.sv$来重命名文件,然后再关闭程序。

1.5　设置绘图环境

在使用 AutoCAD 绘图前,经常需要对绘图环境的某些参数进行设置,使其更符合自己的使用习惯,从而提高绘图效率。

1.5.1　设置绘图界限

图形界限就是绘图区域,也称为图限。现实中的图纸都有一定的规格尺寸,如 A4,为了将绘制的图纸方便地打印输出,在绘图前应设置好图形界限。在 AutoCAD 的菜单栏中选择"格式"|"图形界限"命令(LIMITS)来设置图形界限。

在世界坐标系下,图形界限由一对二维点确定,即左下角点和右上角点。在发出 LIMITS 命令时,命令提示行将显示如下提示信息。

指定左下角点或 [开(ON)/关(OFF)] <0.0000,0.0000>:

通过选择"开(ON)"或"关(OFF)"选项,可以决定能否在图形界限之外指定一点。如果选择"开(ON)"选项,那么将打开图形界限检查,就不能在图形界限之外结束一个对象,也不能使用"移动"或"复制"命令将图形移到图形界限之外,但可以指定两个点(中心和圆周上的点)来画圆,圆的一部分可能在界限之外;如果选择"关(OFF)"选项,AutoCAD 禁止图形界限检查,用户就可以在图限之外画对象或指定点。

【例 1-3】在 AutoCAD 中将绘图界限设置为 620×580。

(1) 在菜单栏中选择"格式"|"图形界限"命令,发出 LIMITS 命令。

(2) 在命令行的"指定左下角点或 [开(ON)/关(OFF)] <0.0000,0.0000>:"提示下,按 Enter 键,保持默认设置。

(3) 在命令行的"指定右上角点 <420.0000,297.0000>:"提示下,输入绘图界限的右上角点(620,580)。

(4) 输入完成后，按 Enter 键，完成图形界限的设置。

1.5.2　设置图形单位

在 AutoCAD 中可以采用 1:1 的比例因子绘图，因此，所有的直线、圆和其他对象都可以按照真实大小进行绘制。例如，一个零件长 200cm，用户可按 200cm 的真实大小进行绘制，当需要打印时，再将图形按图纸大小进行缩放。

在 AutoCAD 2016 中，用户可以在菜单栏中选择"格式"|"单位"命令(UNITS)，在打开的"图形单位"对话框中设置绘图时使用的长度单位、角度单位以及单位的显示格式和精度等参数。

在长度的测量单位类型中，"工程"和"建筑"类型是以英尺和英寸显示，每一图形单位代表 1 英寸。其他类型，如"科学"和"分数"，则没有特别的设定，每个图形单位都可以代表任何真实的单位。

如果块或图形创建时使用的单位与该选项指定的单位不同，则在插入这些块或图形时将对其按比例缩放，插入比例是源块或图形使用的单位与目标图形使用的单位之比。如果插入块时不按指定单位缩放，可选择"无单位"选项。

在"图形单位"对话框中，单击"方向"按钮，可以利用打开的"方向控制"对话框设置起始角度(0°角)的方向，如图 1-38 所示。

默认情况下，角度的 0°方向是指向右(即正东方或 3 点钟)的方向，如图 1-39 所示。逆时针方向为角度增加的正方向。

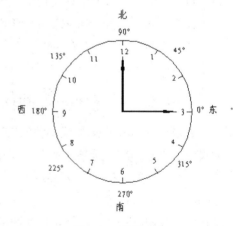

图 1-38　"图形单位"对话框　　　　　　　　图 1-39　角度方向

在"方向控制"对话框中，当选择"其他"单选按钮时，可以单击"拾取角度"按钮，切换到图形窗口中，通过拾取两个点来确定基准角度的 0°方向。

【例 1-4】设置图形单位，要求长度单位为小数点后两位，角度单位为十进制度数后一位小数，并以经过图形 A 点和 B 点的直线(从右下角到左上角)方向为角度的基准角度。

(1) 在菜单栏中选择"格式"|"单位"命令,打开"图形单位"对话框。

(2) 在"长度"选项组的"类型"下拉列表框中选择"小数"选项,在"精度"下拉列表框中选择0.00选项。

(3) 在"角度"选项组的"类型"下拉列表框中选择"十进制度数"选项,在"精度"下拉列表框中选择0.0选项,如图1-40所示。

(4) 单击"方向"按钮,打开"方向控制"对话框,并在"基准角度"选项组中选择"其他"单选按钮。

(5) 单击"拾取角度"按钮，切换至图形窗口,然后再单击交点 A 和 B,如图 1-41 所示。

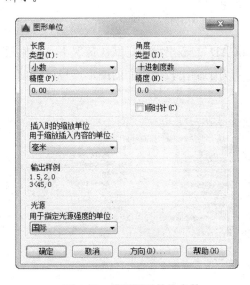

图 1-40　设置图形单位参数

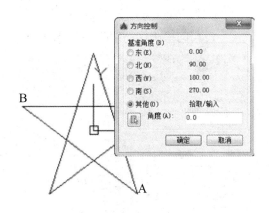

图 1-41　设置角度参数

(6) 此时,"方向控制"对话框的"角度"文本框中将显示角度值144°。单击"确定"按钮,依次关闭"方向控制"对话框和"图形单位"对话框,完成设置。

1.5.3　设置绘图参数

单击"文档浏览器"按钮，在弹出的菜单中单击"选项"按钮(OPTIONS),打开"选项"对话框。在该对话框中包含有"文件""显示""打开和保存""打印和发布""系统""用户系统配置""绘图""三维建模""选择集""配置"和"联机"11个选项卡。

其选项卡的具体功能如下。

- "文件"选项卡:用于确定 AutoCAD 搜索支持文件、驱动程序文件、菜单文件和其他文件时的路径以及用户定义的一些设置,如图 1-42 所示。
- "显示"选项卡:用于设置窗口元素、布局元素、显示精度、显示性能、十字光标大小和淡入度、控制外部参照显示等属性,如图 1-43 所示。
- "打开和保存"选项卡:用于设置是否自动保存文件,以及自动保存文件时的时间间隔,是否维护日志以及是否加载外部参照等,如图 1-44 所示。

图 1-42 "文件"选项卡

图 1-43 "显示"选项卡

- "打印和发布"选项卡：用于设置 AutoCAD 的输出设备。默认情况下，输出设备为 Windows 打印机。但在很多情况下，为了输出较大幅面的图形，也可能使用专门的绘图仪，如图 1-45 所示。

图 1-44 "打开和保存"选项卡

图 1-45 "打印和发布"选项卡

- "系统"选项卡：用于设置当前三维图形的显示特性、定点设备，设置是否显示 OLE 特性对话框，是否显示所有警告信息，是否检查网络连接，是否显示启动对话框，是否允许长符号名等，如图 1-46 所示。
- "用户系统配置"选项卡：用于设置是否使用快捷菜单和对象的排序方式。
- "绘图"选项卡：用于设置自动捕捉，自动追踪，自动捕捉标记框颜色和大小、靶框大小，如图 1-47 所示。
- "三维建模"选项卡：用于对三维绘图模式下的三维十字光标、UCS 图标、动态输入、三维对象、三维导航等选项进行设置，如图 1-48 所示。
- "选择集"选项卡：用于设置选择集模式、拾取框大小以及夹点大小等，如图 1-49 所示。
- "配置"选项卡：用于实现新建系统配置文件、重命名系统配置文件以及删除系统配置文件等操作。
- "联机"选项卡：登录账户后，可以与 Autodesk 360 账户同步图形或设置。

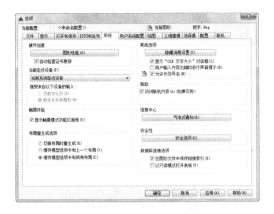

图 1-46　"系统"选项卡

图 1-47　"绘图"选项卡

图 1-48　"三维建模"选项卡

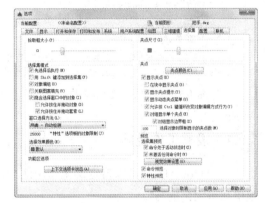

图 1-49　"选择集"选项卡

【例 1-5】在 AutoCAD 2016 中设置在执行命令时右击鼠标的功能为"确认"。

(1) 在绘图区右击，然后在弹出的快捷菜单中选择"选项"命令，如图 1-50 所示。

(2) 在打开的"选项"对话框中选择"用户系统配置"选项卡，然后在"Windows 标准操作"选项组中单击"自定义右键单击"按钮，如图 1-51 所示。

图 1-50　右击绘图区

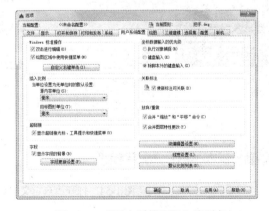

图 1-51　"用户系统配置"选项卡

(3) 打开"自定义右键单击"对话框，然后在"命令模式"选项组中选择"确认"单选按钮，如图 1-52 所示。

(4) 单击"应用并关闭"按钮，完成右键功能的设置，返回"选项"对话框。最后，单击"确定"按钮，返回绘图区，完成自定义鼠标右键设置，如图 1-53 所示。

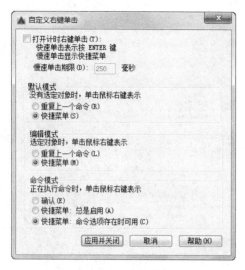

图 1-52　"自定义右键单击"对话框

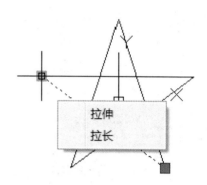

图 1-53　右键功能修改后的效果

1.5.4　设置工作空间

在 AutoCAD 中可以自定义工作空间来创建绘图环境，以便显示用户需要的工具栏、菜单和可固定的窗口。

1. 自定义用户界面

在菜单栏中选择"工具"|"自定义"|"界面"命令，打开"自定义用户界面"对话框，可以重新设置图形环境使其满足用户需求，如图 1-54 所示。

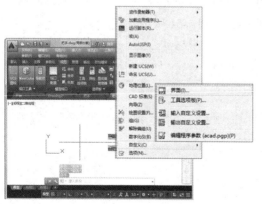

图 1-54　打开"自定义用户界面"对话框

"自定义用户界面"对话框包括两个选项卡，其中"自定义"选项卡用于控制如何创建或修改用户界面元素，"传输"选项卡用于控制移植或传输自定义设置。

【例1-6】在功能区选项板的"默认"选项卡中创建一个自定义面板。

(1) 在菜单栏中选择"工具"|"自定义"|"界面"命令，打开"自定义用户界面"对话框。

(2) 在"自定义"选项卡的"所有文件中的自定义设置"选项组的列表框中右击"功能区"|"面板"节点，在弹出的快捷菜单中选择"新建面板"命令，如图1-55所示。

(3) 在对话框右侧的"特性"选项组的"名称"文本框中输入自定义面板的名称，然后在"显示文字"文本框中输入面板显示的名称，例如"自定义常用按钮"，如图1-56所示。

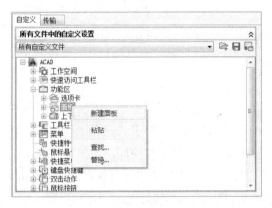

图 1-55　"所有文件中的自定义设置"选项组　　　图 1-56　"特性"选项组

(4) 在左侧"命令列表"选项组的"按类别过滤命令列表"下拉列表框中选择"文件"选项，然后在下方对应的列表框中选择"另存为"选项并将其拖动至"常用工具"|"第1行"节点下，即为新建的工具栏添加了一个工具按钮，如图1-57所示。

(5) 重复步骤(5)，使用同样的方法添加其他工具按钮，如图1-58所示。

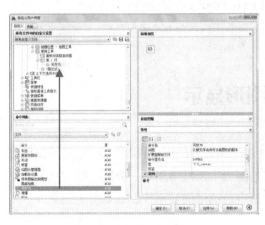

图 1-57　创建新的面板按钮　　　　　　　　图 1-58　添加工具按钮

(6) 在"所有文件中的自定义设置"列表框中将"常用工具"选项拖动至"常用-二维"节点下，如图1-59所示。

(7) 单击"确定"按钮完成设置，自定义面板的效果将如图1-60所示。

图 1-59　调整自定义面板位置

图 1-60　自定义面板的效果

2. 保存工作空间

在设置完成工作空间后，可以将其保存，以便在需要时使用该空间。方法是在菜单栏中选择 "工具" | "工作空间" | "将当前工作空间另存为" 命令，打开 "保存工作空间" 对话框，在其中设置空间名称后，单击 "保存" 按钮即可保存该工作空间，如图 1-61 所示。

当保存了工作空间后，在菜单栏中选择 "工具" | "工作空间" |××(保存的空间名)命令，或单击快捷工具栏右侧的 ▼ 按钮，即可切换到保存的工作空间，如图 1-62 所示。

图 1-61　"保存工作空间" 对话框

图 1-62　切换到保存的工作空间

1.6　控制图形显示

AutoCAD 的图形显示控制功能在工程设计和绘图领域的应用极其广泛。如何控制图形的显示，是设计人员必须要掌握的技术。在二维图形中，经常用到三视图，即主视图、侧视图和俯视图，同时还用到轴测图。在三维图形中，图形的显示控制就显得更加重要。

1.6.1　重生与重画

在绘图和编辑过程中，屏幕上常常会留下对象的拾取标记，这些临时标记并不是图形中的对象，有时会使当前图形画面显得混乱，这时就可以使用 AutoCAD 的重画与重生图形功能清除这些临时标记。

1. 重画图形

在 AutoCAD 绘图过程中，屏幕上会出现一些杂乱的标记符号，这是在删除操作拾取对象时留下的临时标记。这些标记符号实际上是不存在的，只是残留的重叠图像，因为 AutoCAD 使用背景色重画被删除的对象所在的区域遗漏了一些区域。这时就可以使用"重画"命令，来更新屏幕，消除临时标记。

在快速访问工具栏中选择"显示菜单栏"命令，然后在弹出的菜单栏中选择"视图"|"重画"命令(REDRAWALL)，可以更新用户当前的视图区。

2. 重生图形

重生与重画在本质上是不同的，在 AutoCAD 中使用"重生成"命令可以重生成屏幕，此时系统从磁盘中调用当前图形的数据，比"重画"命令执行速度慢，更新屏幕花费时间较长。在 AutoCAD 中，某些操作只有在使用"重生成"命令后才生效，例如改变点的格式。如果一直使用某个命令修改编辑图形，但该图形似乎看不出什么变化，可以使用"重生成"命令更新屏幕显示。

"重生成"命令有以下两种执行方法：

- 在快速访问工具栏中选择"显示菜单栏"命令，在弹出的菜单栏中选择"视图"|"重生成"命令(REGEN)可以更新当前视图区。
- 在快速访问工具栏中选择"显示菜单栏"命令，在弹出的菜单栏中选择"视图"|"全部重生成"命令(REGENALL)，可以同时更新多重视口。

1.6.2　缩放与平移

缩放与平移是所有 AutoCAD 用户必须学会使用的功能，通过这两个功能，用户才能自由地在绘图区对图形对象进行观察。

1. 缩放图形

在 AutoCAD 中按一定比例、观察位置和角度显示的图形称为视图，用户可以通过缩放视图来观察图形对象。缩放视图可以增加或减少图形对象的屏幕显示尺寸，但图形对象的真实尺寸保持不变。通过改变显示区域和图形对象的大小，可以更准确、更详细地绘图。

(1) 使用"缩放"菜单和工具按钮

在 AutoCAD 2016 中，在快速访问工具栏中选择"显示菜单栏"命令，在弹出的菜单栏中选择"视图"|"缩放"命令中的子命令或在命令行中使用 ZOOM 命令，都可以缩放视图。

通常，在绘制图形的局部细节时，需要使用缩放工具放大绘图区域，当绘制完成后，再使用缩放工具缩小图形来观察图形的整体效果。

(2) 实时缩放视图

在快速访问工具栏中选择"显示菜单栏"命令，在弹出的菜单栏中选择"视图"|"缩放"|"实时"命令，可以进入实时缩放模式，此时鼠标指针将呈 🔍⁺ 形状。若用户向上滑

动鼠标则可以放大整个图形，向下滑动鼠标则可以缩小整个图形，释放鼠标中键后停止缩放，如图 1-63 所示。

(3) 窗口缩放视图

在快速访问工具栏中选择"显示菜单栏"命令，在弹出的菜单栏中选择"视图"|"缩放"|"窗口"命令，可以在屏幕上拾取两个对角点以确定一个矩形窗口，之后系统将矩形范围内的图形放大至整个屏幕，如图 1-64 所示。

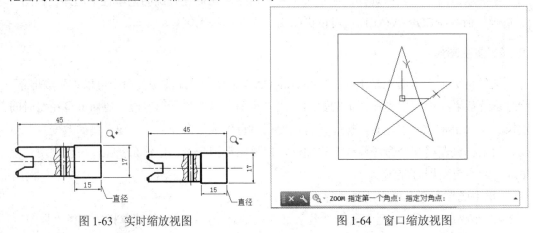

图 1-63　实时缩放视图　　　　　　　　　图 1-64　窗口缩放视图

在使用窗口缩放时，若系统变量 REGENAUTO 设置为关闭状态，则与当前显示设置的界限相比，拾取区域显得过小，系统提示将重新生成图形，并询问用户是否继续下去，此时应选择 No，并重新选择较大的窗口区域。

(4) 动态缩放视图

在快速访问工具栏中选择"显示菜单栏"命令，在弹出的菜单栏中选择"视图"|"缩放"|"动态"命令，可以动态缩放视图。当进入动态缩放模式时，在屏幕中将显示一个带"×"号的矩形方框。单击鼠标左键，此时选择窗口中心的"×"号消失，显示一个位于右边框的方向箭头，拖动鼠标可以改变选择窗口的大小，以确定选择区域大小，最后按 Enter键，即可缩放图形。

【例 1-7】在 AutoCAD 中放大图形中的填充图案。

(1) 在快速访问工具栏中选择"显示菜单栏"命令，在弹出的菜单栏中选择"视图"|"缩放"|"动态"命令，此时，在绘图窗口中将显示图形范围，如图 1-65 所示。

(2) 当视图框包含一个"×"号时，在屏幕上拖动视图框以平移到不同的区域。

(3) 要缩放到不同的大小，可单击鼠标左键，这时视图框中的"×"号将变成一个箭头，如图 1-66 所示。

(4) 左右移动鼠标调整视图框尺寸，上下移动鼠标可以调整视图框位置。如果视图框较大，则显示出的图像较小；如果视图框较小，则显示出的图像较大，最后调整效果如图 1-67 所示。

(5) 图形调整完毕后，再次单击鼠标左键。如果当前视图框指定的区域正是用户想查看的区域，按 Enter 键确认，则视图框所包围的图像就成为当前视图，如图 1-68 所示。

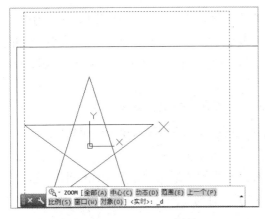

图 1-65　显示图形范围

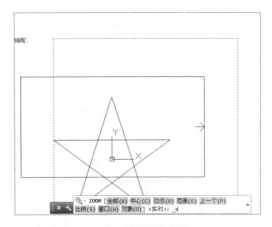

图 1-66　显示调整箭头

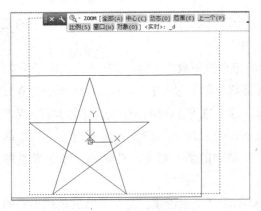

图 1-67　调整图框位置

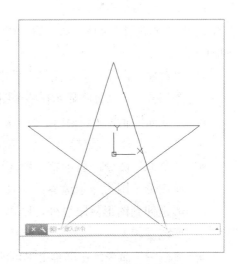

图 1-68　图形放大效果

(5) 显示上一个视图

在图形中进行局部特写时，可能经常需要将图形缩小以观察总体布局，然后又希望重新显示前面的视图。这时在快速访问工具栏中选择"显示菜单栏"命令，在弹出的菜单栏中选择"视图" | "缩放" | "上一个"命令，使用系统提供的"显示上一个视图"功能，快速回到最初的一个视图。

如果正处于实时缩放模式，则右击鼠标，在弹出的快捷菜单中选择"缩放为原窗口"命令，即可回到最初的使用实时缩放过的缩放视图。

(6) 按比例缩放视图

在快速访问工具栏中选择"显示菜单栏"命令，在弹出的快捷菜单中选择"视图" | "缩放" | "比例"命令，可以按一定的比例来缩放视图，此时命令行将显示如下提示信息：

ZOOM 输入比例因子(nX 或 nXP):

在以上命令的提示下，可以通过以下 3 种方法来指定缩放比例。

● 相对图形界限：直接输入一个不带任何后缀的比例值作为缩放的比例因子，该比例因子适用于整个图形。输入 1 时可以在绘图区域中以上一个视图的中点为中心点来显示尽可能大的图形界限。要放大或缩小，只需输入一个大一点或小一点的数字。例如，输入 2 表示以完全尺寸的两倍显示图像；输入 0.5 则表示以完全尺寸的一半显示图像。

- 相对当前视图：要相对当前视图按比例缩放视图，只需在输入的比例值后加 X。例如，输入 2X，以两倍的尺寸显示当前视图；输入 0.5X，则以一半的尺寸显示当前视图；而输入 1X 则没有变化。

- 相对图纸空间单位：当工作在布局中时，要相对图纸空间单位按比例缩放视图，只需在输入的比例值后加上 XP。它指定了相对当前图纸空间按比例缩放视图，并且它还可以用来在打印前缩放视口。

(7) 其他缩放命令

选择"视图"|"缩放"命令后，在弹出的子菜单中还包括以下几个命令，其各自的说明如下。

- "对象"命令：显示图形文件中的某一个部分。选择该命令后，单击图形中的某个部分，该部分将显示在整个图形窗口中。

- "放大"命令：选择该命令一次，系统将整个视图放大 1 倍，其默认比例因子为 2。

- "缩小"命令：选择该命令一次，系统将整个图形缩小 1 倍，默认比例因子为 0.5。

- "全部"命令：显示整个图形中所有对象。在平面视图中，它以图形界限或当前图形范围为显示边界；在具体情况下，范围最大的将作为显示边界。如果图形延伸到图形界限以外，则仍将显示图形中的所有对象，此时的显示边界是图形范围。

- "范围"命令：在屏幕上尽可能大地显示所有图形对象。与全部缩放模式不同的是，范围缩放使用的显示边界只是图形范围而不是图形界限。

2. 平移图形

通过平移视图，可以重新定位图形，以便清楚地观察图形的其他部分。在菜单栏中选择"视图"|"平移"命令(PAN)中的子命令，不仅可以向左、右、上、下 4 个方向平移视图，还可以使用"实时"和"点"命令平移视图。

(1) 实时平移

在快速访问工具栏中选择"显示菜单栏"命令，在弹出的菜单栏中选择"视图"|"平移"|"实时平移"命令，鼠标指针将变成一只小手的形状🖐。按住鼠标左键拖动，窗口内的图形就可以按照移动的方向移动，如图 1-69 所示；释放鼠标左键，可返回到平移等待状态；按 Esc 或 Enter 键退出实时平移模式。

(2) 定点平移

在快速访问工具栏中选择"显示菜单栏"命令，在弹出的菜单栏中选择"视图"|"平移"|"点"命令，可以通过指定基点和位移值来平移视图，如图 1-70 所示。

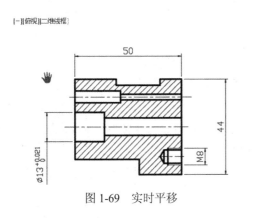

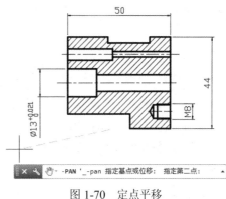

图 1-69　实时平移　　　　　　　　　　　　　图 1-70　定点平移

1.6.3　使用命名视图

在一张工程图纸上可以创建多个视图。当需要查看、修改图纸上的某一部分视图时，只要将该视图恢复出来即可。

1. 命名视图

在菜单栏中选择"视图"|"命名视图"命令(VIEW)，打开"视图管理器"对话框，如图 1-71 所示，使用该对话框可以创建、设置、重命名以及删除命名视图。

在"视图管理器"对话框中主要选项的功能说明如下。

- "新建"按钮：单击该按钮，打开"新建视图/快照特性"对话框，如图 1-72 所示。可以在"视图名称"文本框中设置视图名称；在"视图类别"下拉列表框中为命名视图选择或输入一个类别；在"边界"选项组中通过选择"当前显示"或"定义窗口"单选按钮来创建视图的边界区域；在"设置"选项组中，可以设置是否"将图层快照与视图一起保存"，并可以通过"UCS"下拉列表框设置命名视图的UCS；在"背景"选项组中，可以选择新的背景来替代默认的背景，且可以预览效果。

图 1-71　"视图管理器"对话框　　　　　　　图 1-72　"新建视图/快照特性"对话框

- "查看"列表框：列出了已命名的视图和可作为当前视图的类别，例如可选择正交视图和等轴测视图作为当前视图。
- "置为当前"按钮：将选中的命名视图设置为当前视图。
- "视图"选项组：显示指定命名视图的详细信息，包括视图名称、分类、UCS 及透视模式等。
- "更新图层"按钮：单击该按钮，可以使用选中的命名视图中保存的图层信息更新当前模型空间或布局视图中的图层信息。
- "编辑边界"按钮：单击该按钮，切换到绘图窗口中，可以重新定义视图的边界。

2. 恢复命名视图

在 AutoCAD 中，可以一次命名多个视图，当需要重新使用一个已命名视图时，只需将该视图恢复至当前视口即可。如果绘图窗口中包含多个视口，也可以将视图恢复至活动视口中，或将不同的视图恢复到不同的视口中，以同时显示模型的多个视图。

恢复视图时可以恢复视口的中点、查看方向、缩放比例因子和透视图(镜头长度)等设置，如果在命名视图时将当前的 UCS 随视图一起保存起来，则当恢复视图时也可以恢复 UCS。

【例 1-8】在图形中创建一个命名视图，并在当前视口中恢复命名视图。

(1) 在快速访问工具栏中选择"显示菜单栏"命令，在弹出的菜单中栏选择"视图"|"命名视图"命令，打开"视图管理器"对话框，然后在该对话框中单击"新建"按钮，如图 1-73 所示。

(2) 在打开的"新建视图"对话框的"视图名称"文本框中输入"新命名视图"，然后单击"确定"按钮。创建一个名称为"新命名视图"的视图，显示在"视图管理器"对话框的"模型视图"选项节点中。

(3) 在快速访问工具栏中选择"显示菜单栏"命令，在弹出的菜单栏中选择"视图"|"三维视图"|"西北等轴测"命令，如图 1-74 所示。

图 1-73　命名视图

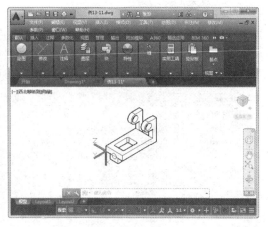

图 1-74　西北等轴测视图

(4) 在快速访问工具栏中选择"显示菜单栏"命令，在弹出的菜单栏中选择"视图"

| "命名视图"命令，打开"视图管理器"对话框，展开"模型视图"节点，选择已命名的视图"新命名视图"，单击"置为当前"按钮，然后单击"确定"按钮，如图 1-75所示。

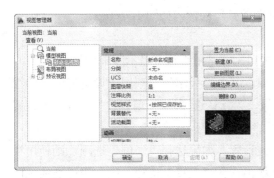
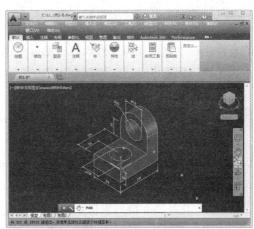

图 1-75　恢复命名视图

1.6.4　使用平铺视口

在 AutoCAD 中，为了便于编辑图形，通常需要将图形的局部进行放大，以显示其细节。当需要观察图形的整体效果时，仅使用单一的绘图视口已无法满足需要。此时，可使用 AutoCAD 的平铺视口功能，将绘图窗口划分为若干视口。

1. 平铺视口的特点

平铺视口是指把绘图窗口分成多个矩形区域，从而创建多个不同的绘图区域，其中每一个区域都可用来查看图形的不同部分。在 AutoCAD 中，可以同时打开多达 32 000 个视口，屏幕上还可保留菜单栏和命令提示窗口。

在 AutoCAD 的菜单栏中选择"视图"|"视口"子菜单中的命令，或在功能区选项板中选择"视图"选项卡，在"模型视口"面板中单击"视图"下拉按钮，在弹出的下拉列表框中单击相应的按钮，都可以在模型空间创建和管理平铺视口。

在 AutoCAD 中，平铺视口具有以下几个特点：

- 每个视口都可以平移和缩放，设置捕捉、栅格和用户坐标系等，且每个视口都可以有独立的坐标系统。
- 在命令执行期间，可以切换视口以便在不同的视口中绘图。
- 可以命名视口的配置，以便在模型空间中恢复视口或者应用到布局。
- 只能在当前视口中工作。要将某个视口设置为当前视口，只需单击视口的任意位置，此时当前视口的边框将加粗显示。
- 只有在当前视口中指针才能显示为十字形状，指针移出当前视口后就变为箭头形状。
- 当在平铺视口中工作时，可全局控制所有视口中的图层的可见性。如果在某一个视口中关闭了某一个图层，系统将关闭所有视口中的相应图层。

2. 创建平铺视口

在菜单栏中选择"视图"|"视口"|"新建视口"命令(VPOINTS)，打开"视口"对话框。通过使用"新建视口"选项卡，可以显示"标准视口"配置列表，创建及设置新的平铺视口。例如，在创建多个平铺视口时，需要在"新名称"文本框中输入新建的平铺视口的名称，在"标准视口"列表框中选择可用的标准的视口配置，此时"预览"区域中将显示所选视口配置以及已赋给每个视口的默认视图的预览图像，如图 1-76 所示。

此外，还需要设置以下选项。

- "应用于"下拉列表框：设置所选的视口配置是用于整个显示屏幕还是当前视口，包括"显示"和"当前视口"两个选项。其中"显示"选项用于设置将所选的视口配置用于模型空间中的整个显示区域，为默认选项；"当前视口"选项用于设置将所选的视口配置用于当前视口。
- "设置"下拉列表框：指定二维或三维设置。如果选择"二维"选项，则使用视口中的当前视图来初始化视口配置；如果选择"三维"选项，则使用正交的视图来配置视口。
- "修改视图"下拉列表框：选择一个视口配置代替已选择的视口配置。
- "视觉样式"下拉列表框：可以从中选择一种视觉样式代替当前的视觉样式。

在"视口"对话框中，通过使用"命名视口"选项卡，可以显示图形中已命名的视口配置。当选择一个视口配置后，配置的布局情况将显示在"预览"区域中，如图 1-77 所示。

图 1-76　"新建视口"选项卡

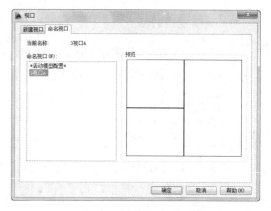

图 1-77　"命名视口"选项卡

3. 分割与合并视口

在 AutoCAD 的菜单栏中选择"视图"|"视口"子菜单中的命令，可以在不改变视口显示的情况下，分割或合并当前视口。例如，选择"视图"|"视口"|"一个视口"命令，可以将当前视口扩大到充满整个绘图窗口；选择"视图"|"视口"|"两个视口"或"三个视口"或"四个视口"命令，则可以将当前视口分割为 2 个、3 个或 4 个视口。例如，将绘图窗口分割为 4 个视口，效果如图 1-78 所示。

　　选择"视图"|"视口"|"合并"命令，系统要求选定一个视口作为主视口，然后再选择一个相邻视口，并将该视口与主视口合并。例如，将上图所示图形的右边两个视口合并为一个视口，其效果如图 1-79 所示。

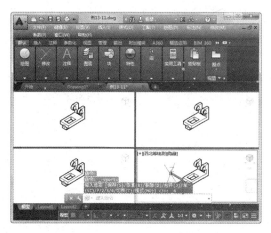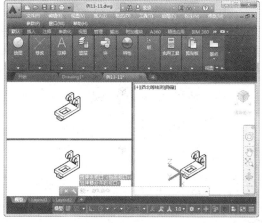

　　　　　　图 1-78　4 个视口　　　　　　　　　　　　　　　图 1-79　合并视口

1.6.5　使用 ShowMotion

　　在 AutoCAD 中，可以通过创建视图的快照来观察图形。在快速访问工具栏中选择"显示菜单栏"命令，在弹出的菜单栏中选择"视图"| ShowMotion 命令，或在状态中单击 ShowMotion 按钮，都可以打开 ShowMotion 面板，如图 1-80 所示。

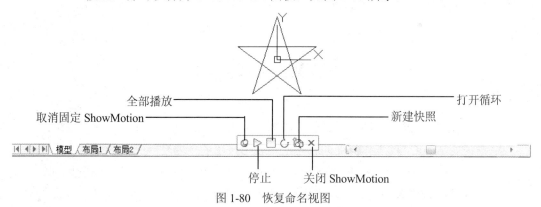

图 1-80　恢复命名视图

　　单击"新建快照"按钮，打开"新建视图/快照特性"对话框，使用该对话框中的"快照特性"选项卡可以新建快照，如图 1-81 所示。

　　"新建视图/快照特性"对话框中，各选项的功能如下所示。

- "视图名称"文本框：用于输入视图的名称。
- "视图类别"下拉列表框：可以输入新的视图类别，也可以从中选择已有的视图类别。系统将根据视图所属的类别来组织各个活动视图。
- "视图类型"下拉列表框：可以从中选择视图类型。主要包括 3 种类型：影片式、静止和已记录的漫游。视图类型将决定视图的活动情况。

- "转场"选项组：用于设置视图的转场类型和转场持续时间。
- "运动"选项组：用于设置视图移动类型以及移动持续时间、距离和位置等。
- "预览"按钮：单击该按钮，可以预览视图中图形的活动情况。
- "循环"复选框：选择该复选框，可以循环观察视图中图形的运动情况。

成功创建快照后，在 ShowMotion 面板上方将以缩略图的形式显示各个视图中图形的活动情况，如图 1-82 所示。单击 AutoCAD 绘图区中的某个缩略图，将显示图形的活动情况，用于观察图形。

图 1-81　"新建视图/快照特性"对话框

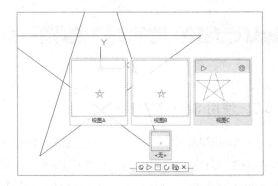

图 1-82　显示各个视口的活动情况

1.7　思　考　练　习

1. 在 AutoCAD 的快速访问工具栏中添加"渲染"按钮，并删除"新建"按钮。
2. 请说明 AutoCAD 工作界面的状态栏中各个按钮的主要功能。
3. 在 AutoCAD 2016 中打开一个图形文件的方式有几种？这几种方式有何区别？
4. 打开【例 1-8】素材文件，将绘图区的黑色背景更改为白色，并存盘退出 AutoCAD。

第2章 绘制二维图形

二维图形的绘制是 AutoCAD 的主要功能之一。本章将介绍 AutoCAD 2016 的基本二维绘图功能，包括：绘制直线对象，如线段、射线及构造线；绘制矩形和正多边形；绘制圆、圆环、圆弧、椭圆及椭圆弧；设置点样式、绘制点对象以及绘制多段线等。二维图形绘制是利用 AutoCAD 进行机械制图的基础，只有很好地掌握了基本图形的绘制过程，才能熟练绘制各类图形。

2.1 使用平面坐标系

在 AutoCAD 绘图中，图形的绘制一般是通过坐标对点进行精确定位。当 AutoCAD 在命令行中提示输入点时，既可以使用鼠标在绘图区中拾取点，也可以在命令行中直接输入点的坐标值。从坐标系的种类来说，主要分为笛卡尔坐标和极坐标；从坐标形式分，可以分为相对坐标和绝对坐标。

2.1.1 笛卡尔坐标与极坐标

1. 笛卡尔坐标

笛卡尔坐标系有 3 个轴，即 X、Y 和 Z 轴。输入坐标值时，需要指定沿 X、Y 和 Z 轴相对于坐标系原点(0,0,0)点的距离(包括正负)。在二维平面中，可以省去 Z 轴的坐标值(Z 轴坐标值始终为 0)，直接由 X 轴指定水平距离，Y 轴指定垂直距离，在 XY 平面上指定点的位置。若绘制(0,0)至(30,30)的一条线段，在笛卡尔坐标系下采用动态输入方式绘制时，可以打开状态栏 DYN 开关，然后单击"绘图"工具栏的☑按钮，在命令行中输入第一点坐标(0,0)，按 Enter 键后再输入第二点坐标(30,30)，按 Enter 键绘制完线段，如图 2-1 所示，然后按 Esc 键退出绘制。

2. 极坐标

极坐标使用距离和角度定位点。当正东方向为角度起始方向，逆时针为角度正方向时，笛卡尔坐标系中坐标为(30,30)的点在极坐标系中的坐标为(42.43,45°)。其中，42.43 表示该点与原点的距离，45°表示原点到该点的直线与极轴所成的角度。

打开状态栏"动态输入"开关，启动动态输入，单击"绘图"工具栏的☑按钮，在命令行中输入第一点坐标(0<0)，按 Enter 键后再输入第二点坐标(42.43<45)，按 Enter 键绘制完线段，如图 2-2 所示，然后按 Esc 键退出绘制。只要角度和长度换算时的精度足够高，

采用两种坐标系绘图的效果是一样的。

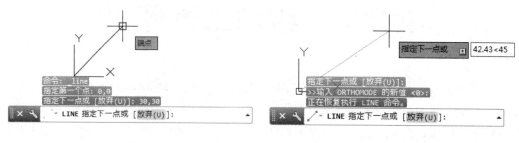

图 2-1　笛卡尔坐标　　　　　　　　　　　　图 2-2　极坐标

3. 笛卡尔坐标与极坐标的切换

按极坐标格式绘制图形，当显示下一个点的工具栏提示时，输入逗号"，"可更改为笛卡尔坐标输入格式。按笛卡儿坐标格式绘制图形，当显示第二个点或下一个点的工具栏提示时，输入角形符号"<"可更改为极坐标输入格式。

2.1.2　相对坐标与绝对坐标

1. 相对坐标

相对坐标以前一个输入点为输入坐标点的参考点，取它的位移增量，形式为 $\triangle X$、$\triangle Y$、$\triangle Z$，输入方法为(@ $\triangle X$, $\triangle Y$, $\triangle Z$)。@表示输入的为相对坐标值。

【例 2-1】应用相对坐标绘制直线。

(1) 关闭动态输入，然后在命令行执行以下命令：

```
命令: LINE                        //输入 LINE，表示绘制直线
指定第一点:10,10                  //输入第一点点坐标 10,10，绝对坐标
指定下一点或 [放弃(U)]: @30,30    //输入第二点坐标@30,30，相对坐标
指定下一点或 [闭合(C)/放弃(U)]:   //按 Enter 键，完成直线绘制
```

(2) 此时，绘制完成的直线如图 2-3 所示。

2. 绝对坐标

绝对坐标是以当前坐标系原点为基准点，取点的各个坐标值，关闭动态输入(X,Y,Z)或动态输入#(X,Y,Z)，#表示输入的为绝对坐标值。在绝对坐标中，X 轴、Y 轴和 Z 轴三轴线在原点(0,0,0)相交。

【例 2-2】应用绝对坐标绘制矩形。

(1) 关闭动态输入，然后在命令行执行如下命令：

```
命令: _rectang
指定第一个角点或 [倒角(C)/标高(E)/圆角(F)/厚度(T)/宽度(W)]: 1000,2000
//输入矩形第一个角点的绝对坐标
```

> 指定另一个角点或 [面积(A)/尺寸(D)/旋转(R)]: 5000,4000
> //输入矩形第二个角点的绝对坐标

(2) 最后，按 Enter 键，完成绘制，图形效果如图 2-4 所示。

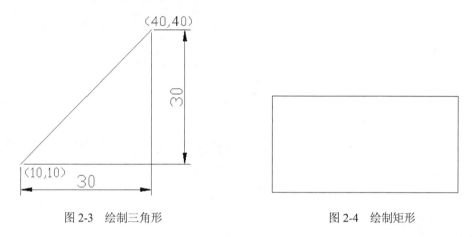

图 2-3　绘制三角形　　　　　　　　　　　图 2-4　绘制矩形

3. 相对坐标与绝对坐标的切换

按相对坐标格式绘制图形，当显示对应第二个点或下一个点的工具栏提示时，输入符号"#"可更改为绝对坐标输入格式。按绝对坐标格式绘制图形，当显示对应第二个点或下一个点的工具栏提示时，输入符号"@"可更改为相对坐标输入格式。

2.2　使用绘图辅助工具

AutoCAD 的辅助工具主要集中在草图设置当中。草图的设置主要包括捕捉和栅格、极轴追踪、对象捕捉和动态输入 4 方面的设置。选择"工具"|"绘图设置"命令，打开"草图设置"对话框，在该对话框中可以对草图进行设置。

2.2.1　捕捉和栅格

在"草图设置"对话框的"捕捉和栅格"选项卡中，如图 2-5 所示，选择"启用捕捉"复选框启动捕捉功能，此时十字光标选择的点总是在设置的栅格 X、Y 轴间距值的整数倍的点上移动。X、Y 的基点也可以改变，也就是设置 AutoCAD 从那一点开始计算捕捉间距，默认值设为 0。例如，如果将基点的 X、Y 坐标设为(5,10)，栅格 X、Y 轴间距均设为 10，那么 AutoCAD 在水平方向的捕捉点为 5，15，25，……，在垂直方向的捕捉点为 10，20，30，……。

在"草图设置"对话框的"捕捉和栅格"选项卡中选择"启用栅格"复选框，启用栅格功能。通过改变栅格 X、Y 轴间距的大小，在绘图区将出现间距整数倍的栅格点阵，同时还可以显示出图形界限的边界，如图 2-6 所示。

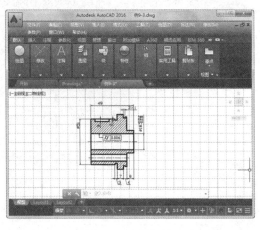

图 2-5 "捕捉和栅格"选项卡   图 2-6 启用栅格

2.2.2 极轴追踪

在"草图设置"对话框的"极轴追踪"选项卡中，选择"启用极轴追踪"复选框，或者单击状态栏中的"极轴追踪"按钮，或者直接按 F10 键，可以启动极轴追踪命令，如图 2-7 所示。

极轴追踪是按事先给定的角度增量，通过临时路径进行追踪。例如用户需要绘制一条与 X 轴成 30°的直线，就可以启用极轴追踪，在"增量角"下拉列表框中选择一个增量角为 30°，单击"确定"按钮，完成设置。单击"绘图"工具栏中的"直线"按钮执行"直线"命令，在绘图区选定一点后，当移动十字光标到与 X 轴的夹角达到 0°、30°、60°、90°等 30°角的倍数时，会显示一个临时路径(虚线)和工具栏提示，如图 2-8 所示。当工具栏提示显示 30°时单击，则可确保所画的直线与 X 轴成 30°。若"增量角"下拉列表框中没有所需要的角，则可以单击"新建"按钮，输入所需要的角度，这些角不是递增的，只能追踪一次。

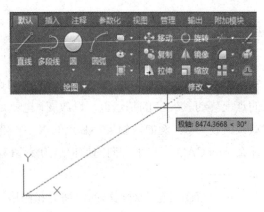

图 2-7 "极轴追踪"选项卡   图 2-8 使用极轴追踪

"极轴追踪"选项卡的"对象捕捉追踪设置"选项组，用来确定按何种方式确定临时路径进行追踪。当选择"仅正交追踪"单选按钮时，则只显示正交(即水平和垂直)的追踪路径；当选择"用所有极轴角设置追踪"时，就把极轴追踪的设置运用到对象追踪中了。

"极轴追踪"选项卡的"极轴角测量"选项组，用来确定极轴角测量方式。选择"绝对"单选按钮，就会相对于当前坐标系测量极轴追踪角；若选择"相对上一段"单选按钮，就会按照相对上一个绘制对象测量极轴追踪角。

提示：

正交模式和极轴追踪不能同时打开，打开极轴追踪将关闭"正交"模式。

2.2.3　对象捕捉与对象捕捉追踪

1. 对象捕捉

在"草图设置"对话框的"对象捕捉"选项卡中选择"启用对象捕捉"复选框，启动对象捕捉功能，如图 2-9 所示。在绘图过程，使用对象捕捉功能可以标记对象上某些特定的点，例如端点、中点、垂足等。每一种设置模式左边的图形就是这种捕捉模式的标记，使用时，在所选实体捕捉点上会出现对应的标记。用户可打开其中一项或几项，一旦设置了运行对象捕捉方式后，每次要求输入点时，AutoCAD 会自动显示出靶区，以便让用户知道已经有一种对象捕捉方式在起作用。如果尚未选择一种捕捉方式，靶区一般不会出现。要停止运行对象捕捉方式，可以在"对象捕捉"选项卡中单击"全部清除"按钮，取消所选的对象捕捉方式。

若同时设置了几种捕捉模式，在靶区就会同时存在这几种捕捉方式，可按 Tab 键选择所需捕捉点，按 Shift+Tab 组合键可做反向选择。

还可以在任意一个工具栏上右击，在弹出的快捷菜单中选择"对象捕捉"命令，将弹出浮动的"对象捕捉"工具栏，如图 2-10 所示。"对象捕捉"工具栏提供的命令只是临时对象捕捉，对象捕捉方式打开后，只对后续一次选择有效。若经常使用某些特定的对象捕捉方式，则需在"对象捕捉"选项卡中设置对象捕捉方式。这样，在每次执行命令时，所设定的对象捕捉方式都会被打开。

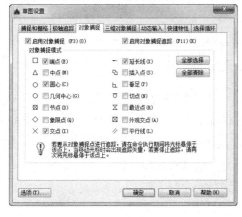

图 2-9　"对象捕捉"选项卡　　　　　　　　图 2-10　"对象捕捉"工具栏

2. 对象捕捉追踪

在"草图设置"对话框的"对象捕捉"选项卡中，选择"启用对象捕捉追踪"复选框启动对象捕捉追踪功能。启动对象捕捉追踪后，将光标移至一个对象捕捉点，只要在该处短暂停顿，不要单击该点，便可临时获得该点，在该点将显示一个小加号(+)。获取该点后，当在绘图路径上移动光标时，相对于该点的水平、垂直临时路径就会显示出来。若在"极轴追踪"选项卡中的"对象捕捉追踪设置"选项组中选择了"用所有极值角设置追踪"单选按钮，则极轴临时路径也会显示出来。可以在临时路径上选择所需要的点。

【例 2-3】使用对象捕捉追踪功能绘制直线。

(1) 启用"端点"对象捕捉和"对象捕捉追踪"功能，单击直线的起点 A 开始绘制直线，如图 2-11 所示。

(2) 将光标移动到另一条直线的端点 B 处临时获取该点，然后沿着水平对齐临时路径移动光标，定位要绘制的直线的端点 C，如图 2-12 所示。

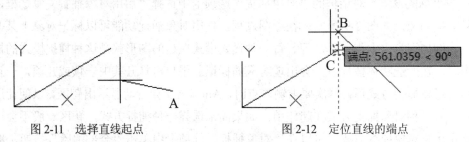

图 2-11　选择直线起点　　　　　　　图 2-12　定位直线的端点

2.2.4　设置正交

在绘图过程中，对于图形中常见的水平线和垂直线，单纯使用鼠标绘制，会发现要画得横平竖直几乎不可能；若靠键盘输入的方法来绘图，水平和垂直的要求可以达到，但需要计算坐标，不够方便简捷。AutoCAD 提供 Ortho 命令来设置正交模式。设置了正交模式后，将使所画的线平行于 X 或 Y 轴；当为三轴模式时，它还迫使直线平行于 3 个等参轴中的一个。

打开或关闭正交模式有 3 种方法：单击状态栏中的"正交"按钮，或使用 F8 快捷键，或者在命令行输入 Ortho 并按 Enter 键，命令行提示如下：

```
命令: ortho
输入模式 [开(ON)/关(OFF)] <关>:
```

ortho 命令只有两个选项，即"开"和"关"。"开"选项打开正交模式，而"关"选项将其关闭。当正文模式打开时，屏幕底部的状态栏上的"正交"按钮下凹处于选中状态。

打开正交模式后，只能绘制水平线和垂直线，画线的方向取决于光标在 X 轴和 Y 轴方向上的移动距离。如果 X 方向的距离比 Y 方向大，则画水平线；相反，如果 Y 方向的距离比 X 方向大，则画垂直线。

2.3　绘制基础二维图形

　　任何一副工程图都是由点、直线、圆和圆弧等基本图形元素组合而成，它们是构成工程绘图的基础元素。只有熟练掌握二维基本图形的绘制方法，才能够方便、快捷地绘制出机械零件的三视图、装配图或电子线路图等各种复杂多变的图形。

2.3.1　绘制线

　　AutoCAD 中直线、射线和构造线都是最基本的线性对象。这些线性对象和指定点位置一样，都可以通过指定起始点和终止点来绘制，或在命令行中输入坐标值以确定起始点和终止点位置，从而获得相应的轮廓线。

1. 绘制直线

　　在 AutoCAD 中，直线是指两点确定的一条直线段，而不是无限长的直线。构造直线段的两点可以是图元的圆心、端点(顶点)、中点和切点等类型。根据生成直线的方式，主要分为以下几种类型。

- 一般直线：一般直线是最常用的直线类型。在平面几何中，一般直线是通过指定的起点和长度确定的直线类型。在"绘图"面板中单击"直线"按钮☑，然后在绘图区指定直线的起点，并在命令行中设置直线的长度，按 Enter 键即可。
- 两点直线：两点直线是由绘图区中选取的两点确定的直线类型，其中所选两点决定了直线的长度和位置。所选点可以是图元的圆心、象限点、端点(顶点)、中点、切点和最近点等类型。单击"直线"按钮☑，在绘图区依次指定两点作为直线要通过的两个点，即可确定一条直线段。
- 成角度直线：成角度直线是一种与 X 轴方向成一定角度的直线类型。如果设置的角度为正值，则直线绕起点逆时针方向倾斜；反之，直线绕顺时针方向倾斜。单击"直线"按钮☑后，指定一点为起点，然后在命令行中输入"@长度<角度"，并按 Enter 键结束该操作，即可绘制成角度直线。

　　【例 2-4】用 AutoCAD 绘制一个矩形。

　　(1) 在"绘图"面板中单击"直线"按钮☑，如图 2-13 所示。在命令行提示下完成以下操作：

```
命令:_line
指定第一点: 0,0
指定下一点或 [放弃(U)]: 0,1000
指定下一点或 [放弃(U)]: 800,1000
指定下一点或 [闭合(C)/放弃(U)]: 800,0
指定下一点或 [闭合(C)/放弃(U)]: c
```

(2) 选择"视图"|"缩放"|"全部"命令缩放视图，使图形全部显示在绘图区，如图 2-14 所示。

图 2-13　绘制直线

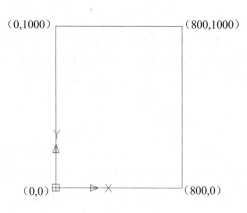

图 2-14　矩形效果

2. 绘制射线和构造线

射线和构造线都属于直线的范畴，上面介绍的直线从狭义上称为直线段，而射线和构造线这两种线则是指一端固定、一端延伸或两端延伸的直线，可以放置在平面或三维空间的任何位置，主要用于绘制辅助线。

(1) 射线

射线是一端固定、一端无限延伸的直线，即只有起点没有终点或终点无穷远的直线。主要用于绘制图形中投影所得线段的辅助引线，或绘制某些长度参数不确定的角度线等。

在"绘图"面板中单击"射线"按钮，并在绘图区中分别指定起点和通过点，即可绘制一条射线，如图 2-15 所示。

(2) 构造线

与射线相比，构造线是一条没有起点和终点的直线，即两端无限延伸的直线。该类直线可以作为绘制等分角、等分圆等图形的辅助线，如图素的定位线等。

在"绘图"面板中单击"构造线"按钮，命令行将显示"指定点或[水平(H)/垂直(V)/角度(A)/二等分(B)/偏移(Q)]:"的提示信息，其中各选项的含义如下。

- 水平：默认辅助线为水平直线，单击一次绘制一条水平辅助线，直到用户右击或按 Enter 键时结束。
- 垂直：默认辅助线为垂直直线，单击一次创建一条垂直辅助线，直到用户右击或按 Enter 键时结束。
- 角度：创建一条用户指定角度的倾斜辅助线，单击一次创建一条倾斜辅助线，直到用户右击或按 Enter 键时结束，如图 2-16 所示。
- 二等分：创建一条通过用户指定角的定点，并平分该角的辅助线。首先指定一个角的定点，再分别指定该角两条边上的点即可。
- 偏移：创建平行于另一个对象的辅助线，类似于偏移编辑命令。选择的另一个对象可以是一条辅助线、直线或复合线对象。

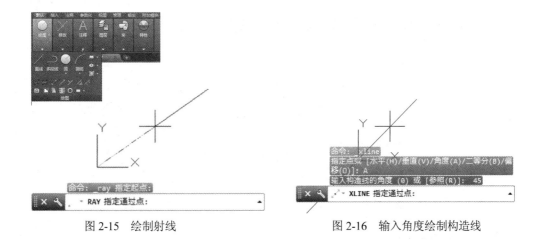

图 2-15　绘制射线　　　　　　　　　图 2-16　输入角度绘制构造线

3. 绘制与编辑多段线

多段线是作为单个对象创建的相互连接的线段组合图形。该组合线段作为一个整体，可以由直线段、圆弧段或两者的组合线段组成，并且可以是任意开放或封闭的图形。此外，为了区别多段线的显示，除了设置不同形状的图元及其长度外，还可以设置多段线中不同的线宽显示。根据多段线的组合显示样式，多线段主要包括以下 3 种类型。

(1) 直线段多段线

直线段多段线全部由直线段组合而成，是简单的一种类型，一般用于创建封闭的线性面域。在"绘图"面板中单击"多段线"按钮，然后依次在绘图区选取多段线的起点和其他通过的点即可。如果欲使多段线封闭，则可以在命令行中输入字母 C，按 Enter 键确定。

【例 2-5】使用 AutoCAD 绘制标高符号。

(1) 在"绘图"面板中单击"多段线"按钮，在命令行提示下完成以下操作：

```
命令: _pline
指定起点:                    //拾取绘图区任意点
当前线宽为 0.0000
指定下一个点或 [圆弧(A)/半宽(H)/长度(L)/放弃(U)/宽度(W)]: @2000,0
指定下一点或 [圆弧(A)/闭合(C)/半宽(H)/长度(L)/放弃(U)/宽度(W)]: @-400,-400
指定下一点或 [圆弧(A)/闭合(C)/半宽(H)/长度(L)/放弃(U)/宽度(W)]: @-400,400
指定下一点或 [圆弧(A)/闭合(C)/半宽(H)/长度(L)/放弃(U)/宽度(W)]:
```

(2) 最后，按 Enter 键，绘制如图 2-17 所示的图形。

提示：

需要注意的是，起点和多段线通过的点在一条直线上时，不能成为封闭多段线。

(2) 直线和圆弧段组合多段线

直线和圆弧段组合多段线是由直线段和圆弧段两种图元组成的开放或封闭的组合图形，是最常用的一种类型，主要用于表达绘制圆角过渡的棱边，或具有圆弧曲面的 U 型槽等实体投影轮廓界限。

绘制该类多段线时,通常需要在命令行中不断切换圆弧段和直线段的输入命令,如图2-18所示。

图 2-17　标高符号　　　　　　　　　　　图 2-18　组合多段线

(3) 带宽度的多段线

带宽度的多段线是一种带宽度显示的多段线样式,与直线的线宽属性不同,此类多段线的线宽显示不受状态栏中"显示/隐藏线宽"工具的控制,而是根据绘图需要而设置的实际宽度。在选择"多段线"工具后,在命令行中主要有以下两种设置线宽显示的方式。

- 半宽:半宽方式是通过设置多段线的半宽值而创建的带宽度显示的多段线,其中显示的宽度为设置值的 2 倍,并且在同一图元上可以显示相同或不同的线宽。选择"多段线"工具后,在命令行中输入字母 H,然后可以通过设置起点和端点的半宽值创建带宽度的多段线,如图 2-19 所示。

- 宽度:宽度方式是通过设置多段线的实际宽度值而创建的带宽度显示的多段线,显示的宽度与设置的宽度值相等。与半宽方式相同,在同一图元的起点和端点位置可以显示相同或不同的线宽,其对应的命令为输入字母 W,如图 2-20 所示。

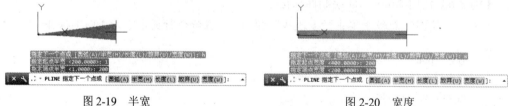

图 2-19　半宽　　　　　　　　　　　　　图 2-20　宽度

(4) 编辑多段线

对于由多段线组成的封闭或开放图形,为了自由控制图形的形状,用户可以利用"编辑多段线"工具编辑多段线。

在"修改"面板中单击"编辑多段线"按钮，然后选取需要编辑的多段线,将在命令行显示相应的编辑命令,如图 2-21 所示,其中主要编辑命令的功能说明如下。

- 闭合:输入字母 C,可以封闭多编辑的开放多段线,自动以最后一段的绘图模式(直线或圆弧)连接多段线的起点和终点。

- 合并:输入字母 J,可以将直线段、圆弧或者多段线连接到指定的非闭合多段线上。若编辑的是多个多段线,需要设置合并多段线的允许距离;若编辑的是单个多段线,将连续选取首尾连接的直线、圆弧和多段线等对象,并将它们连成一条多段线。需要注意的是,合并多段线时,各相邻对象必须彼此首尾相连。

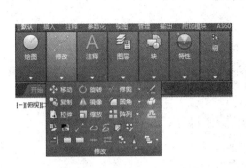

图 2-21　编辑多段线

- 宽度：输入字母 W，可以重新设置所编辑多段线的宽度。
- 编辑顶点：输入字母 E，可以进行移动顶点、插入顶点以及拉直任意两顶点之间的多段线等操作。选择该命令，将打开新的快捷菜单。例如，选择"编辑顶点"命令后指定起点，然后选择"拉直"选项，并选择"下一个"选项指定第二点，接下来选择"执行"选项即可。
- 拟合：输入字母 F，可以采用圆弧曲线拟合多段线拐角，也就是创建连接每一对顶点的平滑圆弧曲线，将原来的直线转换为拟合曲线。
- 样条曲线：输入字母 S，可以用样条曲线拟合多段线，且拟合时以多段线的各顶点作为样条曲线的控制点。
- 非曲线化：输入字母 D，可以删除在执行"拟合"或"样条曲线"命令时插入的额外顶点，并拉直多段线中的所有线段，同时保留多段线顶点的所有切线信息。
- 线型生成：输入字母 L，可以设置非连续线型多段线在各顶点处的绘线方式。输入命令 ON，多段线以全长绘制线型；输入命令 OFF，多段线的各个线段独立绘制线型，当长度不足以表达线型时，以连续线代替。

4．绘制与编辑多线

多线是由多条平行线组成的一种复合型图形，主要用于绘制建筑图中的墙壁或电子图中的线路等平行线段。其中，平行线之间的间距和数目可以调整，且平行线数量最多不可超过 16 条。

(1) 设置多线样式

在绘制多线之前，通常先设置多线样式。通过设置多线样式，可以改变平行线的颜色、线型、数量、距离和多线封口的样式等显示属性。在命令行中执行 MLSTYLE 指令，将打开"多线样式"对话框，如图 2-22 所示，该对话框中主要选项的功能如下。

- "样式"列表框：该列表框主要用于显示当前设置的所有多线样式，选择一种样式，并单击"置为当前"按钮，可将该样式设置为当前的使用样式。
- "说明"列表框：该列表框用于显示所选取样式的解释或其他相关说明与注释。
- "预览"列表框：该列表框用于显示所选取样式的略缩预览效果。
- "新建"按钮：单击该按钮将打开"创建新的多线样式"对话框，输入一个新样式名，并单击"继续"按钮，即可在打开的"新建多线样式"对话框中设置新建的多线样式，如图 2-23 所示。

图 2-22　"多线样式"对话框

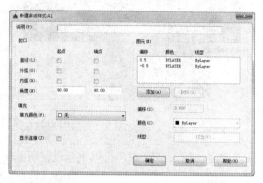

图 2-23　"新建多线样式"对话框

- "修改"按钮：单击该按钮，可以在打开的"修改多线样式"对话框中设置并修改所选取的多线样式。

(2) 绘制多线

设置多线样式后，绘制的多线将按照当前样式显示效果。绘制多线和绘制直线的方法基本相似，不同的是在指定多线的路径后，沿路径显示多条平行线。

在命令行中输入 MLINE 指令，并按 Enter 键，然后根据提示选取多线的起点和终点，将绘制默认为 STANDARD 样式的多线。

在绘制多线时，为了改变多线显示的效果，可以设置多线对正、多线比例，以及使用默认的多线样式或指定一个创建的样式。

- 对正(J)：设置基准对正的位置，对正方式包括以下 3 种。
  - ➢ 上(T)：在绘制多线时，多线上最顶端的线随着光标移动，即是以多线的外侧线为基准绘制多线，如图 2-24 所示。
  - ➢ 无(Z)：在绘制多线时，多线上中心线随着光标移动，即是以多线的中心线为基准绘制多线，如图 2-25 所示。

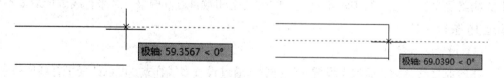

图 2-24　以外侧线为基准绘制多线　　　　图 2-25　以中心线为基准绘制多线

- ➢ 下(B)：在绘制多线时，多线上最底端的线随着光标移动，即是以多线的内侧线为基准绘制多线，如图 2-26 所示。
- 比例(S)：控制多线绘制的比例，相同的样式使用不同的比例绘制，即通过设置比例改变多线之间的距离大小，如图 2-27 所示。

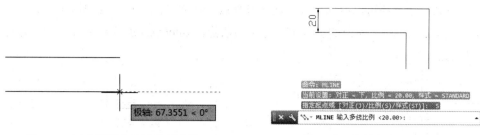

图 2-26　以底端线为基准绘制多线　　　　　　　　图 2-27　控制多线绘制的比例

- 样式(ST)：输入采用的多线样式名，默认为 STANDARD。选择该选项后，可以按照命令行提示输入已定义的样式名。如果查看当前图形中有哪些多线样式，可以在命令行中输入"？"，系统将显示图中存在的多线样式。

提示：

设置多线对正时，输入字母 T 表示多线位于中心线之上；输入字母 B 表示多线位于中心线之下。设置多线比例时，多线比例不影响线型比例。如果要修改多线比例，可能需要对线型比例做相应的修改，以防点划线的尺寸不正确。

(3) 编辑多线

如果图形中有两条多线，则可以控制它们相交的方式。多线可以相交成十字形或 T 形，并且十字形或 T 形可以被闭合、打开或合并。使用"多线编辑"工具可以对多线对象执行闭合、结合、修剪和合并等操作，从而使绘制的多线符合预想的设计效果。

在命令行中输入 MLEDIT 指令，然后按 Enter 键，将打开"多线编辑工具"对话框，如图 2-28 所示。

在"多线编辑工具"对话框中，使用 3 种十字型工具、、可以消除各种相交线，如图 2-29 所示。当选择十字形的某种工具后，还需要选取两条多线，AutoCAD 总是切断所选的第一条多线，并根据所选工具切断第二条多线。在使用"十字合并"工具时可以生成配对元素的直角，如果没有配对元素，则多线将不被切断。

图 2-28　"多线编辑工具"对话框

原始线条　　十字闭合　　十字打开　　十字合并

图 2-29　多线的十字形编辑效果

使用 T 形工具、、和角点结合工具也可以消除相交线，如图 2-30 所示。此外，角点结合工具还可以消除多线一侧的延伸线，从而形成直角。使用该工具时，需要选取两条多线，只需在要保留的多线某部分上拾取点，AutoCAD 就会将多线剪裁或延伸到它们的相交点。

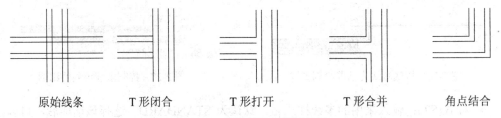

原始线条　　　　T 形闭合　　　　T 形打开　　　　T 形合并　　　　角点结合

图 2-30　多线的 T 型编辑效果

使用添加顶点工具⊞可以为多线增加若干顶点，使用删除顶点工具⊞可以从包含 3 个或更多顶点的多线上删除顶点，若当前选取的多线只有两个顶点，那么该工具将无效。

使用剪切工具⊞、⊞可以切断多线。其中，"单个剪切"工具⊞用于切断多线中一条，只需拾取要切断的多线某一元素上的两点，则这两点中的连线即被删除(实际上是不显示)；"全部剪切"工具⊞用于切断整条多线。

此外，使用"全部接合"工具⊞可以重新显示所选两点间的任何切断部分。

2.3.2　绘制矩形和正多边形

矩形和正多边形同属于多边形，图形中所有线段并不是孤立的，而合成一个面域。这样在进行三维绘图时，无须执行面域操作，即可使用"拉伸"或"旋转"工具将该轮廓线转换为实体。

1. 绘制矩形

在 AutoCAD 中，用户可以通过定义两个对角点或长度和宽度的方式来绘制矩形，同时可以设置其线宽、圆角和倒角等参数。在"绘图"面板中单击"矩形"按钮▭，命令行将显示"指定第一个角点或[倒角(C)/标高(E)/圆角(F)/厚度(T)/宽度(W)]:"的提示信息，其中各选项的含义如下。

- 指定第一个角点：在平面上指定一点后，指定矩形的另一个角点来绘制矩形，该方法是绘图过程中最常用的绘制方法。
- 倒角：绘制倒角矩形。在当前命令提示窗口中输入字母 C，按照系统提示输入第一个和第二个倒角距离，明确第一个角点和另一个角点，即可完成矩形绘制。其中，第一个倒角距离指的是沿 X 轴方向(长度方向)的距离，第二个倒角距离指的是沿 Y 轴方向(宽度方向)的距离。
- 标高：该命令一般用于三维绘图中，在当前命令提示窗口中输入字母 E，并输入矩形的标高，然后明确第一个角点和另一个角点即可。
- 圆角：绘制圆角矩形，在当前命令提示窗口中输入字母 F，然后输入圆角半径参数值，并明确第一个角点和另一个角点即可。

- 厚度：绘制具有厚度特征的矩形。在当前命令提示窗口中输入字母 T，然后输入厚度参数值，并明确第一个角点和另一个角点即可。
- 宽度：绘制具有宽度特征的矩形。在当前命令提示窗口中输入字母 W，然后输入宽度参数值，并明确第一个角点和另一个角点即可。

选择不同的选项可以获得不同的矩形效果，但都必须制定第一个角点和另一个角点，从而确定矩形的大小。图 2-31 所示为通过多种操作获得的矩形效果。

图 2-31　矩形的各种样式

2. 绘制正多边形

利用"正多边形"工具可以快速绘制 3～1024 条边的正多边形，其中包括等边三角形、正方形、正五边形和正六边形等。在"绘制"面板中单击"正多边形"按钮 ⬡，即可按照以下 3 种方法绘制正多边形。

(1) 内接圆法

利用内接圆法绘制多边形时，是由多边形的中心到多边形的顶点间的距离相等的边组成，也就是整个多边形位于一个虚构的圆中。

单击"多边形"按钮，然后设置多边形的边数，并指定多边形中心；接着选择"内接于圆"选项，并设置内接圆的半径值，即可完成多边形的绘制，如图 2-32 所示。

(2) 外切圆法

利用外切圆法绘制正多边形时，所输入的半径值是多边形的中心点至多边形任意边的垂直距离。

单击"多边形"按钮，然后输入多边形的变数，并指定多边形的中心点；接下来选择"外切于圆"选项，设置外切圆的半径值即可，如图 2-33 所示。

图 2-32　用内接圆法绘制正八边形

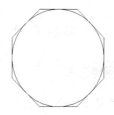

图 2-33　用外切圆法绘制正八边形

(3) 边长法

设定正多边形的边长和一条边的两个端点，同样可以绘制出正多边形。该方法与上述介绍的方法类似，在设置完多边形的边数后输入字母 e，可以直接在绘图区指定两点或指定一点后输入边长值，即可绘制出所需的多边形。

【例 2-6】使用 AutoCAD 绘制一个五角星图形。

(1) 在功能区选项板中选择"常用"选项卡，在"绘图"面板中单击"正多边形"按钮⬠，执行 POLYGON 命令。

(2) 在命令行的"输入边的数目<4>:"提示下，输入正多边形的边数 5 。

(3) 在命令行的"指定正多边形的中心点或[边(E)]:"提示下，指定正多边形的中心点为(210,160)。

(4) 在命令行的"输入选项 [内接于圆(I)/外切于圆(C)] <I>:"提示下，按 Enter 键，选择默认选项 I，使用内接于圆方式绘制正五边形。

(5) 在命令行提示下，指定圆的半径为 300，然后按 Enter 键，结果如图 2-34 所示。

(6) 在功能区选项板中选择"常用"选项卡，在"绘图"面板中单击"直线"按钮╱，连接正五边形的顶点，结果如图 2-35 所示。

图 2-34　绘制五边形　　　　　　　　图 2-35　绘制直线

(7) 选择正五边形，然后按 Delete 键，将其删除，如图 2-36 所示。

(8) 在功能区选项板中选择"常用"选项卡，在"修改"面板中单击"修剪"按钮╶╱╴，选择直线 A 和 B 作为修剪边，然后单击直线 C，对其进行修剪。

(9) 使用同样的方法修剪其他边，结果如图 2-37 所示。

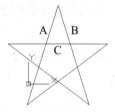 

图 2-36　删除正五边形　　　　　　　　图 2-37　修剪图形

3. 绘制区域覆盖

区域覆盖是在现有的对象上生成一个空白区域，用于覆盖指定区域或要在指定区域内添加注释。该区域与区域覆盖边框进行绑定，用户可以打开区域进行编辑，也可以关闭区域进行打印操作。

在"绘图"面板中单击"区域覆盖"按钮▣，命令行将提示"指定第一点或[边框(F)/多段线(P)]<多段线>:"的提示信息，其中各选项的含义及设置方法分别介绍如下。

- 边框：绘制一个封闭的多边形区域，并使用当前的背景色遮盖被覆盖的对象。默认情况下可以通过指定一系列控制点来定义区域覆盖的边界，并可以根据命令行的提示信息对区域覆盖进行编辑，确定是否显示区域覆盖对象的边界。若选择"开(ON)"选项则可以显示边界；若选择"关(OFF)"选项，则可以隐藏绘图窗口中所要覆盖区域的边界。两种方式的对比效果如图 2-38 所示。

显示覆盖区域边界　　　　　　　　　　　　　　隐藏覆盖区域边界

图 2-38　边框的显示与隐藏效果

- 多段线：该方式是适用原有的封闭多段线作为区域覆盖对象的边界。当选择一个封闭的多段线时，命令行将提示是否要删除原对象。输入 Y，系统将删除用于绘制区域覆盖的多段线；输入 N，则保留该多段线。

2.3.3　绘制圆、圆弧、椭圆和椭圆弧

在实际绘图中，图形中不仅包含直线、多段线、矩形和多边形等线性对象，还包含圆、圆弧、椭圆以及椭圆弧等曲线对象，这些曲线对象同样是 AutoCAD 图形的主要组成部分。

1. 绘制圆

圆是指平面上到定点的距离等于定长的所有点的集合。它是一个单独的曲线封闭图形，有恒定的曲率和半径。在二维草图中，圆主要用于表达孔、台体和柱体等模型的投影轮廓；在三维建模中，由圆创建的面域可以直接构建球体、圆柱体和圆台等实体模型。

在 AutoCAD "绘图"面板中单击"圆"按钮下方的下拉按钮，在其下拉列表框中主要提供有以下 5 种绘制圆的方法。

(1) 圆心、半径(或直径)

"圆心、半径(或直径)"方法指的是通过指定圆心，设置半径值(或直径值)而确定一个圆。单击"圆心、半径"按钮 ⊘，在绘图区域指定圆心位置，并设置半径值即可确定一个圆，效果如图 2-39 所示。如果在命令行中输入字母 D，并按 Enter 键确认，则可以通过设置直径值来确定一个圆。

图 2-39　利用"圆心、半径"工具绘制圆

(2) 两点

"两点"方式可以通过指定圆上的两个点确定一个圆，其中两点之间的距离确定了圆的直径，两点直径的中点确定圆的圆心。

单击"两点"按钮，然后在绘图区依次选取圆上的两个点 A 和 B，即可确定一个圆，如图 2-40 所示。

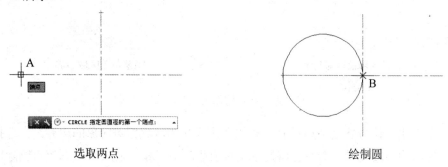

选取两点   绘制圆

图 2-40　利用"两点"工具绘制圆

(3) 三点

"三点"方式是通过指定圆周上的 3 个点而确定一个圆。其原理是在平面几何中 3 点的首尾连线可组成一个三角形，而一个三角形有且只有一个外接圆。

单击"三点"按钮，然后依次选取圆上的 3 个点即可，如图 2-41 所示。需要注意的是，这 3 个点不能在同一条直线上。

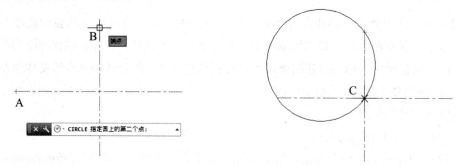

图 2-41　利用"三点"工具绘制圆

(4) 相切，相切，半径

"相切，相切，半径"方式可以通过指定圆的两个公切点和设置圆的半径值确定一个圆。单击"相切，相切，半径"按钮，然后在相应的图元上指定公切点，并设置圆的半径值即可，效果如图 2-42 所示。

(5) 相切，相切，相切

"相切，相切，相切"方式是通过指定圆的 3 个公切点来确定一个圆。该类型的圆是三点圆的一种特殊类型，即 3 段两两相交的直线或圆弧段的公切圆，主要用于确定正多边形的内切圆。

单击"相切，相切，相切"按钮，然后依次选取相应图元上的 3 个切点即可，效果如图 2-43 所示。

图 2-42　利用"相切、相切、半径"工具　　　　图 2-43　利用"相切、相切、相切"工具

2. 绘制圆弧

在 AutoCAD 中，圆弧既可以用于建立圆弧曲线和扇形，也可以用于放样图形的放样界面。由于圆弧可以看作是圆的一部分，因此它会涉及起点和终点的问题。绘制圆弧的方法与绘制圆的方法类似，既要指定半径和起点，又要指出圆弧所跨的弧度大小。绘制圆弧，根据绘图顺序和已知图形要素条件的不同，主要可以分为以下 4 种类型。

(1) 三点

"三点"方式是通过指定圆弧上的三点确定的一段圆弧。其中第一点和第三点分别是圆弧的起点和端点，并且第三点直接决定圆弧的形状和大小，第二点可以确定圆弧的位置。单击"三点"按钮，然后在绘图区依次选取 3 个点，即可绘制通过这 3 个点的圆弧，效果如图 2-44 所示。

图 2-44　利用"三点"工具绘制圆弧

(2) 起点和圆心

"起点和圆心"方式是通过指定圆弧的起点和圆心，再选取圆弧的端点，或设置圆弧的包含角或弦长而确定圆弧。主要包括 3 个绘制工具，最常用的为"起点，圆心，端点"工具。

单击"起点，圆心，端点"按钮，然后依次指定 3 个点作为圆弧的起点、圆心和端点绘制圆弧，效果如图 2-45 所示。

单击"起点，圆心，角度"按钮，绘制圆弧时需要指定圆心角。当输入正角度值时，所绘圆弧从起始点绕圆心沿逆时针方向绘制。

单击"起点，圆心，长度"按钮，绘制圆弧时所给定的弦长不得超过起点到圆心距离的两倍。另外在设置弦长为负值时，则该值的绝对值将作为对应整圆的空缺部分圆弧的弦长。

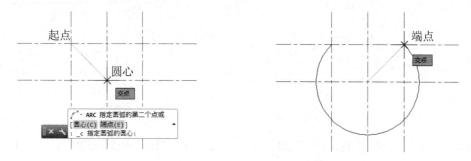

图 2-45   利用"起点、圆心、端点"工具绘制圆弧

(3) 起点和端点

"起点和端点"方式是通过指定圆弧上的起点和端点，然后再设置圆弧的包含角、起点切向或圆弧半径，从而确定一段圆弧。主要包括 3 个绘制工具，效果如图 2-46 所示。其中单击"起点，端点，方向"按钮，绘制圆弧时可以拖动鼠标，动态地确定圆弧在起点和端点之间形成一条橡皮筋线，该橡皮筋线即为圆弧在起始点处的切线。

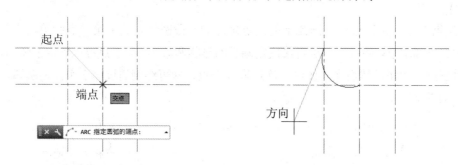

图 2-46   利用"起点、端点、方向"工具绘制圆弧

(4) 圆心和起点

"圆心和起点"方式是通过依次指定圆弧的圆心和起点，然后再选取圆弧上的端点，或者设置圆弧包含角或弦长确定一段圆弧，如图 2-47 所示。

图 2-47   利用"圆心、起点、端点"工具绘制圆弧

"圆心和起点"方式同样包括 3 个绘图工具，与"起点和圆心"方式的区别在于绘图的顺序不同。例如，单击"圆心，起点，端点"按钮，然后依次指定 3 个点分别作为圆弧

的圆心、起点和端点，绘制圆弧。

(5) 连续圆弧

"连续圆弧"方式是以最后依次绘制线段或圆弧过程中确定的最后一点作为新圆弧的起点，并以最后所绘制线段方向或圆弧终止点处的切线方向为新圆弧在起点处的切线方向，然后再指定另一个端点，从而确定的一段圆弧。

单击"连续"按钮，系统将自动选取最后一段圆弧。此时仅需指定连续圆弧上的另一个端点即可，效果如图 2-48 所示。

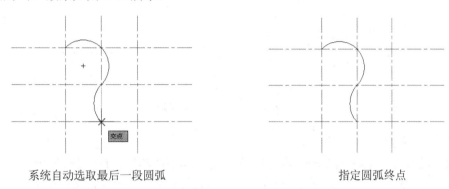

系统自动选取最后一段圆弧　　　　　　　　　　　　指定圆弧终点

图 2-48　绘制连续圆弧

3. 绘制椭圆和椭圆弧

椭圆和椭圆弧曲线都是机械绘图时最常用的曲线对象。该类曲线 X、Y 轴方向对应的圆弧直径有差异，如果直径完全相同则形成规则的圆轮廓线，因此可以说圆是椭圆的特殊形式。

(1) 绘制椭圆

椭圆是指平面上到定点距离与到定点直线间距离之比为常数的所有点的集合。零件上圆孔特征在某一角度上的投影轮廓线、圆管零件上相贯线的近似画法等均以椭圆显示。

在"绘图"面板中单击"椭圆"按钮右侧的下拉按钮，下接列表框中将显示以下两种绘制椭圆的方式。

● 指定圆心绘制椭圆：即通过指定椭圆圆心、主轴的半轴长度和副轴的半轴长度绘制椭圆。单击"圆心"按钮，然后指定椭圆的圆心，并依次指定两个轴的半轴长度，即可完成椭圆的绘制，效果如图 2-49 所示。

图 2-49　指定圆心绘制椭圆

● 指定端点绘制椭圆：该方法是在 AutoCAD 中绘制椭圆的默认方法，只需在绘图区
中直接指定出椭圆的 3 个端点，即可绘制出一个完整的椭圆。单击"轴，端点"
按钮，然后选取椭圆的两个端点，并指定另一半轴的长度，即可绘制出完整的椭
圆，效果如图 2-50 所示。

图 2-50　指定端点绘制椭圆

(2) 绘制椭圆弧

椭圆弧顾名思义就是椭圆的部分弧线，只需指定圆弧的起始角度和终止角度即可。此
外，在指定椭圆弧终止角度时，可以在命令行中输入数值，或直接在图形中指定位置点定
义终止角度。

单击"椭圆弧"按钮，命令行将显示"指定椭圆的轴端点或[圆弧(A)/中心点(C)]："
的提示信息。此时便可以按以上两种绘制方法首先绘制椭圆，之后再按照命令行提示的信
息分别输入起始和终止角度，即可获得椭圆弧效果，如图 2-51 所示。

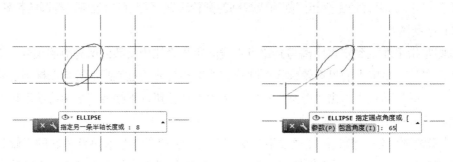

图 2-51　绘制椭圆弧

4. 绘制与编辑样条曲线

样条曲线是经过或接近一系列给定点的光滑曲线，可以控制曲线与点的拟合程度。在
机械绘图中，该类曲线通常用于表示区分断面的部分，还可以在建筑图中表示地形、地貌
等。它的形状是一条光滑的曲线，并且具有单一性，即整个样条曲线是一个单一的对象。

(1) 绘制样条曲线

样条曲线与直线一样都是通过指定点获得的。不同的是，样条曲线是弯曲的线条，并
且线条可以是开放的，也可以是起点和端点重合的封闭曲线。

单击"样条曲线拟合"按钮，然后依次指定起点、中间点和终点，即可完成样条曲

线的绘制，效果如图 2-52 所示。

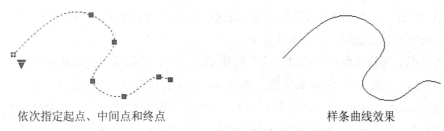

依次指定起点、中间点和终点　　　　　　　　　　样条曲线效果

图 2-52　绘制样条曲线

(2) 编辑样条曲线

在样条曲线绘制完成后，往往不能满足实际的使用要求，此时可以利用样条曲线的编辑工具对其进行编辑，以达到符合要求的样条曲线。

在"修改"面板中单击"编辑样条曲线"按钮，系统将提示选取样条曲线。此时选取相应的样条曲线将显示命令行提示，如图 2-53 所示。

图 2-53　编辑样条曲线

图 2-53 所示提示中主要命令的功能及设置方法如下。

● 闭合：选择该命令后，系统自动将最后一点定义为与第一点相同，并且在连接处相切，以此使样条曲线闭合。

● 拟合数据：输入字母 F 可以编辑样条曲线所通过的某些控制点。选择该命令后，将打开拟合数据命令提示，并且样条曲线上各控制点的位置均会以夹点形式显示，如图 2-54 所示。

● 编辑顶点：该命令可以将所修改样条曲线的控制点进行细化，以达到更精确地对样条曲线进行编辑的目的，如图 2-55 所示。

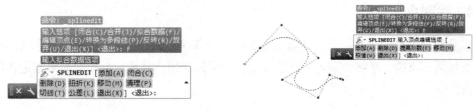

图 2-54　"拟合数据"命令　　　　　　　图 2-55　"编辑顶点"命令

● 转换为多段线：输入字母 P，并指定相应的精度值，即可将样条曲线转换为多段线。

● 反转：输入字母 R，可使样条曲线的方向相反。

5. 绘制修订云线

利用"修订云线"工具可以绘制类似于云彩的图形对象。在检查或用红线圈阅图形时，可以使用云线来亮显标记，以提高工作效率。

在"绘图"面板中单击"修订云线"按钮▣，命令行将提示"指定起点或[弧长(A)/对象(O)/样式(S)]<对象>："的提示信息。各选项的含义及设置方法分别如下。

- 指定起点：从头开始绘制修订云线，即默认云线的参数设置。在绘图区指定一点为起始点，拖动鼠标将显示云线，当移至起点时自动与该点闭合，并退出云线操作，效果如图 2-56 所示。

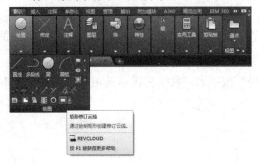

图 2-56　绘制修订云线

- 弧长：指定云线的最小弧长和最大弧长，默认情况下弧长的最小值为 0.5 个单位，最大值不能超过最小值的 3 倍。
- 对象：可以选择一个封闭图形，如矩形、多边形等，并将其转换为云线路径。此时如果选择 N，则圆弧方向向外；如果选择 Y，则圆弧方向向内，效果如图 2-57 所示。

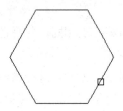

图 2-57　转换对象

- 样式：指定修订云线的方式，包括"普通"和"手绘"两种样式。

2.3.4　绘制点

点是组成图形的最基本元素，通常用于作为对象捕捉的参考点，如标记对象的结点、参考点和圆心点等。掌握绘制点方法的关键在于灵活运用点样式，并根据需求制定各种类型的点。

1. 设置点样式

绘制点时，系统默认为一个小墨点，不便于用户观察。因此在绘制点之前，通常需要设置点样式，必要时自定义设置点的大小。

　　由于点的默认样式在图形中并不容易辨认，因此为了更好地用点标记等距或等数等分位置，用户可以根据系统提供的一系列点样式选取所需的点样式。在 AutoCAD "草图与注释"工作空间界面中，单击"实用工具"面板中的"点样式"按钮，可以在打开的"点样式"对话框中指定点的样式，如图 2-58 所示。

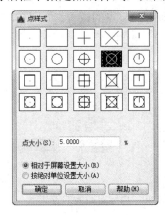
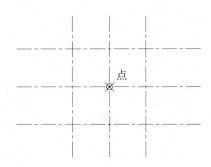

图 2-58　设置点样式

　　在"点样式"对话框中，各主要选项的含义如下。

- "点大小"文本框：用于设置点在绘图区域显示的比例大小。
- "相对于屏幕设置大小"单选按钮：选择该单选按钮后，可以按相对于屏幕尺寸的百分比设置点的大小，比例值可大于、等于或小于 1。
- "按绝对单位设置大小"单选按钮：选择该单选按钮后，可以按实际单位设置点的大小。

2. 绘制单点和多点

　　单点和多点是点常用的两种类型。所谓单点是在绘图区一次仅绘制一个点，主要用来指定单个特殊点的位置，例如指定中点、圆点和相切点等；而多点则是在绘图区可以连续绘制的多个点，且该方式主要是用第一点为参考点，然后依据该参考点绘制多个点。

　　(1) 在任意位置绘制单点和多点

　　当需要绘制单点时，可以在命令行中输入 POINT 指令，并按 Enter 键，然后在绘图区中单击，即可绘制出单个点，如图 2-58 所示。

　　当需要绘制多点时，可以直接在"绘图"面板中单击"多点"按钮，然后在绘图区连续单击，即可绘制出多个点，如图 2-59 所示。

　　(2) 在指定位置绘制单点和多点

　　由于点主要起到定位、标记、参照的作用，因此在绘制点时并非是任意确定点的位置，而是需要使用坐标确定点的位置。

- 鼠标输入法：鼠标输入法是绘图中最常用的输入法，即移动鼠标直接在绘图区的指定位置处单击，即可获得指定点效果。在 AutoCAD 中，坐标的显示是动态直角坐标。当移动鼠标时，十字光标和坐标值将连续更新，随时指示当前光标位置的坐标值。

- 键盘输入法：该输入法是通过键盘在命令行中输入参数值来确定位置的坐标，并且位置坐标一般有两种方式，即绝对坐标和相对坐标。
- 用给定距离的方式输入：该输入法是鼠标输入法和键盘输入法的结合。当提示输入一个点时，将光标移动至输入点附近(不要单击)用来确定方向，使用键盘直接输入一个相对前一个点的距离参数值，按 Enter 键即可确定点的位置，如图 2-60 所示。

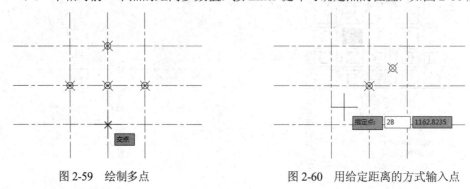

　　图 2-59　绘制多点　　　　　　　　　　　图 2-60　用给定距离的方式输入点

3. 绘制等分点

等分点是在直线、圆弧、圆或椭圆以及样条曲线等几何图元上创建的等分位置点或插入的等间距图块。在 AutoCAD 中，用户可以使用等分点功能对指定对象执行等分间距操作，即从选定对象的一个端点划分出相等的长度，并使用点或块标记将各个长度间隔。

(1) 定数等分点

利用 AutoCAD 的"定数等分"工具可以将所选对象等分为指定数目的相同长度，并在对象上按指定数目等间距创建点或插入块。该操作并不将对象实际等分为单独的对象，它仅仅是标明定数等分的位置，以便将这些等分点作为几何参考点。

在"绘图"面板中单击"定数等分"按钮，然后在绘图区中选取被等分的对象，并输入等分数目，即可将该对象按照指定数目等分，如图 2-61 所示。

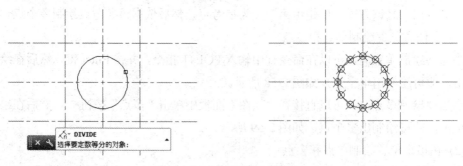

图 2-61　定数等分圆效果

选取等分对象后，如果在命令行中输入字母 B，则可以将选取的块对象等间距插入当前图形中，并且插入的块可以与原对象对齐或不对齐分布，如图 2-62 所示。

图 2-62 定数等分插入图块效果

(2) 定距等分点

定距等分点是指在指定的图元上按照设置的间距放置点对象或插入块。一般情况下，放置点或插入块的顺序是从起点开始的，并且起点随着选取对象的类型变化而变化。由于被选定对象不一定完全符合所有指定距离，因此等分对象的最后一段通常要比指定的间隔短。

在"绘图"面板中单击"定距等分"按钮⬚，然后在绘图区中选取被等分的对象，系统将显示"指定线段长度"的提示信息和文本框。此时在文本框中输入等分间距的参数值，即可将该对象按照指定的距离等分，效果如图 2-63 所示。

图 2-63 定距等分直线

2.4 使用查询工具

在绘图过程中，用户总需要确认自己这一步画得是否正确，才能继续下一步操作。在手工绘图中需要使用丁字尺和三角板测量所绘制的结果。AutoCAD 提供了精确、高效的查询工具，包括距离查询、面积查询和点坐标查询。在 AutoCAD 的任意一个工具栏上右击，在快捷菜单中选择"查询"命令将会弹出浮动的"查询"工具栏，并将其固定在界面边界上。本节将介绍一下这几种查询工具的用法。

2.4.1 距离查询

所谓距离查询，是指测量两个拾取点之间的距离，以及两点构成的线在平面内的夹角。当配合对象捕捉命令时，将会得到非常精确的结果。

距离查询的命令是 Dist，可以通过以下 3 种方法启动。

- 选择"工具"|"查询"|"距离"命令。
- 单击"查询"工具栏中的"距离"按钮 。
- 在命令行中输入 Dist。

【例 2-7】对图 2-64 所示端点分别为(100,100)和(200,200)的线段进行距离查询。

(1) 启动"端点"对象捕捉，在命令行中执行 MEASUREGEOM 命令，此时，命令行提示如下：

```
命令: _MEASUREGEOM
输入选项 [距离(D)/半径(R)/角度(A)/面积(AR)/体积(V)] <距离>: D
```

(2) 输入 D 后，按 Enter 键，然后在命令行提示下选中直线的一端(100,100)，如图 2-65 所示。

图 2-64　绘制直线　　　　　　　　　　图 2-65　选取直线的一端

(3) 在命令行"指定第二个点: "提示下选中直线的另一端(200,200)，将显示直线的查询信息如下：

```
距离 = 282.8427，XY 平面中的倾角 = 45，与 XY 平面的夹角 = 0
X 增量 = 200.0000,
Y 增量 = 200.0000, Z 增量 = 0.0000
```

(4) 若反过来先选择点(200,200)，再选择点(100,100)，其命令行提示如下：

```
命令: _MEASUREGEOM
输入选项 [距离(D)/半径(R)/角度(A)/面积(AR)/体积(V)] <距离>: _distance
指定第一点:
指定第二点:
距离 = 282.8427，XY 平面中的倾角 = 225，与 XY 平面的夹角 = 0
X 增量 = -200.0000,
Y 增量 = -200.0000, Z 增量 = 0.0000
```

对比以上两种选择发现，角度和坐标增量与点的选择顺序有关，距离与其无关，这是因为 AutoCAD 始终以默认的逆时针方向为角度的增量方向。

2.4.2　面积查询

所谓面积查询，是指通过选择对象来测量整个对象及所定义区域的面积和周长。可以通过选择封闭对象(如圆、椭圆和封闭的多段线)或通过拾取点来测量面积，每个点之间通过直线相连，最后一点与第一点相连形成封闭区域，甚至可以测量一段开放的多段线所围成的面积，其中 AutoCAD 假定多段线之间有一条连线将其封闭，然后计算出相应的面积，而算出的周长为实际多段线的长度。

面积查询的命令是 Area，可以通过以下 3 种方法启动。

- 选择"工具"|"查询"|"面积"命令。
- 单击"查询"工具栏中的"面积"按钮。
- 在命令行中输入 Area。

【例 2-8】对通过点 1(100,100)、点 2(200,100)、点 3(200,200)和点 4(100,200)的矩形及通过这 4 个点的开放多段线进行面积查询。

(1) 启动"端点"对象捕捉，在命令行中执行 MEASUREGEOM 命令，此时，命令行提示如下：

命令：_MEASUREGEOM
输入选项 [距离(D)/半径(R)/角度(A)/面积(AR)/体积(V)] <距离>:AR

(2) 输入 AR 后按 Enter 键，然后在以下命令行提示下选中坐标为(100,100)的点，如图 2-66 所示。

指定第一个角点或[对象(O)/增加面积(A)/减少面积(S)/退出(X)] <对象(O)>:

(3) 在命令行提示下，依次选中坐标为(200,100)、(200,200)和(100,200)的点，如图 2-67 所示。

指定下一个点或 [圆弧(A)/长度(L)/放弃(U)]:

图 2-66　选中点　　　　　　　　　　　图 2-67　选中区域

(4) 按 Enter 键后，命令行将显示以下信息，显示矩形面积：

面积 = 40000.0000，周长 = 800.0000

对于矩形对象，其命令行提示如下。

命令：_MEASUREGEOM
输入选项 [距离(D)/半径(R)/角度(A)/面积(AR)/体积(V)] <距离>: _area　　//启动距离查询命令
指定第一个角点或[对象(O)/增加面积(A)/减少面积(S)/退出(X)] <对象(O)>: o //选择采用对象方式
选择对象：　　　　　　　　　　　　　　　　　　　　　//鼠标选择多段线对象
面积 = 40000.0000，长度 = 600.0000

2.4.3　点坐标查询

在绘制总平面图时通常采用坐标定位，因此在绘制过程中经常要查询对象的位置坐标。AutoCAD 提供的坐标点查询的命令是 Id，可以通过以下 3 种方法启动。

- 选择"工具" | "查询" | "点坐标"命令。
- 单击"查询"工具栏中的"定位点"按钮⬚。
- 在命令行中输入 Id。

单击"查询"工具栏中的"点坐标"按钮⬚，命令行显示如下。

命令:'_id 指定点: X = 203.4080   Y = 166.6229   Z = 0.0000
//单击"查询"工具栏上的"点坐标"按钮，启动点坐标查询命令，然后在绘图区选择要查询的点，
　便显示该点 X、Y、Z 方向的坐标

2.4.4 列表查询

在绘图过程中要查询对象的详细信息，可以通过列表查询该对象。列表查询是通过文本框的方式来显示对象的数据库信息，如对象类型、对象图层、相对于当前用户坐标系(UCS)的 X、Y、Z 位置，以及对象是位于模型空间还是图纸空间。如果颜色、线型和线宽没有设置为 BYLAYER，列表显示命令将列出这些项目的相关信息。列表显示命令还报告与特定的选定对象相关的附加信息。

列表查询的命令是 List，可以通过以下 3 种方法启动。

- 选择"工具" | "查询" | "列表查询"命令。
- 单击"查询"工具栏中的"列表"按钮⬚。
- 在命令行中输入 List。

单击"查询"工具栏中的"列表"按钮⬚，命令行显示如下。

命令:_list
选择对象: //用鼠标拾取需要查询的对象

2.5 思 考 练 习

1. 在 AutoCAD 2016 中，如何等分对象？
2. 定义多线样式，样式名为"多线样式 1"，其线元素的特性要求如表 2-1 所示，并在多线的起始点和终止点处绘制外圆弧。

表 2-1 线元素特性表

序 号	偏 移 量	颜 色	线 型
1	5	白色	BYLAYER
2	2.5	绿色	DASHED
3	−2.5	绿色	DASHED
4	−5	白色	BYLAYER

第3章 编辑二维图形

在 AutoCAD 中利用各类基本绘图工具绘制图形时，通常会由于作图需要或误操作产生多余的线条，因此需要对图形进行必要的修改，使设计的图形达到工作的需求。此时，可以利用 AutoCAD 提供的图形编辑工具对现有图形进行复制、移动、镜像和修剪等操作。这样不仅可以保证绘图的准确性，而且减少了重复的绘图操作，极大地提高了绘图的效率。

3.1 选择图形对象

在编辑图形之前，首先需要选择编辑的对象。AutoCAD 用虚线亮显所选的对象，这些对象就构成选择集。选择集可以包含单个对象，也可以包含复杂的对象编组。在 AutoCAD 2016 中，单击"文档浏览器"按钮▲，在打开的文档浏览器中单击"选项"按钮，可以通过打开的"选项"对话框的"选择集"选项卡，设置选择集模式、拾取框的大小及夹点功能。

3.1.1 选择对象的方法

在 AutoCAD 中，选择对象的方法很多。例如，可以通过单击对象逐个拾取，也可以利用矩形窗口或交叉窗口选择，也可以选择最近创建的对象、前面的选择集或图形中的所有对象，还可以向选择集中添加对象或从中删除对象。

在命令行中输入 SELECT 命令，按 Enter 键，并且在命令行的"选择对象:"提示下输入"？"，将显示如下提示信息。

```
命令: SELECT
选择对象: ?
*无效选择*
需要点或 窗口(W)/上一个(L)/窗交(C)/框(BOX)/全部(ALL)/栏选(F)/圈围(WP)/圈交(CP)/编组(G)/
添加(A)/删除(R)/多个(M)/前一个(P)/放弃(U)/自动(AU)/单个(SI)/子对象(SU)/对象(O)
```

根据提示信息，输入其中的大写字母即可指定对象选择模式。例如，设置矩形窗口的选择模式，在命令行的"选择对象:"提示下输入 W 即可。

常用的选择模式主要有以下几种。

- 直接选择：默认情况下，可以直接选择对象，此时光标变为一个小方框(即拾取框)，利用该方框可逐个拾取所需对象，如图 3-1 所示。该方法每次只能选取一个对象，不适合选取大量对象。
- "窗口(W)"选项：可以通过绘制一个矩形区域来选择对象。当指定了矩形窗口的两个对角点时(例如图 3-2 所示 A 点和 B 点)，所有部分均位于这个矩形窗口内的对象将被选中，不在该窗口内或只有部分在该窗口内的对象则不被选中。

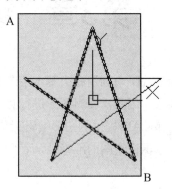

图 3-1　直接选择对象　　　　　　　　图 3-2　绘制矩形选择对象

- "窗交(C)"选项：使用交叉窗口选择对象，与使用窗口选择对象的方法类似，但全部位于窗口之内或与窗口边界相交的对象都将被选中。在定义交叉窗口的矩形窗口时，系统使用虚线方式显示矩形，以区别于窗口选择方法，如图 3-3 所示。
- "编组(G)"选项：使用组名称来选择一个已定义的对象编组，如图 3-4 所示。

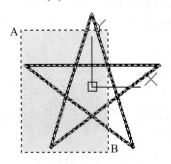

图 3-3　使用交叉窗口选择对象　　　　　图 3-4　使用组名称选择对象

3.1.2　过滤选择

在命令行提示下输入 FILTER 命令，将打开"对象选择过滤器"对话框。在该对话框中，用户可以使用对象的类型(如直线、圆及圆弧等)、图层、颜色、线型或线宽等特性作为条件，过滤选择符合设定条件的对象。此时必须考虑图形中对象的特性是否设置为随层。

"对象选择过滤器"对话框的列表框中显示了当前设置的过滤条件。其他各选项的功能如下。

- "选择过滤器"选项组：用于设置选择的条件。
- "编辑项目"按钮：单击该按钮，可以编辑过滤器列表框中选中的项目。
- "删除"按钮：单击该按钮，可以删除过滤器列表框中选中的项目。
- "清除列表"按钮：单击该按钮，可以删除过滤器列表框中的所有项目。
- "命名过滤器"选项组：用于选择已命名的过滤器。

【例 3-1】选择图形中的所有半径为 3 和 13 的圆。

(1) 在 AutoCAD 中打开图 3-5 所示的图形后，在命令行提示下，输入 FILTER 命令，并按 Enter 键，打开"对象选择过滤器"对话框。

(2) 在"选择过滤器"选项组的下拉列表框中，选择"** 开始 OR"选项，并单击"添加到列表"按钮，将其添加至过滤器列表框中，表示以下各项目为逻辑"或"关系，如图 3-6 所示。

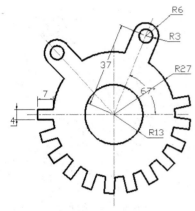

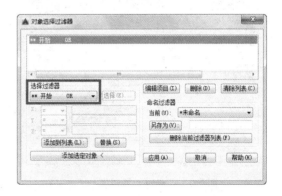

图 3-5　打开图形　　　　　　　　　　图 3-6　"对象选择过滤器"对话框

(3) 在"选择过滤器"选项组的下拉列表框中，选择"圆半径"选项，并在 X 后面的下拉列表框中选择"="选项，在对应的文本框中输入 3，表示将圆的半径设置为 3。

(4) 单击"添加到列表"按钮，将设置的圆半径过滤器添加至过滤器列表框中，此时列表框中将显示"对象 = 圆"和"圆半径 =3.000000"两个选项，如图 3-7 所示。

(5) 在"选择过滤器"选项组的下拉列表框中选择"圆半径"选项，并在 X 后面的下拉列表框中选择"="选项，在对应的文本框中输入 13，将其添加至过滤器列表框中，如图 3-8 所示。

图 3-7　设定选择圆半径　　　　　　　　　图 3-8　添加圆半径参数

(6) 为确保只选择半径为 3 和 13 的圆，需要删除过滤器"对象 = 圆"。可以在过滤器列表框中选择"对象= 圆"选项，然后单击"删除"按钮。

(7) 在过滤器列表框中单击"圆半径 = 13.000000"下面的空白区，并在"选择过滤器"选项组的下拉列表框中选择"** 结束 OR"选项，然后单击"添加到列表"按钮，将其添加至过滤器列表框中，表示结束逻辑"或"关系。此时，对象选择过滤器设置完毕，如图 3-9 所示。

(8) 单击"应用"按钮，并在绘图窗口中使用窗口选择法框选所有图形，然后按 Enter 键，系统将过滤出满足条件的对象并将其选中，如图 3-10 所示。

图 3-9　完成过滤器设置

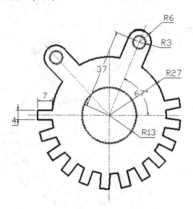

图 3-10　选中符合条件的圆

3.1.3　快速选择

在 AutoCAD 中，当需要选择具有某些共同特性的对象时，可以利用"快速选择"对话框，根据对象的图层、线型、颜色、图案填充等特性和类型，创建选择集。在菜单栏中选择"工具"|"快速选择"命令，或在功能区选项板中选择"默认"选项卡，然后在"实用工具"面板中单击"快速选择"按钮，即可打开"快速选择"对话框，如图 3-11 所示。

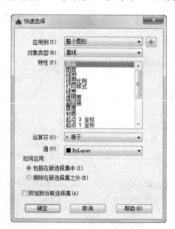

图 3-11　打开"快速选择"对话框

"快速选择"对话框中各选项的功能说明如下。

● "应用到"下拉列表框：选择过滤条件的应用范围，可以应用于整个图形，也可以应用

于当前选择集中。如果有当前选择集，则"当前选择"选项为默认选项；如果没有当前
选择集，则"整个图形"选项为默认选项。

- "选择对象"按钮 ：单击该按钮将切换至绘图窗口中，可以根据当前所指定的过滤条
  件进行选择对象。选择完毕后，按 Enter 键结束选择，并返回至"快速选择"对话框中，
  同时 AutoCAD 会将"应用到"下拉列表框中的选项设置为"当前选择"。
- "对象类型"下拉列表框：用于指定需要过滤的对象类型。
- "特性"列表框：指定作为过滤条件的对象特性。
- "运算符"下拉列表框：控制过滤的范围。运算符包括=、<>、>、<、全部选择等，其
  中 > 和 < 运算符对某些对象特性是不可用的。
- "值"下拉列表框：设置过滤的特性值。
- "如何应用"选项组：选择"包括在新选择集中"单选按钮，则由满足过滤条件的对象
  构成选择集；选择"排除在新选择集之外"单选按钮，则由不满足过滤条件的对象构成
  选择集。
- "附加到当前选择集"复选框：用于指定由 QSELECT 命令所创建的选择集是追加到当
  前选择集中，还是替代当前选择集。

【例 3-2】选择图形中半径为 3 的圆。

(1) 打开【例 3-1】素材图形后，在菜单栏中选择"工具"|"快速选择"命令，打开"快
速选择"对话框。

(2) 在"应用到"下拉列表框中，选择"整个图形"选项；在"对象类型"下拉列表
框中选择"圆"选项，在"特性"列表框中选择"半径"选项，在"运算符"下拉列表框
中选择"= 等于"选项，然后在"值"文本框中输入数值 3，表示选择图形中所有半径为
3 的圆弧，在"如何应用"选项组中选择"包括在新选择集中"单选按钮，按设定条件创
建新的选择集，如图 3-12 所示。

(3) 单击"确定"按钮，系统将选中图形中所有符合要求的图形对象，如图 3-13 所示。

图 3-12　设置快速选择参数

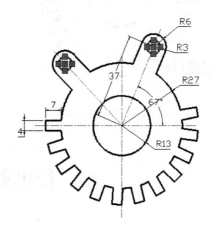

图 3-13　选中半径为 3 的圆

3.1.4 使用编组

在 AutoCAD 中，可以将图形对象进行编组以创建一种选择集，使编辑对象变得更为灵活。在命令行提示下输入 GROUP，并按 Enter 键，将显示如下提示信息。

> GROUP 选择对象或 [名称(N)/说明(D)]:

其选项的功能如下。

- "名称(N)"选项：设置对象编组的名称。
- "说明(D)"选项：设置对象编组的说明信息。

若要取消对象编组，可以在菜单栏中选择"工具"|"解除编组"命令。

【例 3-3】将图形中的所有圆创建为一个对象编组 Circle。

(1) 打开【例 3-1】素材图形后，在命令行提示下输入 GROUP 命令，按 Enter 键，然后输入 N 并按 Enter 键。

(2) 在命令行的"GROUP 输入编组名或[?]:"提示信息下输入 Circle，指定编组的名称为 Circle。

(3) 按 Enter 键，在命令行的"GROUP 选择对象或 [名称(N)/说明(D)]:"提示下，选择图 3-14 所示的圆。

(4) 按 Enter 键结束对象选择，完成对象编组。此时，如果单击编组中的任意对象，所有其他对象也同时被选中，如图 3-15 所示。

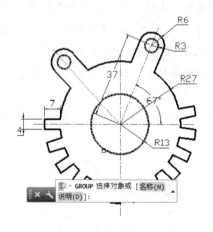

图 3-14 设置需要编组的对象

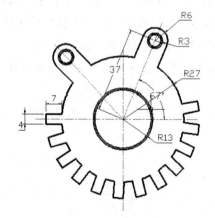

图 3-15 对象编组效果

3.2 使用夹点编辑图形

在 AutoCAD 中，夹点是一种集成的编辑模式，为用户提供了一种方便快捷的编辑操作途径。例如，使用夹点能够将对象进行拉伸、移动、旋转、缩放及镜像等操作。

3.2.1　拉伸对象

在不执行任何命令的情况下选择对象并显示其夹点，然后单击其中一个夹点，进入编辑状态。此时，AutoCAD 自动将其作为拉伸的基点，进入"拉伸"编辑模式，命令行将显示如下提示信息。

> ** 拉伸 **
> 指定拉伸点或 [基点(B)/复制(C)/放弃(U)/退出(X)]:

其选项的功能如下。

- "基点(B)"选项：重新确定拉伸基点。
- "复制(C)"选项：允许确定一系列的拉伸点，以实现多次拉伸。
- "放弃(U)"选项：取消上一次操作。
- "退出(X)"选项：退出当前的操作。

默认情况下，指定拉伸点(可以通过输入点的坐标或者直接用鼠标指针拾取点)后，AutoCAD 将把对象拉伸或移动至新的位置。对于某些夹点，移动时只能移动对象而不能拉伸对象，如文字、块、直线中点、圆心、椭圆中心和点对象上的夹点。

3.2.2　移动对象

移动对象仅仅是位置上的平移，对象的方向和大小并不会改变。若要精确地移动对象，可以使用捕捉模式、坐标、夹点和对象捕捉模式。夹点编辑模式下确定基点后，在命令行提示下输入 MO 进入移动模式，命令行将显示如下提示信息。

> ** 移动 **
> 指定移动点或 [基点(B)/复制(C)/放弃(U)/退出(X)]:

通过输入点的坐标或拾取点的方式来确定平移对象的目的点后，即可以基点为平移的起点，以目的点为终点将所选对象平移至新位置。

3.2.3　旋转对象

夹点编辑模式下确定基点后，在命令行提示下输入 RO 进入旋转模式，命令行将显示如下提示信息。

> ** 旋转 **
> 指定旋转角度或 [基点(B)/复制(C)/放弃(U)/参照(R)/退出(X)]:

默认情况下，输入旋转的角度值或通过拖动方式确定旋转角度后，即可将对象绕基点旋转指定的角度。也可以选择"参照"选项，以参照方式旋转对象，这与"旋转"命令中的"对照"选项功能相同。

3.2.4　缩放对象

夹点编辑模式下确定基点后，在命令行提示下输入 SC 进入缩放模式，命令行将显示如下提示信息。

> ** 比例缩放 **
> 指定比例因子或 [基点(B)/复制(C)/放弃(U)/参照(R)/退出(X)]:

默认情况下，当确定了缩放的比例因子后，AutoCAD 将相对于基点进行缩放对象操作。当比例因子大于 1 时放大对象；当比例因子大于 0 而小于 1 时缩小对象。

3.2.5　镜像对象

与"镜像"命令的功能类似，镜像操作后将删除原对象。夹点编辑模式下确定基点后，在命令行提示下输入 MI 进入镜像模式，命令行将显示如下提示信息。

> ** 镜像 **
> 指定第二点或 [基点(B)/复制(C)/放弃(U)/退出(X)]:

指定镜像线上的第二个点后，AutoCAD 将以基点作为镜像线上的第一个点，新指定的点为镜像线上的第二个点，将对象进行镜像操作并删除原对象。

【例 3-4】使用夹点编辑功能，绘制连杆平面图。

(1) 在功能区选项板中选择"默认"选项卡，然后在"绘图"面板中单击"直线"按钮，绘制一条水平直线和一条垂直直线作为辅助线。

(2) 在菜单栏中选择"工具"|"新建 UCS"|"原点"命令，将坐标系原点移至辅助线的交点处，如图 3-16 所示。

(3) 选择所绘制的垂直直线，并单击两条直线的交点，将其作为基点，在命令行的"指定拉伸点或[基点(B)/复制(C)/放弃(U)/退出(X)]:"提示下输入 C，移动并复制垂直直线，然后在命令行中输入(120,0)，即可得到另一条垂直的直线，如图 3-17 所示。

图 3-16　移动坐标原点　　　　　　　　　　图 3-17　绘制垂直直线

(4) 在功能区选项板中选择"默认"选项卡，然后在"绘图"面板中单击"多边形"按钮，以左侧垂直直线与水平直线的交点为中心点，绘制一个半径为 15 的圆的内接正六边形，如图 3-18 所示。

(5) 在功能区选项板中选择"默认"选项卡，然后在"绘图"面板中单击"圆心、直径"按钮，以右侧垂直直线与水平直线的交点为圆心，绘制一个直径为 65 的圆，如图 3-19 所示。

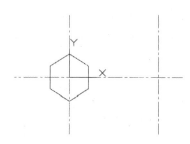

图 3-18　绘制正六边形

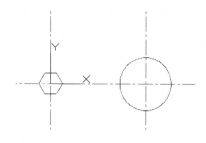

图 3-19　绘制直径为 65 的圆

(6) 选择右侧所绘的圆，并单击该圆的最上端夹点，将其作为基点(该点将显示为红色)，在命令行中输入 C，并在拉伸的同时复制图形，然后在命令行中输入(50,0)，即可得到一个直径为 100 的拉伸圆，如图 3-20 所示。

(7) 在功能区选项板中选择"默认"选项卡，然后在"绘图"面板中单击"圆心、直径"按钮，以六边形的中心点为圆心，绘制一个直径为 45 的圆，如图 3-21 所示。

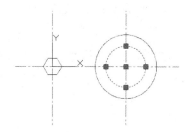

图 3-20　拉伸圆

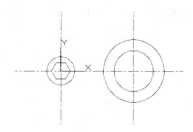

图 3-21　绘制直径为 45 的圆

(8) 选择所绘制的水平直线，并单击直线上的夹点，将其作为基点，在命令行中输入 C，移动并复制水平直线，然后在命令行中输入(@0,9)，即可得到一条水平的直线。

(9) 选择右侧的垂直直线，并单击直线上的夹点，将其作为基点，在命令行中输入 C，移动并复制垂直直线，在命令行中输入(@-38,0)，得到另一条垂直直线，如图 3-22 所示。

(10) 在功能区选项板中选择"默认"选项卡，然后在"修改"面板中单击"修剪"按钮，修剪直线，如图 3-23 所示。

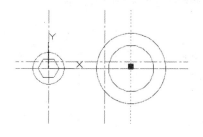

图 3-22　复制垂直直线

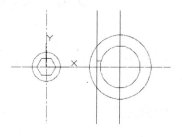

图 3-23　修剪直线

(11) 选择修剪后的直线，在命令行中输入 MI，镜像所选的对象，在水平直线上任意选择两点作为镜像线的基点，然后在"要删除源对象吗？"命令提示下输入 N，最后按 Enter 键，即可得到镜像的直线，如图 3-24 所示。

(12) 在功能区选项板中选择"默认"选项卡，然后在"绘图"面板中单击"相切、相切、半径"按钮，以直径为 45 和 100 的圆为相切圆，绘制半径为 160 的圆，如图 3-25 所示。

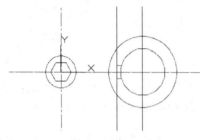
图 3-24　镜像直线

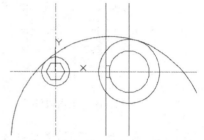
图 3-25　绘制半径为 160 的圆

(13) 在功能区选项板中选择"默认"选项卡，然后在"修改"面板中单击"修剪"按钮，修剪绘制的相切圆，如图 3-26 所示。

(14) 选择修剪后的圆弧，在命令行中输入 MI，镜像所选的对象，然后在水平直线上任意选择两点作为镜像线的基点，并在"要删除源对象吗？"命令提示下输入 N，最后按 Enter 键，即可得到镜像的圆弧。

(15) 在功能区选项板中选择"默认"选项卡，然后在"修改"面板中单击"修剪"按钮，对图形进行修剪，如图 3-27 所示。

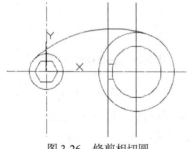
图 3-26　修剪相切圆

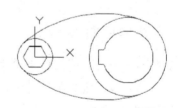
图 3-27　图形修剪效果

3.3　删除、移动、旋转和对齐图形对象

在 AutoCAD 中，不仅可以使用夹点进行移动和旋转对象，还可以通过"修改"菜单中的相关命令来实现。

3.3.1　删除对象

在菜单栏中选择"修改"|"删除"(ERASE)命令，或在功能区选项板中选择"默认"

选项卡，然后在"修改"面板中单击"删除"按钮 ✐，即可删除图形中选中的对象。

通常，在 AutoCAD 中发出"删除"命令后，软件将要求用户选择需要删除的对象，按 Enter 键或空格键结束对象选择，同时删除已选择的对象。

3.3.2　移动对象

移动对象是指对象的重定位。在菜单栏中选择"修改"|"移动"(MOVE)命令，或在功能区选项板中选择"默认"选项卡，然后在"修改"面板中单击"移动"按钮 ⊹，即可在指定方向上按指定距离移动对象，对象的位置发生了改变，但方向和大小不改变。

若要移动对象，首先选择需要移动的对象，然后指定位移的基点和位移矢量。在命令行的"指定基点或[位移(D)]<位移>:"提示下，如果单击或以键盘输入形式给出了基点坐标，命令行将显示"指定第二个点或<使用第一个点作位移>:"提示；如果按 Enter 键，那么所给出的基点坐标值将作为偏移量，即该点作为原点(0,0)，然后将图形相对于该点移动由基点设定的偏移量。

3.3.3　旋转对象

在 AutoCAD 菜单栏中选择"修改"|"旋转"(ROTATE)命令，或在功能区选项板中选择"默认"选项卡，然后在"修改"面板中单击"旋转"按钮 ⟳，即可将对象绕基点旋转指定的角度。

执行该命令后，从命令行显示的"UCS 当前的正角方向:ANGDIR=逆时针 ANGBASE=0"提示信息中，可以了解到当前的正角度方向(如逆时针方向)、零角度方向以及与 X 轴正方向的夹角(如 0°)。

选择需要旋转的对象(可以依次选择多个对象)，并指定旋转的基点，命令行将显示"指定旋转角度或[复制(C)参照(R)]<O>:"提示信息。如果直接输入角度值，则可以将对象绕基点旋转该角度，角度为正时逆时针旋转，角度为负时顺时针旋转；如果选择"参照(R)"选项，将以参照方式旋转对象，需要依次指定参照方向的角度值和相对于参照方向的角度值。

【例 3-5】使用 AutoCAD 2016 绘制如图 3-28 所示的图形。

(1) 在功能区选项板中选择"默认"选项卡，然后在"绘图"面板中单击"圆心、半径"按钮，绘制一个半径为 30 的圆。

(2) 在菜单栏中选择"工具"|"新建 UCS"|"原点"命令，将坐标系的原点移至圆心位置，如图 3-29 所示。

(3) 在功能区选项板中选择"默认"选项卡，然后在"修改"面板中单击"直线"按钮，经过点(0,15)、点(@15,-15)和点(@-15,-15)绘制直线，如图 3-30 所示。

(4) 在功能区选项板中选择"默认"选项卡，然后在"修改"面板中单击"旋转"按钮 ⟳，最后在命令行的"选择对象:"提示下，选择绘制的两条直线。

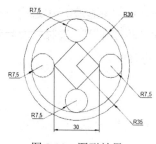

图 3-28　图形效果

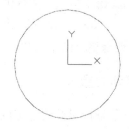

图 3-29　调整坐标系

(5) 在命令行的"指定基点:"提示下，输入点的坐标(0,0)作为移动的基点。

(6) 在命令行的"指定旋转角度或[复制(C)参照(R)]<O>:"提示下，输入 C，并指定旋转的角度为 180°，然后按 Enter 键，如图 3-31 所示。

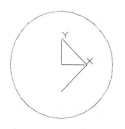

图 3-30　绘制直线

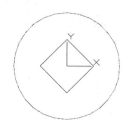

图 3-31　旋转直线

(7) 在功能区选项板中选择"默认"选项卡，然后在"绘图"面板中单击"圆心、半径"按钮，以坐标(0,22.5)为圆心，绘制一个半径为 7.5 的圆，如图 3-32 所示。

(8) 在功能区选项板中选择"默认"选项卡，然后在"修改"面板中单击"旋转"按钮，在命令行的"选择对象:"提示下，选择绘制的半径为 7.5 的圆。

(9) 在命令行的"指定基点:"提示下，输入点的坐标(0,0)作为移动的基点。

(10) 在命令行的"指定旋转角度或[复制(C)参照(R)]<O>:"提示下，输入 C，并指定旋转的角度为 90°，然后按 Enter 键，如图 3-33 所示。

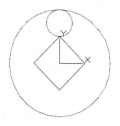

图 3-32　绘制半径 7.5 的圆

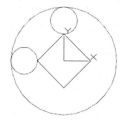

图 3-33　旋转复制圆

(11) 在功能区选项板中选择"默认"选项卡，然后在"修改"面板中单击"旋转"按钮，最后在命令行的"选择对象:"提示下，选择图中两个半径为 7.5 的圆。

(12) 在命令行的"指定基点:"提示下，输入点的坐标(0,0)作为移动的基点。

(13) 在命令行的"指定旋转角度或[复制(C)参照(R)]<O>:"提示下，输入 C，并指定旋转的角度为 180°，然后按 Enter 键。

(14) 在功能区选项板中选择"默认"选项卡，然后在"绘图"面板中单击"圆心、半径"按钮，以坐标(0,0)为圆心，绘制一个半径为 35 的圆。

(15) 在菜单栏中选择"工具"|"新建 UCS"|"世界"命令，恢复世界坐标系。

3.3.4 对齐对象

在菜单栏中选择"修改"|"三维操作"|"对齐"(ALIGN)命令，可以使当前对象与其他对象对齐，既适用于二维对象，也适用于三维对象。

当在对齐二维对象时，可以指定 1 对或 2 对对齐点(源点和目标点)；当对齐三维对象时，则需要指定 3 对对齐点，如图 3-34 所示。

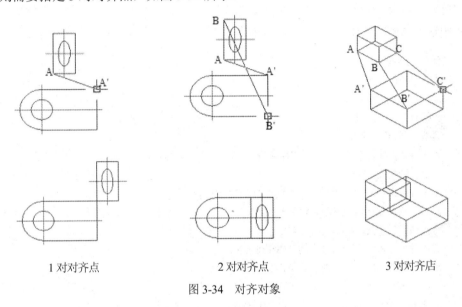

1 对对齐点　　　　　　　　　2 对对齐点　　　　　　　　　3 对对齐店

图 3-34　对齐对象

3.4　复制、阵列、偏移和镜像图形对象

在 AutoCAD 中，可以使用"复制""阵列""偏移"和"镜像"命令创建与源对象相同或相似的图形。

3.4.1 复制对象

在菜单栏中选择"修改"|"复制"(COPY)命令，或在功能区选项板中选择"默认"选项卡，然后在"修改"面板中单击"复制"按钮，即可对已有的对象复制出副本，并放置到指定的位置。

执行该命令时，需要选择复制的对象，命令行将显示"指定基点或[位移(D)/模式(O)/多个(M)] <位移>:"提示信息。如果只需要创建一个副本，直接指定位移的基点和位移矢量(相对于基点的方向和大小)；如果需要创建多个副本，而复制模式为单个时，只要输入 M，设置复制模式为多个，然后在"指定第二个点或[退出(E)/放弃(U)<退出>:"提示下，通过连续指定位移的第二个点来创建该对象的其他副本，直至按 Enter 键结束。

3.4.2　阵列对象

绘制多个在 X 轴或在 Y 轴上等间距分布，或围绕一个中心旋转，或沿着路径均匀分布的图形时，可以使用阵列命令。

1. 矩形阵列

所谓矩形阵列，是指在 X 轴、Y 轴或者 Z 轴方向上等间距绘制多个相同的图形。选择"修改"|"阵列"|"矩形阵列"命令，或单击"修改"工具栏中的"矩形阵列"按钮▦，或在命令行中输入 ARRAYRECT 命令，即可执行"矩形阵列"命令，命令行提示信息如下。

```
命令: _arrayrect
选择对象:
指定对角点: 找到 1 个
选择对象:
类型 = 矩形　关联 = 是
为项目数指定对角点或 [基点(B)/角度(A)/计数(C)] <计数>: a
指定行轴角度 <0>: 30
为项目数指定对角点或 [基点(B)/角度(A)/计数(C)] <计数>: c
输入行数或 [表达式(E)] <4>: 3
输入列数或 [表达式(E)] <4>: 4
指定对角点以间隔项目或 [间距(S)] <间距>: s
指定行之间的距离或 [表达式(E)] <16.4336>: 15
指定列之间的距离或 [表达式(E)] <16.4336>: 20
按 Enter 键接受或 [关联(AS)/基点(B)/行(R)/列(C)/层(L)/退出(X)] <退出>:
```

除了通过指定行数、行间距、列数和列间距方式创建矩形阵列以外，还可以通过"为项目数指定对角点"选项在绘图区通过移动光标指定阵列中的项目数，再通过"间距"选项来设置行间距和列间距。表 3-1 列出了主要参数的含义。

表 3-1　主要参数的含义

参　　数	含　　义
基点(B)	表示指定阵列的基点
角度(A)	输入 A，命令行要求指定行轴的旋转角度
计数(C)	输入 C，命令行要求分别指定行数和列数的方式产生矩形阵列
间距(S)	输入 S，命令行要求分别指定行间距和列间距
关联(AS)	输入 AS，用于指定创建的阵列项目是否作为关联阵列对象，或是作为多个独立对象
行(R)	输入 R，命令行要求编辑行数和行间距

（续表）

参　　数	含　　义
列(C)	输入 C，命令行要求编辑列数和列间距
层(L)	输入 L，命令行要求指定在 Z 轴方向上的层数和层间距

2. 环形阵列

所谓环形阵列，是指围绕一个中心创建多个相同的图形。选择"修改"|"阵列"|"环形阵列"命令，或单击"修改"工具栏中的"环形阵列"按钮██，或在命令行中输入 ARRAYPOLAR 命令，即可执行"环形阵列"命令，命令行提示信息如下。

> 命令: _arraypolar
> 选择对象:
> 指定对角点: 找到 3 个
> 选择对象:
> 类型 = 极轴　关联 = 是
> 指定阵列的中心点或 [基点(B)/旋转轴(A)]:
> 输入项目数或 [项目间角度(A)/表达式(E)] <4>: 6
> 指定填充角度(+=逆时针、-=顺时针)或 [表达式(EX)] <360>:
> 按 Enter 键接受或 [关联(AS)/基点(B)/项目(I)/项目间角度(A)/填充角度(F)/行(ROW)/层(L)/旋转项目(ROT)/退出(X)] <退出>:

在 AutoCAD 中，"旋转轴"表示指定由两个指定点定义的自定义旋转轴，对象绕旋转轴阵列；"基点"选项用于指定阵列的基点；"行数"选项用于编辑阵列中的行数和行间距之间的增量标高；"旋转项目"选项用于控制在排列项目时是否旋转项目。

3. 路径阵列

所谓路径阵列，是指沿路径或部分路径均匀分布对象副本。路径可以是直线、多段线、三维多段线、样条曲线、螺旋、圆弧、圆或椭圆。选择"修改"|"阵列"|"路径阵列"命令，或单击"修改"工具栏中的"路径阵列"按钮██，或在命令行中输入 ARRAYPATH 命令，即可执行"路径阵列"命令，命令行提示信息如下。

> 命令: _arraypath
> 选择对象: 找到 1 个
> 选择对象:
> 类型 = 路径　关联 = 是
> 选择路径曲线:
> 输入沿路径的项数或 [方向(O)/表达式(E)] <方向>: o　　　　　　　　//重新定向
> 指定基点或 [关键点(K)] <路径曲线的终点>:
> 指定与路径一致的方向或 [两点(2P)/法线(NOR)] <当前>:
> //指定两个点来定义与路径的起始方向一致的方向，"法线"表示对象对齐垂直于路径的起始方向
> 输入沿路径的项目数或 [表达式(E)] <4>: 8
> 指定沿路径的项目之间的距离或 [定数等分(D)/总距离(T)/表达式(E)] <沿路径平均定数等分(D)>: d

//表示在路径曲线上定数等分对象副本
按 Enter 键接受或[关联(AS)/基点(B)/项目(I)/行(R)/层(L)/对齐项目(A)/Z 方向(Z)/退出(X)] <退出>：

3.4.3 偏移对象

在菜单栏中选择"修改" | "偏移"(OFFSET)命令，或在功能区选项板中选择"默认"选项卡，然后在"修改"面板中单击"偏移"按钮，即可对指定的直线、圆弧、圆等对象做同心偏移复制。在实际应用中，常利用"偏移"命令的特性创建平行线或等距离分布图形。执行"偏移"命令时，其命令行提示信息如下。

指定偏移距离或[通过(T)/删除(E)/图层(L)] <通过>：

默认情况下，需要指定偏移距离，再选择偏移复制的对象，然后指定偏移方向，以复制出对象。其他各选项的功能如下。

- "通过(T)"选项：在命令行中输入 T，命令行提示"选择要偏移的对象，或 [退出(E)/放弃(U)] <退出>："提示信息，选择偏移对象后，命令行提示"指定通过点或 [退出(E)/多个(M)/放弃(U)] <退出>："提示信息，指定复制对象经过的点或输入 M 将对象偏移多次。
- "删除(E)"选项：在命令行中输入 E，命令行显示"要在偏移后删除源对象吗？ [是(Y)/否(N)] <否>："提示信息，输入 Y 或 N 来确定是否需要删除源对象。
- "图层(L)"选项：在命令行中输入 L，选择需要偏移对象的图层。

使用"偏移"命令复制对象时，复制结果不一定与原对象相同。例如，对圆弧做偏移后，新圆弧与旧圆弧同心且具有同样的包含角，但新圆弧的长度将发生改变；对圆或椭圆做偏移后，新圆、新椭圆与旧圆、旧椭圆有同样的圆心，但新圆的半径或新椭圆的轴长将发生变化；对直线段、构造线、射线做偏移，即平行复制。

【例 3-6】使用"偏移"命令，绘制图 3-35 所示的六边形地板砖。

(1) 在功能区选项板中选择"默认"选项卡，然后在"绘图"面板中单击"多边形"按钮，绘制一个内接于半径为 12 的假想圆的正六边形，如图 3-36 所示。

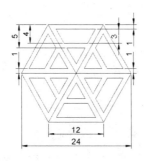

图 3-35　六边形地板砖

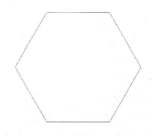

图 3-36　绘制正六边形

(2) 在功能区选项板中选择"默认"选项卡，然后在"修改"面板中单击"偏移"按钮，发出 OFFSET 命令。在"指定偏移距离或 [通过(T)/删除(E)/图层(L)] <5.0000>："提示下，输入偏移距离 1，并按 Enter 键。

(3) 在"选择要偏移的对象，或 [退出(E)/放弃(U)] <退出>:"提示下，选中正六边形。

(4) 在"指定要偏移的那一侧上的点，或 [退出(E)/多个(M)/放弃(U)] <退出>:"提示下，在正六边形的内侧单击，确定偏移方向，将得到偏移正六边形，如图 3-37 所示。

(5) 在"选择要偏移的对象，或 [退出(E)/放弃(U)] <退出>:"提示下，选中偏移的正六边形。

(6) 输入偏移距离 3，并按 Enter 键，得到第二个偏移的正六边形，如图 3-38 所示。

图 3-37　偏移正六边形　　　　　图 3-38　再次偏移正六边形

(7) 在"选择要偏移的对象，或[退出(E)/放弃(U)] <退出>:"提示下，选中第二个偏移的正六边形。

(8) 输入偏移距离 1，并按 Enter 键，将得到第三个偏移的正六边形，如图 3-39 所示。

(9) 在功能区选项板中选择"默认"选项卡，然后单击"直线"按钮，分别绘制正六边形的 3 条对角线，如图 3-40 所示。

图 3-39　第三个偏移的正六边形　　　　图 3-40　绘制对角线

(10) 在功能区选项板中选择"默认"选项卡，然后在"修改"面板中单击"偏移"按钮，发出 OFFSET 命令。将绘制的两条直线分别向两边各偏移 1，如图 3-41 所示。

(11) 在功能区选项板中选择"默认"选项卡，然后在"修改"面板中单击"修剪"按钮，对图形中的多余线条进行修剪，如图 3-42 所示。

图 3-41　偏移直线　　　　　图 3-42　修剪图形

3.4.4　镜像对象

在菜单栏中选择"修改"|"镜像"(MIRROR)命令，或在功能区选项板中选择"默认"选项卡，然后在"修改"面板中单击"镜像"按钮▲，即将对象以镜像线对称复制。

执行该命令时，需要选择镜像的对象，然后依次指定镜像线上的两个端点，命令行将显示以下提示信息。

> 删除源对象吗？[是(Y)/否(N)] <N>:

此时，如果直接按 Enter 键，则镜像复制对象，并保留原来的对象；如果输入 Y，则在镜像复制对象的同时删除原对象。

注意：

在 AutoCAD 中，使用系统变量 MIRRTEXT 可以控制文字对象的镜像方向。如果 MIRRTEXT 的值为 1，则文字对象完全镜像，镜像出来的文字变得不可读；如果 MIRRTEXT 的值为 0，则文字对象方向不镜像。

3.5　修改图形对象的形状和大小

在 AutoCAD 2016 中，可以使用"修剪"和"延伸"命令缩短或拉长对象，以与其他对象的边相接；也可以使用"缩放""拉伸"和"拉长"命令，在一个方向上调整对象的大小或按比例增大或缩小对象。

3.5.1　修剪对象

在菜单栏中选择"修改"|"修剪"(TRIM)命令，或在功能区选项板中选择"默认"选项卡，然后在"修改"面板中单击"修剪"按钮⊞，即可以某一对象为剪切边修剪其他对象。执行该命令，并选择了作为剪切边的对象后(也可以是多个对象)，按 Enter 键，将显示如下提示信息。

> 选择要修剪的对象，或按住 Shift 键选择要延伸的对象，或 [栏选(F)/窗交(C)/ 投影(P)/边(E)/删除(R)/放弃(U)]:

在 AutoCAD 2016 中，可以作为剪切边的对象有直线、圆弧、圆、椭圆或椭圆弧、多段线、样条曲线、构造线、射线以及文字等。剪切边也可以同时作为被剪边。默认情况下，选择需要修剪的对象(即选择被剪边)，系统将以剪切边为界，将被剪切对象上位于拾取点一侧的部分剪切掉。如果按住 Shift 键，同时选择与修剪边不相交的对象，修剪边将变为延伸边界，将选择的对象延伸至与修剪边界相交。该命令提示中主要选项的功能如下。

- "投影(P)"选项：选择该命令时，可以指定执行修剪的空间，主要应用于三维空间中两个对象的修剪，可将对象投影到某一平面上执行修剪操作。

- "边(E)"选项：选择该选项时，命令行显示"输入隐含边延伸模式[延伸(E)/不延伸(N)] <不延伸>:"提示信息。如果选择"延伸(E)"选项，当剪切边太短而且没有与被修剪对象相交时，可延伸修剪边，然后进行修剪；如果选择"不延伸(N)"选项，只有当剪切边与被修剪对象真正相交时，才能进行修剪。

- "放弃(U)"选项：取消上一次的操作。

3.5.2　延伸对象

在菜单栏中选择"修改"|"延伸"(EXTEND)命令，或在功能区选项板中选择"默认"选项卡，然后在"修改"面板中单击"延伸"按钮--/，即可延长指定的对象与另一对象相交或外观相交。延伸命令的使用方法和修剪命令的使用方法相似，不同之处在于：使用延伸命令时，如果在按住 Shift 键的同时选择对象，则执行修剪命令；使用修剪命令时，如果在按住 Shift 键的同时选择对象，则执行延伸命令。

【例 3-7】使用"延伸"命令，延伸如图 3-43 所示图形对象。

(1) 在功能区选项板中选择"默认"选项卡，然后在"修改"面板中单击"延伸"按钮--/，发出 EXTEND 命令。在命令行的"选择对象:"提示下，用鼠标指针拾取外侧的大圆，然后按 Enter 键，结束对象选择。

(2) 在命令行的"选择要延伸的对象，或按住 Shift 键选择要修剪的对象，或[栏选(F)/窗交(C)/投影(P)/边(E)/放弃(U)]:"提示下，拾取直线 AB，然后按 Enter 键，结束延伸命令。

(3) 使用相同的方法，延伸其他直线，如图 3-44 所示。

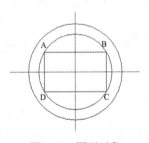　　　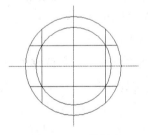

　　图 3-43　图形对象　　　　　　　　　　图 3-44　延伸图形

3.5.3　缩放对象

在菜单栏中选择"修改"|"缩放"(SCALE)命令，或在功能区选项板中选择"默认"选项卡，然后在"修改"面板中单击"缩放"按钮，即可将对象按指定的比例因子相对于基点进行尺寸缩放。

首先需要选择对象，然后指定基点，命令行将显示"指定比例因子或[复制(C)/参照(R)]<1.0000>:"提示信息。如果直接指定缩放的比例因子，对象将根据该比例因子相对于基点缩放，当比例因子大于 0 而小于 1 时则缩小对象，当比例因子大于 1 时则放大对象；如果选择"参照(R)"选项，对象将按参照的方式缩放，需要依次输入参照长度的值和新的长度值，AutoCAD 根据参照长度与新长度的值自动计算比例因子(比例因子=新长度值/参照长度值)，然后进行缩放。

例如，将图 3-45 所示的图形缩小为原来的一半，可在功能区选项板中选择"默认"选项卡，然后在"修改"面板中单击"缩放"按钮，选中所有图形，并指定基点为图形中心，在"指定比例因子或[复制(C)/参照(R)]:"提示行下，输入比例因子 0.5。按 Enter 键，图形缩放效果如图 3-46 所示。

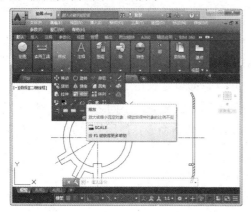

图 3-45 使用"缩放"按钮

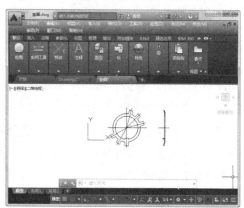

图 3-46 图形缩小效果

3.5.4 拉伸对象

在菜单栏中选择"修改"|"拉伸"(STRETCH)命令，或在功能区选项板中选择"默认"选项卡，然后在"修改"面板中单击"拉伸"按钮，即可移动或拉伸对象，操作方式根据图形对象在选择框中的位置决定。

执行拉伸对象命令时，可以使用"交叉窗口"方式或者"交叉多边形"方式选择对象，然后依次指定位移基点和位移矢量，系统将会移动全部位于选择窗口之内的对象，并拉伸(或压缩)与选择窗口边界相交的对象。

例如，将图 3-47 所示图形右半部分拉伸，可以在功能区选项板中选择"默认"选项卡，并在"修改"面板中单击"拉伸"按钮，然后使用"窗口"选择右半部分的图形，并指定(0,0)为基点，拖动鼠标指针。此时，即可随意拉伸图形，如图 3-48 所示。

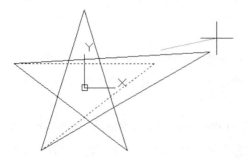

图 3-47 拉伸图形

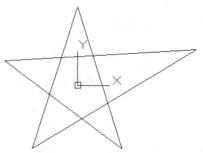

图 3-48 图形拉伸效果

3.5.5　拉长对象

在菜单栏中选择"修改"|"拉长"(LENGTHEN)命令，或在功能区选项板中选择"默认"选项卡，然后在"修改"面板中单击"拉长"按钮，都可修改线段或圆弧的长度。执行该命令时，命令行显示如下提示。

选择对象或 [增量(DE)/百分数(P)/全部(T)/动态(DY)]:

默认情况下，选择对象后，系统会显示出当前选中对象的长度和包含角等信息。该命令提示中选项的功能如下。

- "增量(DE)"选项：以增量方式修改圆弧的长度。可以直接输入长度增量进行拉长直线或者圆弧，长度增量为正值时拉长，长度增量为负值时缩短。也可以输入 A，通过指定圆弧的包含角增量来修改圆弧的长度。
- "百分数(P)"选项：以相对于原长度的百分比来修改直线或圆弧的长度。
- "全部(T)"选项：以给定直线新的总长度或圆弧的新包含角来改变长度。
- "动态(D)"选项：允许动态地改变圆弧或直线的长度。

3.6　倒角、圆角和打断、合并

在 AutoCAD 2016 中，可以使用"倒角"、"圆角"命令修改对象使其以平角或圆角相接，使用"打断"命令在对象上创建间距。

3.6.1　倒角对象

在菜单栏中选择"修改"|"倒角"(CHAMFER)命令，或在功能区选项板中选择"默认"选项卡，然后在"修改"面板中单击"倒角"按钮，都可为对象绘制倒角。执行该命令时，命令行显示如下提示信息。

选择第一条直线或 [放弃(U)/多段线(P)/距离(D)/角度(A)/修剪(T)/方式(E)/多个(M)]:

默认情况下，需要选择进行倒角的两条相邻的直线，然后按照当前的倒角大小对这两条直线修倒角。该命令提示中主要选项的功能如下。

- "多段线(P)"选项：以当前设置的倒角大小对多段线的各顶点(交角)修倒角。
- "距离(D)"选项：设置倒角距离尺寸。
- "角度(A)"选项：根据第 1 个倒角距离和角度来设置倒角尺寸。
- "修剪(T)"选项：设置倒角后是否保留原拐角边，命令行将显示"输入修剪模式选项[修剪(T)/不修剪(N)] <修剪>:"提示信息。其中，选择"修剪(T)"选项，表示倒角后对倒角边进行修剪；选择"不修剪(N)"选项，表示不进行修剪。
- "方法(E)"选项：设置倒角的方法，命令行将显示"输入修剪方法[距离(D)/角度(A)]<

距离>:"提示信息。其中，选择"距离(D)"选项，表示以两条边的倒角距离来修倒角；选择"角度(A)"选项，表示以一条边的距离以及相应的角度来修倒角。

- "多个(M)"选项：对多个对象修倒角。

例如，对图 3-49 所示的矩形图形修倒角后，效果如图 3-50 所示。

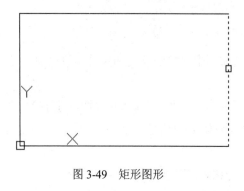 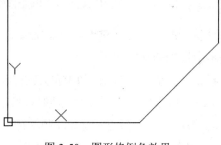

图 3-49　矩形图形　　　　　　　　　图 3-50　图形修倒角效果

3.6.2　圆角对象

在菜单栏中选择"修改"|"圆角"(FILLET)命令，或在功能区选项板中选择"默认"选项卡，然后在"修改"面板中单击"圆角"按钮▭，即可对对象用圆弧修圆角。执行该命令时，命令行显示如下提示信息。

　　选择第一个对象或 [放弃(U)/多段线(P)/半径(R)/修剪(T)/多个(M)]:

修圆角的方法与修倒角的方法相似，在命令行提示中，选择"半径(R)"选项，即可设置圆角的半径大小。

【例 3-8】使用 AutoCAD 2016 绘制如图 3-51 所示的汽车轮胎。

(1) 在功能区选项板中选择"默认"选项卡，然后在"绘图"面板中单击"构造线"按钮⟋，绘制一条经过点(100,100)的水平辅助线和一条经过点(100,100)的垂直辅助线，如图 3-52 所示。

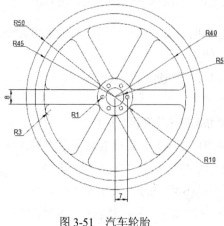 

图 3-51　汽车轮胎　　　　　　　　　图 3-52　绘制辅助线

(2) 在功能区选项板中选择"默认"选项卡，然后在"绘图"面板中单击"圆心、半径"按钮，以点(100,100)为圆心，绘制半径为 5 的圆，如图 3-53 所示。

(3) 在功能区选项板中选择"默认"选项卡，然后在"绘图"面板中单击"圆心、半径"按钮，绘制小圆的 4 个同心圆，半径分别为 10、40、45 和 50，如图 3-54 所示。

图 3-53　绘制半径为 5 的圆　　　　　　　　图 3-54　绘制同心圆

(4) 在功能区选项板中选择"默认"选项卡，然后在"修改"面板中单击"偏移"按钮，将水平辅助线分别向上、向下偏移 4，如图 3-55 所示。

(5) 在功能区选项板中选择"默认"选项卡，然后在"绘图"面板中单击"直线"按钮，在两圆之间捕捉辅助线与圆的交点绘制直线，并且删除两条偏移的辅助线，如图 3-56 所示。

图 3-55　偏移水平辅助线　　　　　　　　图 3-56　绘制直线并删除辅助线

(6) 在功能区选项板中选择"默认"选项卡，然后在"绘图"面板中单击"圆心、半径"按钮，以点(93,100)为圆心，绘制半径为 1 的圆，如图 3-57 所示。

(7) 在功能区选项板中选择"默认"选项卡，然后在"修改"面板中单击"圆角"按钮，再在"选择第一个对象或[放弃(U)/多段线(P)/半径(R)/修剪(T)/多个(M)]:"提示下，输入 R，并指定圆角半径为 3，最后按 Enter 键。

(8) 在"选择第一个对象或[放弃(U)/多段线(P)/半径(R)/修剪(T)/多个(M)]:"提示下，选中半径为 40 的圆。

(9) 在"选择第二个对象，或按住 Shift 键选择要应用角点的对象:"提示下，选中直线，完成圆角的操作。

(10) 使用同样的方法，将直线与圆相交的其他 3 个角都倒成圆角，如图 3-58 所示。

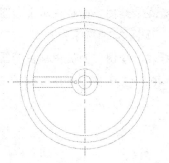

图 3-57　绘制半径为 1 的圆

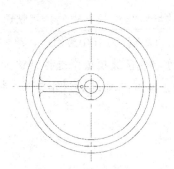

图 3-58　修圆角效果

(11) 在功能区选项板中选择"默认"选项卡，然后在"修改"面板中单击"阵列"下拉按钮，选择"环形阵列"选项，此时命令行显示"ARRAYPOLAR 选择对象:"命令。

(12) 在命令行"选择对象:"提示下，选中图 3-59 所示的圆弧、直线和圆。

(13) 在命令行"指定阵列的中心点或[基点(B)/旋转轴(A)]:"提示下，指定坐标点(100, 100)为中心点。

(14) 此时，将按照默认设置自动阵列选中的对象，效果如图 3-60 所示。

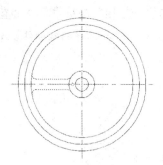

图 3-59　选中圆弧、直线和圆

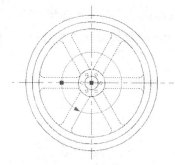

图 3-60　阵列对象

(15) 选中阵列的对象，将自动打开"阵列"选项卡，在该选项卡中可以对阵列的对象进行具体的参数设置。

3.6.3　打断

在 AutoCAD 2016 中，使用"打断"命令可以删除部分对象或把对象分解成两部分，还可以使用"打断于点"命令将对象在一点处断开成两个对象。

1. 打断对象

在菜单栏中选择"修改"|"打断"(BREAK)命令，或在功能区选项板中选择"默认"选项卡，然后在"修改"面板中单击"打断"按钮，即可删除部分对象或把对象分解成两部分。执行该命令，命令行将显示如下提示信息。

指定第二个打断点或 [第一点(F)]:

默认情况下，以选择对象时的拾取点作为第 1 个断点，同时还需要指定第 2 个断点。

如果直接选取对象上的另一点或者在对象的一端之外拾取一点，系统将删除对象上位于两个拾取点之间的部分。如果选择"第一点(F)"选项，可以重新确定第 1 个断点。

在确定第 2 个打断点时，如果在命令行输入"@"，可以使第 1 个、第 2 个断点重合，从而将对象一分为二。如果对圆、矩形等封闭图形使用打断命令时，AutoCAD 将沿逆时针方向把第 1 个断点到第 2 个断点之间的那段圆弧或直线删除。例如，在图 3-61 所示的图形中，使用打断命令时，单击点 A 和点 B 与单击点 B 和点 A 产生的效果是不同的。

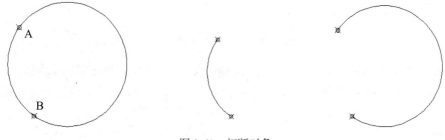

图 3-61　打断对象

2. 打断于点

在功能区选项板中选择"默认"选项卡，然后在"修改"面板中单击"打断于点"按钮，即可将对象在一点处断开成两个对象，该命令是从"打断"命令中派生出来的。执行该命令时，需要选择被打断的对象，然后指定打断点，即可从该点打断对象。例如，在图 3-62 所示图形中，若要从点 C 处打断圆弧，可以执行"打断于点"命令，并选择圆弧，然后单击点 C 即可。

图 3-62　打断于点

3.6.4　合并对象

如果需要连接某一连续图形上的两个部分，或者将某段圆弧闭合为整圆，可以在菜单栏中选择"修改"|"合并"(JOIN)命令，或在功能区选项板中选择"默认"选项卡，然后在"修改"面板中单击"合并"按钮。执行该命令并选择需要合并的对象，命令行将显示如下提示信息。

选择圆弧，以合并到源或进行 [闭合(L)]:

选择需要合并的另一部分对象，按 Enter 键，即可将选中的对象合并。图 3-63 所示即是对在同一个圆上的两段圆弧(D 和 E)进行合并后的效果(注意方向)。

图 3-63　合并对象

如果在命令行提示中选择"闭合(L)"选项,表示可以将选择的任意一段圆弧闭合为一个整圆。选择图 3-64 所示图形上的任一段圆弧,执行该命令后,将得到一个完整的圆。

图 3-64　将选择的圆弧闭合为圆

3.7　思　考　练　习

1. 在 AutoCAD 中使用"移动""分解""偏移"和"镜像"等命令,绘制如图 3-65 所示的图形 A。

2. 在 AutoCAD 中使用"修剪"和"镜像"等命令,绘制如图 3-66 所示的图形 B。

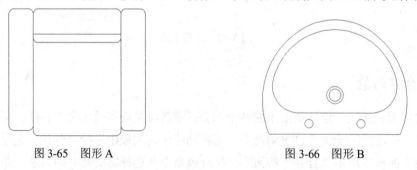

图 3-65　图形 A　　　　　　　　　　　　　图 3-66　图形 B

3. 在 AutoCAD 中使用"偏移""移动""阵列"等命令,绘制如图 3-67 所示的门立面图。

4. 在 AutoCAD 中使用"分解""倒角""偏移"和"镜像"等命令,绘制如图 3-68 所示的图形 C。

图 3-67　门立面图

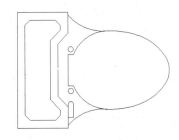

图 3-68　图形 C

5. 在 AutoCAD 2016 中，选择对象的方法有哪些？如何使用"窗口"和"窗交"选择对象？

6. 在 AutoCAD 中，"打断"命令与"打断于点"命令有何区别？

第4章 设置线型、线宽、颜色与图层

为了使图形的绘制和阅读更方便，绘图时通常会赋予图形一定的特性。例如，用不同的颜色代表不同的内容，用不同的线宽代表不同的内容等。使用这些不同的特性，能够在视觉上将对象区别开来，使得图形易于阅读，AutoCAD 提供了颜色、线型和线宽特性，以及图层工具来方便用户绘制和阅读。

本章主要介绍线型、颜色、线宽的设置方法，图层的设置与管理方法，以及通过"对象特性"对话框更改对象特性的方法。

4.1 设置与修改线型

线型是直线或某类曲线的显示方式，例如连续直线、虚线和点划线等。在建筑制图中不同的线型代表的含义是不同的，例如，实线一般代表可见对象，而虚线一般代表隐含的对象。在 AutoCAD 绘图过程中，关于线型的操作包括加载线型、设置当前线型、更改对象线型和控制线型比例。

4.1.1 设置加载线型

在制图开始时应先加载线型，以便需要时使用。AutoCAD 中包括两种线型定义文件 acad.lin 和 acadiso.lin。其中若使用英制测量系统，则使用 acad.lin 文件；若使用公制测量系统，则使用 acadiso.lin 文件。

【例 4-1】在 AutoCAD 中加载 HIDDEN 线型。

(1) 选择"格式"|"线型"命令，打开"线型管理器"对话框，如图 4-1 所示，单击"加载"按钮，将弹出"加载或重载线型"对话框。

(2) 在"加载或重载线型"对话框中选择 HIDDEN 线型，然后单击"确定"按钮，如图 4-2 所示。

图 4-1 "线型管理器"对话框

图 4-2 "加载或重载线型"对话框

(3) 单击"线型管理器"对话框中的"确定"按钮，完成线型加载。

注意:

若所列的线型没有所需要的线型，可以在"加载或重载线型"对话框中单击"文件"按钮，打开"选择线型文件"对话框，重新选择线型文件，再选择所需要的线型。

若要应用已经加载的线型，可以在"默认"选项卡中单击"特性"面板上的"线型"下拉按钮，在弹出下拉列表框中选择线型，如图 4-3 所示。

图 4-3　显示已加载线型

若要卸载一些图形中不需要的线型，可以在"线型管理器"对话框中选择线型，然后单击"删除"按钮，但是 Bylayer、Byblock、Continuous 和任何当前使用的线型都不能被卸载。

4.1.2　修改线型比例

用户可以通过更改全局比例因子和更改每个对象的线型比例因子来控制线型比例。在默认情况下，AutoCAD 使用全局和单个线型比例均为 1.0。全局缩放比例因子显示用于所有线型。对象缩放比例因子设置新建对象的线型比例，最终的比例是全局缩放比例因子与该对象缩放比例因子的乘积。

【例 4-2】在 AutoCAD 中控制图形线型比例。

(1) 打开"线型管理器"对话框后，单击"显示细节"按钮，如图 4-4 所示。

(2) 在"全局比例因子"文本框中输入数值，如图 4-5 所示。

图 4-4　显示细节

图 4-5　修改图形线型比例

(3) 最后，单击"确定"按钮，完成更改线型比例的操作。

4.2　线宽的设置和修改

关于线宽的显示在前面的章节中已经介绍，本节主要介绍线宽的设置和修改。在建筑制图中常常用不同的线宽表示不同构件。例如粗线常常用于断面详图的轮廓线，而一些分隔和门窗线一般都选择细线表示。不同的线宽便于分辨图形对象。

在模型空间中显示的线宽不随缩放比例因子变化，而在布局和打印预览中线宽是以实际单位显示的，并且随缩放比例因子而变化。

【例 4-3】在 AutoCAD 中设置图 4-6 所示图形轮廓线的线宽。

(1) 在 AutoCAD 中打开图形后，选择"工具"|"快速选择"命令，打开"快速选择"对话框。

(2) 在"对象类型"下拉列表框中选择"所有图元"选项，在"特性"列表框中选择"图层"选项，在"运算符"下拉列表框中选择"=等于"选项，在"值"下拉列表框中选择"轮廓线层"选项，然后单击"确定"按钮，如图 4-7 所示。

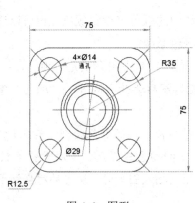

图 4-6　图形

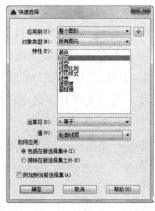

图 4-7　"快速选择"对话框

(3) 选中图形的轮廓线后，选择"格式"|"线宽"命令，弹出"线宽设置"对话框选择线宽，然后在"列出单位"选项组中选择所需要的单位，如图 4-8 所示。

(4) 单击"确定"按钮，图形的轮廓线效果如图 4-9 所示。

图 4-8　"线宽设置"对话框

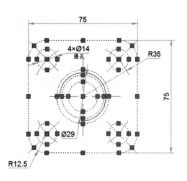

图 4-9　设置轮廓线效果

另外，还可以直接在"默认"选项卡的"特性"面板中单击"线宽控制"下拉按钮，在弹出的下拉列表框中选择所需线宽。线宽的修改方式与线型的修改方式类似。

4.3　颜色的设置和修改

图形对象的颜色是区分图形对象的又一特性。由于颜色特性的直观性，可以用于区分不同的图层，也可以用于指示打印线宽。在为对象指定颜色时，可以采用索引颜色、真彩色和配色系统中的颜色。

AutoCAD 的索引(ACI)颜色是 AutoCAD 中使用的标准颜色。每一种颜色用一个 ACI 编号对应，编号是 1～255 中的整数。标准颜色的名称只用于 1～7 号颜色，颜色的名称分别为 1 红色、2 黄色、3 绿色、4 青色、5 蓝色、6 品红色、7 白色/黑色。

真彩色使用 24 位颜色定义显示 16 兆色。指定真彩色时，可以使用 RGB 或 HSL 颜色模式。如果使用 RGB 模式，可以指定颜色的红、绿、蓝组合；如果使用 HSL 模式，则可以指定颜色的色调、饱和度和亮度要素。

用户可以通过 AutoCAD 自带的标准配色系统中的颜色来设定颜色，也可以通过输入用户自定义的配色系统来进一步扩充可供使用的颜色系统。

【例 4-4】通过 AutoCAD 的颜色索引(ACI)设置图 4-10 中图案填充的颜色。

(1) 打开图形文件后，选中图形中的图案填充，然后选择"格式"|"颜色"命令，打开"选择颜色"对话框。

(2) 选择一种颜色，单击 Bylayer 按钮，指定按当前图层的颜色绘制；单击 Byblock 按钮，即"随块"颜色，指定新对象的颜色为默认颜色(白色或黑色，取决于背景颜色)，直到将对象编组到块并插入块，如图 4-11 所示。当把块插入图形时，块中的对象继承当前图形的颜色设置。

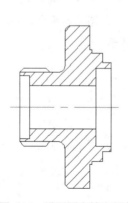

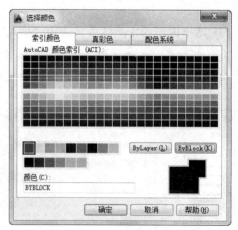

图 4-10　设置图案填充颜色　　　　　　图 4-11　"选择颜色"对话框

(3) 完成以上设置后，单击"确定"按钮完成颜色设置。

4.4　图层的创建和管理

在 AutoCAD 中，图形中通常包含多个图层，每个图层都表明了一种图形对象的特性，其中包括颜色、线型和线宽等属性。图形显示控制功能是设计人员必须掌握的技术。在绘图过程中，使用不同的图层和图形显示控制功能能够方便地控制对象的显示和编辑，从而提高绘图效率。

4.4.1　创建与设置图层

在一个复杂的图形中，有许多不同类型的图形对象，为了方便区分和管理，可以通过创建多个图层，将特性相似的对象绘制在同一个图层中。例如，将图形的所有尺寸标注绘制在标注图层中。

1. 图层的特点

在 AutoCAD 中，图层具有以下特点：

- 在一幅图形中可以指定任意数量的图层。系统对图层数没有限制，对每一图层中的对象数也没有任何限制。
- 为了加以区别，每个图层都会有一个名称。当开始绘制新图时，AutoCAD 自动创建名称为 0 的图层，这是 AutoCAD 的默认图层，其他图层则需要自定义。
- 一般情况下，相同图层中的对象应该具有相同的线型、颜色。用户可以改变各图层的线型、颜色和状态。
- AutoCAD 允许建立多个图层，但只能在当前图层中绘图。
- 各图层具有相同的坐标系、绘图界限及显示时的缩放倍数。用户可以对位于不同图层中的对象同时进行编辑操作。
- 可以对各图层进行打开、关闭、冻结、解冻、锁定与解锁等操作，以决定各图层的可见性与可操作性。

注意：

每个图形都包括名称为 0 的图层，该图层不能删除或者重命名。该图层有两个用途：第一，确保每个图形中至少包括一个图层；第二，提供与块中的控制颜色相关的特殊图层。

2. 创建新图层

默认情况下，图层 0 将被指定使用 7 号颜色(白色或黑色，由背景色决定)、Continuous 线型、默认线宽及 NORMAL 打印样式。在绘图过程中，如果需要使用更多的图层进行组织图形，就需要先创建新图层。

在菜单栏中选择"格式"|"图层"命令，或在功能区选项板中选择"默认"选项卡，然后在"图层"面板中单击"图层特性"按钮 ▨，如图 4-12 所示，打开"图层特性管理器"

选项板。单击"新建图层"按钮，在图层列表框中将出现一个名称为"图层 1"的新图层。默认情况下，新建图层与当前图层的状态、颜色、线型及线宽等设置相同；单击"被冻结的新图层"按钮，也可以创建一个新图层，只是该图层在所有的视口中都被冻结了，如图 4-13 所示。

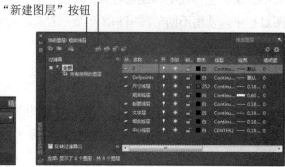

"新建图层"按钮　　"被冻结的新图层"按钮

图 4-12　"图层"面板　　　　　图 4-13　"图层特性管理器"选项板

当创建了图层后，图层的名称将显示在图层列表框中，如果需要更改图层名称，单击该图层名，然后输入一个新的图层名并按 Enter 键确认即可。

注意：

为创建的图层命名时，在图层的名称中不能包含通配符(*和？)和空格，也不能与其他图层重名。

3. 设置图层的颜色

颜色在图形中具有非常重要的作用，可以用来表示不同的组件、功能和区域。图层的颜色实际上是图层中图形对象的颜色。每个图层都拥有自己的颜色，对不同的图层可以设置相同的颜色，也可以设置不同的颜色，绘制复杂图形时就可以很容易区分图形的各部分。

新建图层后，若要改变图层的颜色，可在"图层特性管理器"选项板中单击图层的"颜色"列对应的图标，打开"选择颜色"对话框，如图 4-14 所示。

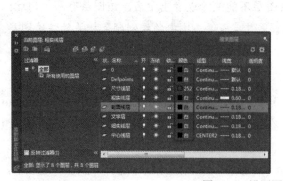

图 4-14　设置图层颜色

"选择颜色"对话框中各选项卡的功能说明如下。

- "索引颜色"选项卡：可以使用 AutoCAD 的标准颜色(ACI 颜色)。在 ACI 颜色表中，每一种颜色用一个 ACI 编号(1～255 之间的整数)标识。"索引颜色"选项卡实际上是一张包含 256 种颜色的颜色表。
- "真彩色"选项卡：使用 24 位颜色定义显示 16M 色。指定真彩色时，可以使用 RGB 或 HSL 颜色模式。如果使用 RGB 颜色模式，则可以指定颜色的红、绿、蓝组合；如果使用 HSL 颜色模式，则可以指定颜色的色调、饱和度和亮度等元素。在这两种颜色模式下，可以得到同一种所需的颜色，只是组合颜色的方式不同。
- "配色系统"选项卡：使用标准 Pantone 配色系统设置图层的颜色。

4. 设置图层的线型

线型是指图形基本元素中线条的组成和显示方式，如虚线和实线等。在 AutoCAD 中既有简单线型，也有由一些特殊符号组成的复杂线型，以满足不同国家或行业标准的使用要求。

- 设置图层线型：在绘制图形时若要使用线型来区分图形元素，这就需要对线型进行设置。默认情况下，图层的线型为 Continuous。若要改变图层线型，可在图层列表框中单击"线型"列的相应图层的 Continuous 选项，打开"选择线型"对话框，在"已加载的线型"列表框中选择一种线型即可将其应用到图层中，如图 4-15 所示。

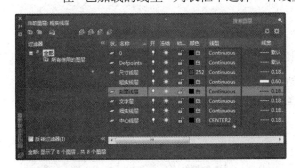

图 4-15　设置图层线型

- 加载线型：默认情况下，在"选择线型"对话框的"已加载的线型"列表框中只有 Continuous 一种线型，如果需要使用其他线型，必须将其添加到"已加载的线型"列表框中。单击"加载"按钮打开"加载或重载线型"对话框。从当前线型库中选择需要加载的线型，然后单击"确定"按钮即可加载更多的线型。

5. 设置图层的线宽

使用线宽特性，可以创建粗细(宽度)不一的线，分别用于不同的地方，这样就可以图形化地表示对象和信息。

在"图层特性管理器"选项板中单击"线宽"列表框的"线宽特性"图标 —— 默认，弹出"线宽"对话框，在"线宽"列表框中选择需要的线宽，单击"确定"按钮完成线宽设置操作，如图 4-16 所示。

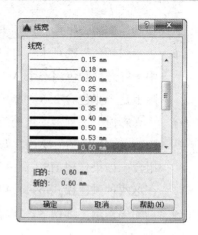

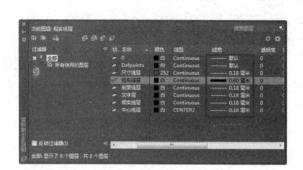

图 4-16　设置图层线宽

6. 打印设置

AutoCAD 可以控制某个图层中图形输出时的外观。一般情况下，不对"打印样式"进行修改。图层的可打印性是指某图层上的图形对象是否需要打印输出，系统默认是可以打印的。在"打印"列表下，"打印特性"图标有"可打印" 🖶 和"不可打印" 🖶 两种状态。当为 🖶 时，该层图形可打印；当为 🖶 时，该层图形不可打印，通过单击可进行切换。

【例 4-5】创建图层"参考线层"，要求该图层颜色为"洋红"，线型为 ACAD_IS004W100，线宽为 0.30 毫米。

(1) 在菜单栏中选择"格式"|"图层"命令，打开"图层特性管理器"选项板。

(2) 单击选项板上方的"新建图层"按钮 🖉，创建一个新图层，并在"名称"列对应的文本框中输入"参考线层"，如图 4-17 所示。

(3) 在"图层特性管理器"选项板中单击"颜色"列的相应图标，打开"选择颜色"对话框，然后在标准颜色区中单击洋红色，此时"颜色"文本框中将显示颜色的名称"洋红"，单击"确定"按钮，如图 4-18 所示。

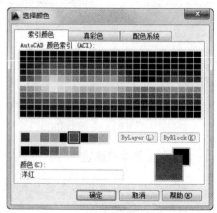

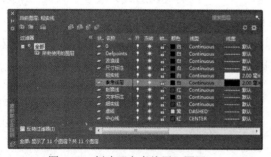

图 4-17　创建"参考线层"图层　　　　　　　　图 4-18　设置图层颜色

(4) 在"图层特性管理器"选项板中单击"线型"列相应 Continuous 选项，打开"选择线型"对话框，单击"加载"按钮。

(5) 打开"加载或重载线型"对话框，在"可用线型"列表框中选择线型 ACAD_IS004W100，然后单击"确定"按钮，如图 4-19 所示。

(6) 在"选择线型"对话框的"已加载的线型"列表框中选择 ACAD_IS004W100，然后单击"确定"按钮。

(7) 在"图层特性管理器"选项板中单击"线宽"列的相应图标，打开"线宽"对话框，在"线宽"列表框中选择 0.30mm，然后单击"确定"按钮，如图 4-20 所示完成设置。

图 4-19　设置加载线型

图 4-20　设置图层线宽

4.4.2　管理图层

在 AutoCAD 中，完成建立图层后，需要对其进行管理，包括图层的切换、重命名、删除及图层的显示控制等。

1. 设置图层特性

使用图层绘制图形时，新对象的各种特性将默认为随层，由当前图层的默认设置决定。也可以单独设置对象的特性，新设置的特性将覆盖原来随层的特性。在"图层特性管理器"选项板中，每个图层都包含有状态、名称、打开/关闭、冻结/解冻、锁定/解锁、线型、颜色、线宽和打印样式等特性，如图 4-21 所示。

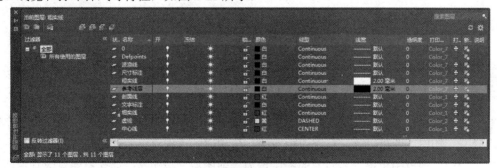

图 4-21　图层的特性

在 AutoCAD 中，图层的各列属性可以显示或隐藏，只需右击图层列表的标题栏，在弹出的快捷菜单中选择或取消相应的命令即可。

- 状态：显示图层和过滤器的状态。其中，当前图层标识为✔。
- 名称：即图层的名字，是图层的唯一标识。默认情况下，图层的名称按图层 0、图层 1、图层 2……的编号依次递增，用户可以根据需要为图层定义能够表达用途的名称。
- 开关状态：单击"开"列对应的小灯泡图标💡，可以打开或关闭图层。在开状态下，灯泡的颜色为黄色，图层中的图形可以显示，也可以在输出设备上打印；在关状态下，灯泡的颜色为灰色，图层中的图形不能显示，也不能打印输出。当关闭当前图层时，系统将打开一个消息对话框，警告正在关闭当前层。
- 冻结：单击图层"冻结"列对应的太阳☀或雪花❄图标，可以冻结或解冻图层。图层被冻结时显示雪花❄图标，此时图层中的图形对象不能被显示、打印输出和编辑修改。图层被解冻时显示太阳☀图标，此时图层中的图形对象能够被显示、打印输出和编辑。
- 锁定：单击"锁定"列对应的"关闭"🔒或"打开"🔓图标，可以锁定或解锁图层。图层在锁定状态下并不影响图形对象的显示，且不能对该图层中已有图形对象进行编辑，但可以绘制新图形对象。此外，在锁定的图层中可以使用查询命令和对象捕捉功能。
- 颜色：单击"颜色"列对应的图标，可以使用打开的"选择颜色"对话框来选择图层颜色。
- 线型：单击"线型"列显示的线型名称，可以使用打开的"选择线型"对话框来选择所需要的线型。
- 线宽：单击"线宽"列显示的线宽值，可以使用打开的"线宽"对话框来选择所需要的线宽。
- 打印样式：通过"打印样式"列确定各图层的打印样式，如果使用的是彩色绘图仪，则不能改变这些打印样式。
- 打印：单击"打印"列对应的打印机图标，可以设置图层是否能够被打印，在保持图形显示可见性不变的前提下控制图形的打印特性。打印功能只对没有冻结和关闭的图层起作用。
- 说明：双击"说明"列，可以为图层或组过滤器添加必要的说明信息。

2. 设置为当前层

在"图层特性管理器"选项板的图层列表中，选择某一图层后，单击"置为当前"按钮✔，或在功能区选项板中选择"默认"选项卡，在"图层"面板的"图层"下拉列表框中选择某一图层，即可将该层设置为当前层。在功能区选项板中选择"默认"选项卡，然后在"图层"面板中单击"将对象的图层设为当前图层"按钮，选择需要更改到当前图层的对象，并按 Enter 键，即可将选定对象所在图层更改为当前图层。

3. 保存与恢复图层状态

图层设置包括图层状态和图层特性。图层状态包括图层是否打开、冻结、锁定、打印和在新视口中自动冻结。图层特性包括颜色、线型、线宽和打印样式。用户可以选择需要保存的图层状态和图层特性。例如，可以选择只保存图形中图层的"冻结/解冻"设置，忽略所有其他设置。恢复图层状态时，除了设置每个图层的冻结或解冻以外，其他仍保持当前设置。

- 保存图层状态：若要保存图层状态，可在"图层特性管理器"选项板的图层列表框中右击需要保存的图层，在弹出的快捷菜单中选择"保存图层状态"命令，打开"要保存的新图层状态"对话框。在"新图层状态名"文本框中输入图层状态的名称，在"说明"文本框中输入相关的图层说明文字，然后单击"确定"按钮即可，如图 4-22 所示。

图 4-22　保存图层状态

- 恢复图层状态：如果改变了图层的显示等状态，还可以恢复以前保存的图层设置。在"图层特性管理器"选项板的图层列表框中右击需要恢复的图层，然后在弹出的快捷菜单中选择"恢复图层状态"命令，打开"图层状态管理器"对话框，选择需要恢复的图层状态后，单击"恢复"按钮即可。

4. 转换图层

用户通过"图层转换器"对话框可以转换图层，实现图形的标准化和规范化。"图层转换器"能够转换当前图形中的图层，使之与其他图形的图层结构或 CAD 标准文件相匹配。例如，如果打开一个与本单位图层结构不一致的图形时，可以使用"图层转换器"转换图层名称和属性，以达到符合本公司的图形标准。

在菜单栏中选择"工具"|"CAD 标准"|"图层转换器"命令，可以打开"图层转换器"对话框，如图 4-23 所示。

"图层转换器"对话框中主要选项的功能说明如下。

- "转换自"选项组：显示当前图形中即将被转换的图层结构，可以在列表框中选择，也可以通过"选择过滤器"进行选择。
- "转换为"选项组：显示可以将当前图形的图层转换为的图层名称。单击"加载"按钮，打开"选择图形文件"对话框，可以从中选择作为图层标准的图形文件，并将该图层结构显示在"转换为"列表框中。单击"新建"按钮，打开"新图层"对话框，如图 4-24 所示，可以从中创建新的图层作为转换匹配图层，新建的图层将会显示在"转换为"列表框中。

图 4-23　"图层转换器"对话框　　　　　图 4-24　"新图层"对话框

- "映射"按钮：可以将"转换自"列表框中选中的图层映射到"转换为"列表框中，并且当图层被映射后，将从"转换自"列表框中删除。

- "映射相同"按钮：可以将"转换自"列表框中和"转换为"列表框中名称相同的图层进行转换映射。

- "图层转换映射"选项组：显示已经映射的图层名称和相关的特性值。当选中一个图层后，单击"编辑"按钮，将打开"编辑图层"对话框，如图 4-25 所示，可以在该对话框中修改转换后的图层特性。单击"删除"按钮，可以取消该图层的转换映射，该图层将重新显示在"转换自"选项组中。单击"保存"按钮，将打开"保存图层映射"对话框，可将图层转换关系保存到一个标准配置文件 *.dws 中。

- "设置"按钮：单击该按钮，将打开"设置"对话框，如图 4-26 所示，可以设置图层的转换规则。

图 4-25　打开"编辑图层"对话框　　　　图 4-26　"设置"对话框

- "转换"按钮：单击该按钮，将开始转换图层并关闭"图层转换器"对话框。

5. 使用图层工具管理图层

在 AutoCAD 中，使用图层管理工具能够更加方便地管理图层。要通过图层工具进行管理图层，可以在菜单栏中选择"格式"|"图层工具"命令中的子命令；还可以在功能区选项板中选择"默认"选项卡，然后在"图层"面板中单击相应的按钮，如图 4-27 所示。

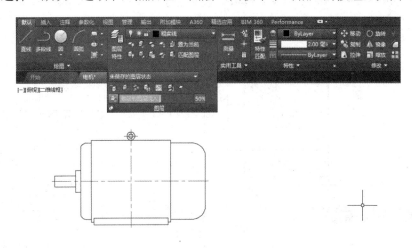

图 4-27   "图层"面板

"图层"面板中的各个按钮与"图层工具"子命令中的功能相互对应，各主要按钮的功能如下。

- "隔离"按钮：单击该按钮，可以将选定对象的图层隔离。
- "取消隔离"按钮：单击该按钮，恢复由"隔离"命令隔离的图层。
- "关"按钮：单击该按钮，将选定对象的图层关闭。
- "冻结"按钮：单击该按钮，将选定对象的图层冻结。
- "匹配"按钮：单击该按钮，将选定对象的图层更改为选定目标对象的图层。
- "上一个"按钮：单击该按钮，恢复上一个图层设置。
- "锁定"按钮：单击该按钮，锁定选定对象的图层。
- "解锁"按钮：单击该按钮，将选定对象的图层解锁。
- "打开所有图层"按钮：单击该按钮，打开图形中的所有图层。
- "解冻所有图层"按钮：单击该按钮，解冻图形中的所有图层。
- "更改为当前图层"按钮：单击该按钮，将选定对象的图层更改为当前图层。
- "将对象复制到新图层"按钮：单击该按钮，将图形复制到不同的图层。
- "图层漫游"按钮：单击该按钮，隔离每个图层。
- "视口冻结当前视口以外的所有视口"按钮：单击该按钮，冻结除当前视口外的其他所有布局视口中的选定图层。
- "合并"按钮：单击该按钮，合并两个图层，并从图形中删除第一个图层。
- "删除"按钮：单击该按钮，从图形中永久删除图层。

【例 4-6】不显示图 4-28 中的"标注层"图层，并要求确定填充图案所在的图层。

(1) 打开图形文件后，在功能区选项板中选择"默认"选项卡，然后在"图层"面板中单击"关"按钮。

(2) 在命令行的"选择要关闭的图层上的对象或 [设置(S)/放弃(U)]"提示下，选择任意一个标注对象，如图 4-28 所示。

(3) 按 Enter 键后，关闭标注层，此时绘图窗口中将不显示"标注层"图层，如图 4-29 所示。

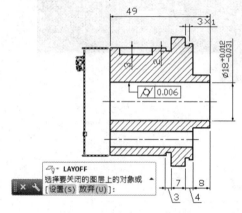

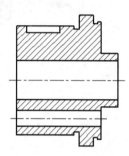

图 4-28　选择标注对象　　　　　　　　图 4-29　不显示"标注层"

(4) 在功能区选项板中选择"常用"选项卡，单击"图层"面板中的"图层漫游"按钮，打开"图层漫游-图层数"对话框，如图 4-30 所示。

(5) 在"图层漫游-图层数"对话框中单击"选择对象"按钮。然后在绘图窗口选择图形中的填充图案，如图 4-31 所示。

图 4-30　"图层漫游-图层数"对话框　　　　图 4-31　选中图案填充

(6) 按 Enter 键返回至"图层漫游-图层数"对话框，此时，填充图案只会在其所在的图层上亮显，用户即可确定其所在的图层。

4.5　设置对象特性

对象特性是 AutoCAD 提供的一个非常强大的编辑功能，或者说是一种编辑方式。绘制的每个对象都具有特性。有些特性是基本特性，适用于多数对象，例如图层、颜色、线型和打印样式；有些特性是专用于某个对象的特性，例如，圆的特性包括半径和面积，直线的特性包括长度和角度。可以通过修改选择对象的特性来达到编辑图形对象的效果。

在 AutoCAD 中，启动"特性"选项板方法有以下 3 种。

- 显示菜单栏后，选择"工具"|"选项板"|"特性"命令。
- 单击"标准"工具栏中的"特性"按钮 🔲，如图 4-32 所示。
- 在命令行执行 Properties 命令。

图 4-32　打开"特性"选项板

"特性"选项板用于列出选定对象或对象集的当前特性设置，可以通过选择或者输入新值来修改特性。当没有选择对象时，在顶部的文本框中将显示"无选择"，此时"特性"选项板只显示当前图层的基本特性、图层附着的打印样式表的名称、查看特性以及关于UCS 的信息。若选择了多个对象，"特性"选项板只显示选择集中所有对象的公共特性。

单击"标准"工具栏中的"特性"按钮 🔲，打开"特性"选项板，再单击"选择对象"按钮 🔳，选择要查看或要编辑的对象。此时就可以在"特性"选项板中查看或修改所选对象的特性了。在"选择对象"按钮的旁边还有一个 PICKADD 系统变量按钮 🔳 或者是 🔳，当显示为 🔳 时表示选择的对象不断地加入到选择集当中，"特性"选项板将显示它们共同的特性；如显示为 🔳，表示选择的对象将替换前一对象，"特性"选项板将显示当前选择对象的特性。另外，还可以单击快速选择按钮 🔳，快速选择所需对象。

"特性"选项板中的 🔳 按钮可以控制"特性"选项板的自动隐藏功能，单击 🔳 按钮，会弹出一个快捷菜单，其中可以控制是否显示"特性"选项板的说明区域。选项板上显示的信息栏可以折叠也可以展开，通过 🔳 按钮来切换。

通过"特性"选项板更改特性的方式主要有以下几种。

- 输入新值。
- 单击右侧的下拉按钮并从下拉列表框中选择一个值。
- 单击"拾取点"按钮 🔳，使用定点设备修改坐标值。
- 单击"快速计算"按钮 🔲 可打开如图 4-33 所示的"快速计算器"对话框计算新值，再粘贴到相应位置。

● 单击按钮并在对话框中修改特性值。

通过以上几种方式可以更改"特性"选项板中的数据，从而达到编辑图形对象的目的。例如对圆半径进行的调整，可以先选择图形对象，然后打开"特性"选项板，在半径文本框中即可修改半径值，如图 4-34 所示。

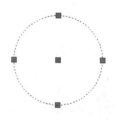

图 4-33　　"快速计算器"对话框　　　　　图 4-34　　修改圆的半径

特性匹配工具也是常用工具之一。当需要将新绘制的图形的颜色、线型和图层、文字的样式、标注样式等特性与以前绘制的图形进行匹配，或者说更改成与某一图形的特性一致时，可以使用"特性匹配"命令(单击"标准"工具栏中的"特性匹配"按钮，或者在命令行输入 Matchprop)，选择源对象，然后选择要更改的对象，便完成了特性匹配的操作，命令提示如下：

```
命令:'_matchprop
选择源对象:
当前活动设置: 颜色 图层 线型 线型比例 线宽 厚度 打印样式 标注 文字 填充图案 多段线
视口 表格材质 阴影显示 多重引线
选择目标对象或 [设置(S)]:
选择目标对象或 [设置(S)]:
```

4.6　思考练习

1. 在 AutoCAD 2016 中，图层具有哪些特性？如何设置这些特性？

2. 在绘制图形时，如果发现某一图形没有绘制在预先设置的图层上，如何将其放置在指定层上？

3. 在 AutoCAD 2016 中，如何使用图层工具管理图层？

第5章 图案填充、文字标注、块及属性

图案填充是指在指定的区域内填充指定的图案。绘制工程图时，经常需要将某种图案填充到某一区域。例如，机械制图中就需要填充剖面线。此外，在机械制图中，图纸内通常还需要有一些文字信息，例如技术要求、说明、标题栏和明细栏的填写等。

使用 AutoCAD 2016 绘图时，可以将需要重复绘制的图形定义成块，当需要使用这些图形时，直接将块插入即可。此外，还可以为块定义属性，即定义从属于块的文字信息。

本章将介绍 AutoCAD 2016 的图案填充、文字标注、块及图库功能。其中包括如何填充图案、编辑已有的图案，如何标注文字、编辑文字，以及定义块和属性等。

5.1 图 案 填 充

图案填充是一种使用指定线条图案、颜色来充满指定区域的操作，用于表达剖切面和不同类型物体对象的外观纹理等，常常被广泛应用在绘制机械制图、建筑工程图及地质构造图等各类图形中。

5.1.1 创建图案填充

在绘制图形时常常需要以某种图案填充一个区域，以此来形象地表达或区分物体的范围和特点以及图形剖面结构大小和所适用的材料等。这种称为"画阴影线"的操作，也称为图案填充。该操作可以利用"图案填充"工具来实现，并且所绘阴影线既不能超出指定边界，也不能在指定边界内绘制不全或所绘阴影线过疏、过密。

使用传统的手工方式绘制阴影线时，必须依赖绘图者的眼睛，并正确使用丁字尺和三角板等绘图工具，逐一绘制每一条线。这样不仅工作量大，并且角度和间距都不太精确，影响画面的质量。利用 AutoCAD 提供的"图案填充"工具，只需定义好边界，系统将自动进行相应的填充操作。

在 AutoCAD 中单击"图案填充"按钮，将打开"图案填充创建"选项卡。用户在该选项卡中可以分别设置填充图案的类型、填充比例、角度和填充边界等。

【例 5-1】在 AutoCAD 中为图形创建填充图案。

(1) 在 AutoCAD 中打开如图 5-1 所示的图形后，选择"绘图"|"图案填充"命令，或在"常用"选项卡的"绘图"面板中单击"图案填充"按钮。

(2) 打开"图案填充创建"选项卡，在"特性"面板中单击"图案填充类型"按钮，在弹出的下拉列表框中选择"图案"选项，在"角度"文本框中输入 0，在"图案填充比例"数值框中输入 1，如图 5-2 所示。

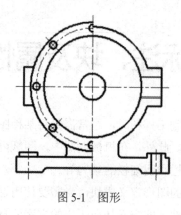

图 5-1　图形

图 5-2　设置图案填充参数

(3) 在 "图案填充创建" 选项卡中单击 "图案填充图案" 按钮▓，在弹出的下拉列表框中选择 ANSI31 选项，如图 5-3 所示。

(4) 在 "图案填充创建" 选项卡中单击 "拾取点" 按钮▓，然后在绘图区中图 5-4 所示的区域任意拾取一点。

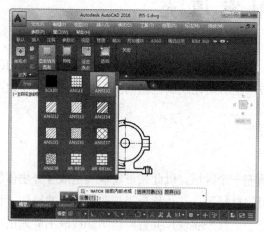

图 5-3　设置图案填充图案

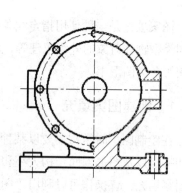

图 5-4　拾取填充区域

(5) 完成图案填充后，按 Enter 键。

1. 设置图案填充类型

创建图案填充，用户首先需要设置填充图案的类型。既可以使用系统预定义的图案样式进行图案填充，也可以自定义一个简单的或创建更加复杂的图案样式进行图案填充。

在 "特性" 面板的 "图案填充类型" 下拉列表框中提供了 4 种图案填充类型，如图 5-5 所示，其各自的功能如下。

- 实体：选择该选项，则填充图案为 SOLID(纯色)图案。
- 渐变色：选择该选项，可以设置双色渐变的填充图案。
- 图案：选择该选项，可以使用系统提供的填充图案样式(这些图案保存在系统的 acad.pat 和 acadiso.pat 文件中)。当选择该选项后，就可以在 "图案" 选项板的 "图案填充图案" 列表框中选择系统提供的图案类型。

● 用户定义: 利用当前线型定义由一组平行线或相互垂直的两组平行线组成的图案。例如,
在选取该填充图案类型后,若在"特性"面板中单击"交叉线"按钮▦,则填充图案将
由平行线变为交叉线。

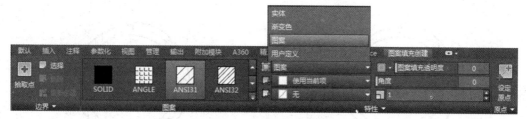

图 5-5　"特性"面板

2. 设置填充比例和角度

当指定好图形的填充图案后,用户还需要设置合适的比例和适合的图案填充角度,否
则所绘制图案填充的线与线之间的间距不是过疏就是过密。AutoCAD 提供的填充图案都可
以调整比例因子和角度,以便能够满足使用者的各种填充要求。

(1) 设置图案填充比例

图案填充比例的设置直接影响到最终的填充效果。当用户处理较大的填充区域时,如果设
置的比例因子太小,由于单位距离中有太多的线,则所产生的图案就像是使用实体填充的一样。
这样不仅不符合设计要求,还增加了图形文件的容量。但如果使用了过大的填充比例,可能由
于图案填充间距太大而不能在区域中插入任何一个图案,从而观察不到填充的效果。

在 AutoCAD 中,预定义图案填充的默认缩放比例是 1。若绘制图案填充时没有指定特
殊值,系统将以默认比例值绘制图案填充。如果要输入新的比例值,可以在"特性"面板
的"填充图案比例"数值框▥中输入新的比例值,以增大或减小图案填充的间距,如图 5-6
所示。

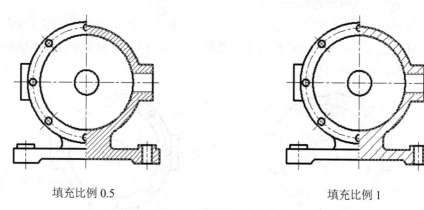

填充比例 0.5　　　　　　　　　　　　　　　填充比例 1

图 5-6　设置图案填充比例

(2) 设置图案填充角度

除了图案填充比例可以设置以外,图案填充的角度也可以进行控制。图案填充角度的
数值大小直接决定了填充区域中图案的放置方向。

在"特性"面板的"图案填充角度"文本 角度 中可以输入图案填充的角度数值，也可以拖动左侧的滑块来控制角度的大小。图 5-7 所示为设置角度为 0 度和 45 度时图案填充的效果。

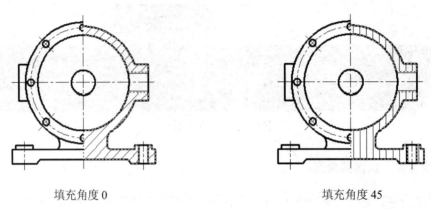

填充角度 0　　　　　　　　　　　　　　　　　填充角度 45

图 5-7　设置图案填充角度

3. 设置图案填充的边界

图案填充一般总是绘制在一个对象或几个对象所围成的区域中，如一个圆或一个矩形或几条线段或圆弧所围成的形状多样的区域中，即图案填充的边界线必须是首尾相连的一条闭合线，并且构成边界的图形对象应在端点处相交。

在 AutoCAD 中，指定填充边界线主要有以下两种方法。

● 在闭合区域中选取一点，系统将自动搜索闭合线的边界。

● 通过选取对象来定义边界线。

(1) 选取闭合区域定义填充边界

在图形不复杂的情况下，经常通过在填充区域内指定一点来定义边界。此时，系统将寻找包含该点的封闭区域进行填充操作。

在"图案填充创建"选项卡中单击"拾取点"按钮 ，可以在要填充的区域内任意指定一点，软件以虚线形式显示该填充边界，效果如图 5-8 所示。如果拾取点不能形成封闭边界，则会显示错误提示信息。

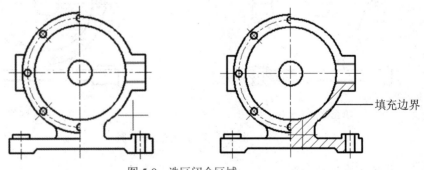

填充边界

图 5-8　选区闭合区域

此外，在"边界"选项板中单击"删除边界对象"按钮 ，可以取消系统自动选取或用户所选的边界，将多余的对象排除在边界集之外，以形成新的填充区域，如图 5-9 所示。

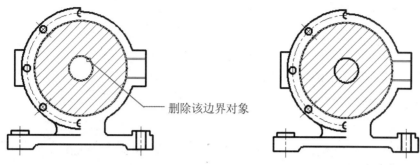

图 5-9　删除边界对象

(2) 选取边界对象定义填充边界

该方式通过选取填充区域的边界线来确定填充区域。该区域仅为鼠标点选的区域，并且必须是封闭的区域，未被选取的边界不在填充区域内(这种方式常用在多个或多重嵌套的图形需要进行填充时)。

在"边界"面板中单击"选择边界对象"按钮◙，然后选取封闭边界对象，即可对对象所围成的区域进行相应的填充操作，如图 5-10 所示。

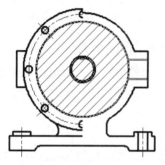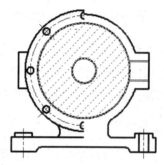

图 5-10　选择边界对象

【例 5-2】为阀盖图形创建填充图案。

(1) 在 AutoCAD 中打开如图 5-11 所示的齿轮图形后，选择"绘图"|"图案填充"命令，或在"常用"选项卡的"绘图"选项板中单击"图案填充"按钮◙。

(2) 打开"图案填充创建"选项卡，在"特性"选项板中单击"图案填充类型"按钮，在弹出的下拉列表框中选择"图案"选项，在"角度"文本框中输入 0，在"图案填充比例"数值框中输入 1。

(3) 在"图案填充创建"选项卡中单击"图案填充图案"按钮◙，在弹出的下拉列表框中选择 ANSI31 选项。

(4) 在"图案填充创建"选项卡中单击"拾取点"按钮➕，然后在绘图区如图 5-12 所示的区域中任意拾取一点。

(5) 在"图案填充创建"选项卡中单击"选择边界对象"按钮◙，然后单击如图 5-13 所示的边界对象。

(6) 使用同样的方法，在阀盖图形中对称的区域中完成图案填充操作，完成后效果如图 5-14 所示。

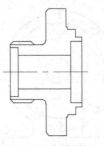

图 5-11　齿轮图形

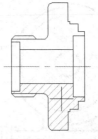

图 5-12　填充图案

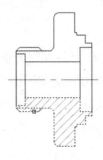

图 5-13　选择填充边界对象

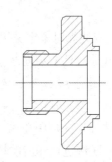

图 5-14　图案填充效果

如果在指定边界时系统提示未找到有效的边界，则说明所选区域边界尚未完全封闭。此时可以采用两种方法：一种是利用"延长""拉伸"或"修剪"工具对边界重新修改，使其完全闭合；另一种是利用多段线将边界重新描绘。

4. 孤岛填充

在填充边界中常包含一些闭合的区域，这些区域称为孤岛。使用 AutoCAD 提供的孤岛操作可以避免在填充图案时覆盖一些重要的文本注释或标记等属性。在"图案填充创建"选项卡中，选择"选项"选项板中的"孤岛检测"选项，在其下拉列表框中提供了以下 3 种孤岛显示方式。

(1) 普通孤岛填充

AutoCAD 将从最外边界向里填充图案，遇到与之相交的内部边界时断开填充图案，遇到下一个内部边界时再继续填充，如图 5-15 所示。

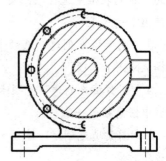

图 5-15　普通孤岛填充

(2) 外部孤岛填充

"外部孤岛检测"选项是系统的默认选项，选择该选项后，AutoCAD 将从最外边向里填充图案，遇到与之相交的内部边界时断开填充图案，不再继续向里填充，如图 5-16 所示。

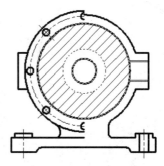

图 5-16 外部孤岛填充

(3) 忽略孤岛填充

选择"忽略孤岛检测"选项后，AutoCAD 将忽略边界内的所有孤岛对象，所有内部结构都将被填充图案覆盖，如图 5-17 所示。

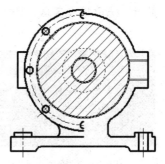

图 5-17 忽略孤岛填充

5.1.2 创建渐变色填充

在绘图时，有些图形在填充时需要用到一种或多种颜色(尤其在绘制装潢、美工等图纸时)，需要用到"渐变色图案填充"功能。利用该功能可以对封闭区域进行适当的渐变色填充，从而实现比较好的颜色修饰效果。根据填充效果的不同，可以分为单色填充和双色填充两种填充方式。

1. 单色填充

单色填充指的是从较深着色到较浅色调平滑过渡的单色填充。通过设置角度和明暗数值可以控制单色填充的效果。

【例 5-3】为图 5-18 所示的六角螺母图形创建单色填充。

(1) 在 AutoCAD 中打开螺母图形后，选择"绘图"|"图案填充"命令，或在"常用"选项卡的"绘图"选项板中单击"图案填充"按钮▣，打开"图案填充创建"选项卡。

(2) 在"特性"选项板的"图案填充类型"下拉列表框中选择"渐变色"选项，并设置"渐变色 1"的颜色，如图 5-19 所示。

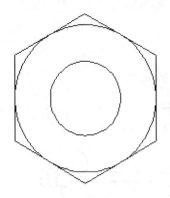

图 5-18　齿轮图形　　　　　　　　　　　　　图 5-19　设置图案填充类型

(3) 单击"渐变色 2"左侧的按钮 ，禁用"渐变色 2"的填充。

(4) 指定渐变色角度为 0，设置单色渐变明暗的数值为 60%，并在"原点"选项板中单击"居中"按钮，如图 5-20 所示。

(5) 最后，选取填充区域，即可完成单色居中填充，如图 5-21 所示。

图 5-20　设置填充明暗和角度参数　　　　　　图 5-21　单色填充效果

2. 双色填充

双色填充是指定在两种颜色之间平滑过渡的双色渐变填充效果。要创建双色填充，只需在"特性"选项板中分别设置"渐变色 1"和"渐变色 2"的颜色类型，然后设置填充参数，并拾取填充区域内部的点即可。若启用"居中"功能，则渐变色 1 将向渐变色 2 居中显示渐变效果，如图 5-22 所示。

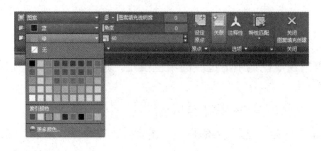

图 5-22　设置双色渐变填充

5.1.3　编辑图案填充

通过执行编辑填充图案操作，不仅可以修改已经创建的填充图案，还可以指定一个新的图案替换以前生成的图案。它具体包括对图案的样式、比例(或间距)、颜色、关联性以及注释性等选项的操作。

1. 编辑图案填充参数

在"修改"选项板中单击"编辑图案填充"按钮█，然后在绘图区选择要修改的填充图案，即可打开"图案填充编辑"对话框，如图 5-23 所示。

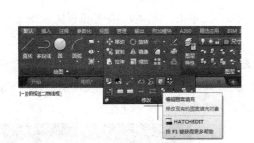
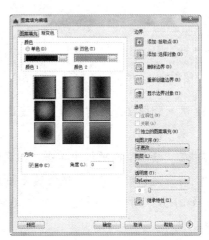

图 5-23　打开"图案填充编辑"对话框

注意:

在"图案填充编辑"对话框中不仅可以修改图案、比例、旋转角度和关联性等设置，还可以修改、删除及重新创建边界(另外在"渐变色"选项卡中与此编辑情况相同)。

【例 5-4】在 AutoCAD 中为衬套零件图设置图案填充。

(1) 在 AutoCAD 中打开衬套零件图形后，在命令行中输入 BH 并按 Enter 键，执行图案填充命令。

(2) 在命令行"拾取内部点或[选择对象(S)[放弃](U)[设置](T):"提示下输入 T 并按 Enter 键，打开"图案填充和渐变色"对话框。

(3) 在"图案填充和渐变色"对话框中，单击"图案"选项后的█按钮，打开"填充图案选项板"对话框，选择 JIS_LC_8 选项，如图 5-24 所示。

(4) 单击"确定"按钮，返回"图案填充和渐变色"对话框。

(5) 单击"颜色"下拉按钮，在弹出的下拉列表框中选择"蓝"选项；单击"比例"下拉按钮，在弹出的下拉列表框中选择"0.5"选项；单击"添加：拾取点"按钮█，如图 5-25 所示。

图 5-24　"填充图案选项板"对话框

图 5-25　设置"颜色"和"比例"

(6) 进入绘图区，在需要设置图案填充的位置上单击。完成后按 Enter 键，如图 5-26 所示。

(7) 在"绘图"选项板中单击"图案填充"按钮▦，在打开的"图案填充创建"选项卡的"特性"选项板中单击"图案填充图案"按钮▦，在弹出的下拉列表框中选择 ANSI31 选项，如图 5-27 所示。

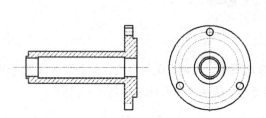

图 5-26　拾取图案填充位置

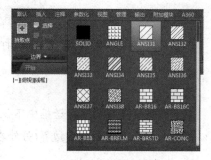

图 5-27　设置图案填充图案

(8) 在"特性"选项板中单击"图案填充颜色"下拉按钮▦，在弹出的下拉列表框中选择"红"选项，在"填充图案比例"数值框中输入 2。

(9) 在"边界"选项板中单击"拾取点"按钮✚，然后在绘图区需要设置图案填充的位置上单击，如图 5-28 所示，完成后按 Enter 键。

(10) 打开"图案填充和渐变色"对话框，设置图案填充图案为 HONEY，图案填充角度为 0 度，填充图案比例为 0.5。

(11) 单击"添加：拾取点"按钮▦，然后在图形中合适的位置上单击，设置图案填充，如图 5-29 所示。

(12) 最后，按 Enter 键完成图案填充设置。在菜单栏中选择"文件"|"保存"命令，将图形保存。

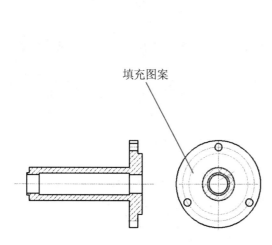

填充图案

图 5-28　设置图案填充　　　　　　　　　　图 5-29　填充图案效果

2. 编辑图案填充边界与可见性

图案填充边界除了可以通过"图案填充编辑"对话框中的"边界"选项组和孤岛操作编辑以外，用户还可以单独地进行边界定义。

【例 5-5】为锥齿轮轴图形创建填充图案。

(1) 在 AutoCAD 中打开齿轮图形后，选择"绘图"|"图案填充"命令，或在"常用"选项卡的"绘图"选项板中单击"边界"按钮，如图 5-30 所示。

(2) 打开"边界创建"对话框，然后在该对话框的"对象类型"下拉列表框中选择边界保留形式(多段线)，并单击"拾取点"按钮，如图 5-31 所示。

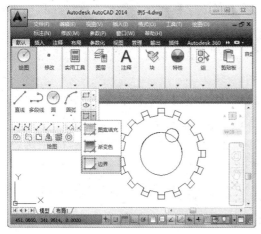

图 5-30　锥齿轮轴图形　　　　　　　　　　图 5-31　"边界创建"对话框

(3) 在绘图区中合适的位置单击，重新选取图案边界，如图 5-32 所示。

(4) 选择"绘图"|"图案填充"命令，或在"常用"选项卡的"绘图"选项板中单击"图案填充"按钮。

(5) 打开"图案填充创建"选项卡，在"特性"选项板中单击"图案填充类型"按钮，在弹出的下拉列表框中选择"图案"选项，在"角度"文本框中输入 0，在"图案填充比例"数值框中输入 1。

(6) 在"图案填充创建"选项卡中单击"图案填充图案"按钮 ，在弹出的下拉列表框中选择 rANSI31 选项。

(7) 在"图案填充创建"选项卡中单击"拾取点"按钮 ，然后在绘图区如图 5-33 所示的区域任意拾取一点即可。

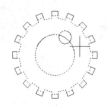

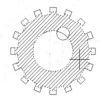

图 5-32　重新选取图案边界　　　　　　　　图 5-33　图案填充效果

5.2　文　字　标　注

文字对象是 AutoCAD 图形中很重要的图形元素，是机械制图和工程制图中不可缺少的组成部分。在一个完整的图样中，通常都包含一些文字注释来标注图样中的一些非图形信息，例如机械工程图形中的技术要求、装配说明中的材料说明、施工要求等。

5.2.1　设置文字样式

在 AutoCAD 中，所有文字都有与之相关联的文字样式。在创建文字注释和尺寸标注时，AutoCAD 通常使用当前的文字样式，也可以根据具体要求重新设置文字样式或创建新的样式。文字样式包括文字"字体""字型""高度""宽度系数""倾斜角""反向""倒置"以及"垂直"等参数。

在快捷工具栏中选择"显示菜单栏"命令，在弹出的菜单栏中选择"格式"|"文字样式"命令(或在功能区选项板中选择"注释"选项卡，在"文字"面板中单击 Standard 下拉按钮，然后选择"管理文字样式"选项)，打开"文字样式"对话框，如图 5-34 所示。利用该对话框可以修改或创建文字样式，并设置文字的当前样式。

图 5-34　打开"文字样式"对话框

1. 设置样式名

在"文字样式"对话框中，可以显示文字样式的名称，创建新的文字样式，为已有的文字样式重命名以及删除文字样式。该对话框中各部分选项的功能如下所示。

- "样式"列表框：列出了当前可以使用的文字样式，默认文字样式为 Standard(标准)。
- "置为当前"按钮：单击该按钮，可以将选择的文字样式设置为当前的文字样式。
- "新建"按钮：单击该按钮，AutoCAD 将打开"新建文字样式"对话框，如图 5-35 所示。在该对话框的"样式名"文本框中输入新建文字样式名称后，单击"确定"按钮，可以创建新的文字样式，新建文字样式将显示在"样式名"下拉列表框中。
- "删除"按钮：单击该按钮，可以删除所选择的文字样式，但无法删除已经被使用了的文字样式和默认的 Standard 样式。

注意：

如果要重命名文字样式，可在"样式"列表框中右击要重命名的文字样式，在弹出的快捷菜单中选择"重命名"命令即可，但无法重命名默认的 Standard 样式。

2. 设置字体和大小

"文字样式"对话框的"字体"选项组用于设置文字样式使用的字体属性。其中，"字体名"下拉列表框用于选择字体，如图 5-36 所示；"字体样式"下列表框用于选择字体格式，如斜体、粗体和常规字体等。选中"使用大字体"复选框，"字体样式"下拉列表框变为"大字体"下拉列表框，用于选择大字体文件。

图 5-35　新建文字样式

图 5-36　设置字体

"文字样式"对话框中的"大小"选项组用于设置文字样式使用的字高属性。其中，"注释性"复选框用于设置文字是否为注释性对象，"高度"文本框用于设置文字的高度。如果将文字的高度设为 0，在使用 TEXT 命令标注文字时，命令行将显示"指定高度:"提示，要求指定文字的高度。如果在"高度"文本框中输入了文字高度，AutoCAD 将按此高度标注文字，而不再提示指定高度。

3. 设置文字效果

在"文字样式"对话框的"效果"选项组中，用户可以设置文字的显示效果。

- "颠倒"复选框：用于设置是否将文字倒过来书写，如图 5-37 所示。
- "反向"复选框：用于设置是否将文字反向书写，如图 5-38 所示。

图 5-37　颠倒　　　　　　　　　　图 5-38　反向

- "垂直"复选框：用于设置是否将文字垂直书写，但垂直效果对汉字字体无效。
- "宽度因子"文本框：用于设置文字字符的高度和宽度之比。当宽度比例为 1 时，将按系统定义的高宽比书写文字；当宽度比例小于 1 时，字符会变窄；当宽度比例大于 1 时，字符会变宽，如图 5-39 所示。
- "倾斜角度"文本框：用于设置文字的倾斜角度。角度为 0 时不倾斜，为正值时向右倾斜，为负值时向左倾斜，如图 5-40 所示。

图 5-39　文字宽度　　　　　　　　图 5-40　文字倾斜

4. 预览与应用文字样式

在"文字样式"对话框的"预览"选项组中，用户可以预览所选择或所设置的文字样式效果。设置完文字样式后，单击"应用"按钮即可应用文字样式。然后单击"关闭"按钮，关闭"文字样式"对话框。

【例 5-6】定义新文字样式 Mytext，字高为 1.5。

(1) 在快捷工具栏中选择"显示菜单栏"命令，在弹出的菜单栏中选择"格式"|"文字样式"命令，打开"文字样式"对话框。

(2) 单击"新建"按钮，打开"新建文字样式"对话框，在"样式名"文本框中输入 Mytext，如图 5-41 所示，然后单击"确定"按钮，AutoCAD 返回到"文字样式"对话框。

(3) 在"字体"选项组的"SHX 字体"下拉列表框中选择 gbeitc.shx(标注直体字母与数字)，然后选中"使用大字体"复选框，并在"大字体"下拉列表框中采用 gbcbig.shx字体，如图 5-42 所示。

图 5-41　新建文字样式　　　　　　　　　　图 5-42　设置字体

(4) 接下来，在"高度"文本框中输入 1.5000，然后单击"应用"按钮应用该文字样式，单击"关闭"按钮关闭"文字样式"对话框，并将文字样式 Mytext 置为当前样式。

5.2.2　创建与编辑单行文字

在 AutoCAD 2016 中，使用图 5-43 所示的"文字"工具栏和"注释"选项卡中的"文字"面板都可以创建和编辑文字。对于单行文字来说，每一行都是一个文字对象，因此可以用来创建文字内容比较简短的文字对象(如标签)，并且可以进行单独编辑。

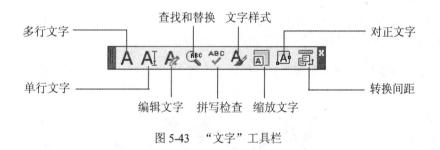

图 5-43　"文字"工具栏

1. 创建单行文字

在快捷工具栏中选择"显示菜单栏"命令，在弹出的菜单栏中选择"绘图"|"文字"|"单行文字"命令；单击"文字"工具栏中的"单行文字"按钮；或在功能区选项板中选择"注释"选项卡，在"文字"面板中单击"单行文字"按钮，都可以在图形中创建单行文字对象。

执行"创建单行文字"命令时，AutoCAD 提示如下信息。

当前文字样式: Standard
当前文字高度: 2.5000
指定文字的起点或 [对正(J)/样式(S)]:

(1) 指定文字的起点

默认情况下，通过指定单行文字行基线的起点位置创建文字。AutoCAD 为文字行定义了顶线、中线、基线和底线 4 条线，用于确定文字行的位置。这 4 条线与文字串的关系如图 5-44 所示。

图 5-44　文字标注参考线定义

如果当前文字样式的高度设置为 0，系统将显示"指定高度:"提示信息，要求指定文字高度，否则不显示该提示信息，而使用"文字样式"对话框中设置的文字高度。然后系统显示"指定文字的旋转角度<0>:"提示信息，要求指定文字的旋转角度。文字旋转角度是指文字行排列方向与水平线的夹角，默认角度为 0°。输入文字旋转角度，或按 Enter 键使用默认角度 0°，最后输入文字即可。也可以切换到 Windows 的中文输入方式下，输入中文文字。

(2) 设置对正方式

在"指定文字的起点或 [对正(J)/样式(S)]:"提示信息后输入 J，可以设置文字的排列方式。此时命令行显示如下提示信息。

> TEXT 输入选项[对齐(A)/布满(F)/居中(C)/中间(M)/右对齐(R)/左上(TL)/中上(TC)/右上(TR)/左中(ML)/正中(MC)/右中(MR)/左下(BL)/中下(BC)/右下(BR)]:

在 AutoCAD 2016 中，系统为文字提供了多种对正方式，显示效果如图 5-45 所示。

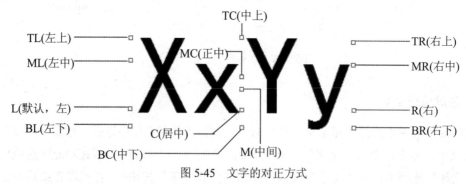

图 5-45　文字的对正方式

以上提示中的各选项含义如下。

- 对齐(A)：此选项要求确定所标注文字行基线的始点与终点位置。
- 布满(F)：此选项要求用户确定文字行基线的始点、终点位置以及文字的字高。
- 居中(C)：此选项要求确定一点，AutoCAD 把该点作为所标注文字行基线的中点，即所输入文字的基线将以该点居中对齐。

- 中间(M)：此选项要求确定一点，AutoCAD 把该点作为所标注文字行的中间点，即以该点作为文字行在水平、垂直方向上的中点。
- 右对齐(R)：此选项要求确定一点，AutoCAD 把该点作为文字行基线的右端点。

在与"对正(J)"选项对应的其他提示中，"左上(TL)""中上(TC)"和"右上(TR)"选项分别表示将以所确定点作为文字行顶线的始点、中点和终点；"左中(ML)""正中(MC)""右中(MR)"选项分别表示将以所确定点作为文字行中线的始点、中点和终点；"左下(BL)""中下(BC)""右下(BR)"选项分别表示将以所确定点作为文字行底线的始点、中点和终点。图 5-46 显示了上述文字对正示例。

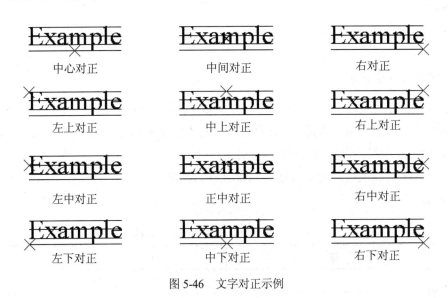

图 5-46　文字对正示例

(3) 设置当前文字样式

在"指定文字的起点或 [对正(J)/样式(S)]:"提示下输入 S，可以设置当前使用的文字样式。选择该选项时，命令行显示如下提示信息。

> TEXT 输入样式名或 [?] <style1>:

注意：

可以直接输入文字样式的名称，也可输入"?"，在"AutoCAD 文本窗口"中显示当前图形已有的文字样式。

【例 5-7】 在零件图中创建如图 5-47 所示的单行文字注释。

(1) 在功能区选项板中选择"注释"选项卡，在"文字"面板中单击"单行文字"按钮 Ａ，执行单行文字创建命令。

(2) 在绘图窗口右侧需要输入文字的地方单击，确定文字的起点。

(3) 在命令行的"指定高度"提示下输入 3，如图 5-47 所示。

(4) 在命令行的"指定文字的旋转角度<0>:"提示下输入 0，将文字旋转角度设置为 0°。

(5) 在命令行的"输入文字:"提示下，输入文本"轴向辅助基准"，然后连续按两次

Enter 键，即可完成单行文字的创建，如图 5-48 所示。

(6) 使用同样的方法，创建其他单行文字。

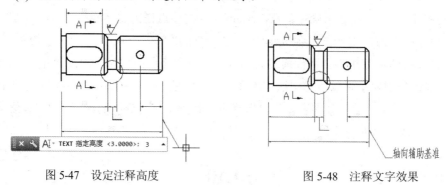

图 5-47　设定注释高度　　　　　　　图 5-48　注释文字效果

2. 使用文字控制符

在实际设计绘图中，往往需要标注一些特殊的字符。例如，在文字上方或下方添加划线、标注 "°" "±" "φ" 等符号。这些特殊字符不能从键盘上直接输入，因此 AutoCAD 提供了相应的控制符，以实现这些标注要求。

AutoCAD 的控制符由两个百分号(%%)及在后面紧接一个字符构成，常用的控制符如表 5-1 所示。

表 5-1　AutoCAD 常用的标注控制符

控 制 符	功 能
%%O	打开或关闭文字上划线
%%U	打开或关闭文字下划线
%%D	标注度(°)符号
%%P	标注正负公差(±)符号
%%C	标注直径(φ)符号

在 AutoCAD 的控制符中，%%O 和%%U 分别是上划线和下划线的开关。第 1 次出现此符号时，可打开上划线或下划线；第 2 次出现该符号时，则会关掉上划线或下划线。

注意：

在 "输入文字:" 提示下，输入控制符时，这些控制符也临时显示在屏幕上，当结束文本创建命令时，这些控制符将从屏幕上消失，转换成相应的特殊符号。

3. 编辑单行文字

编辑单行文字包括编辑文字的内容、对正方式及缩放比例，可以在快捷工具栏中选择 "显示菜单栏" 命令，在弹出的菜单栏中选择 "修改" | "对象" | "文字" 子菜单中的命令进行设置。各命令的功能如下。

- "编辑"(DDEDIT)命令：选择该命令，然后在绘图窗口中单击需要编辑的单行文字，进入文字编辑状态，可以重新输入文本内容。
- "比例"(SCALETEXT)命令：选择该命令，然后在绘图窗口中单击需要编辑的单行文字，此时需要输入缩放的基点以及指定新高度、匹配对象(M)或缩放比例(S)，命令行提示如下。

> SCALETEXT [现有(E)/左对齐(L)/居中(C)/中间(M)/右对齐(R)/左上(TL)/中上(TC)/右上(TR)/左中(ML)/正中(MC)/右中(MR)/左下(BL)/中下(BC)/右下(BR)] <现有>:

- "对正"(JUSTIFYTEXT)命令：选择该命令，然后在绘图窗口中单击需要编辑的单行文字，此时可以重新设置文字的对正方式，命令行提示如下.

> JUSTIFYTEXT [左对齐(L)/对齐(A)/布满(F)/居中(C)/中间(M)/右对齐(R)/左上(TL)/中上(TC)/右上(TR)/左中(ML)/正中(MC)/右中(MR)/左下(BL)/中下(BC)/右下(BR)] <左对齐>:

5.2.3　创建与编辑多行文字

"多行文字"又称段落文字，是一种更易于管理的文字对象，可以由两行以上的文字组成，而且各行文字都是作为一个整体处理。在机械制图中，常使用多行文字功能创建较为复杂的文字说明，如图样的技术要求等。

1. 创建多行文字

在快捷工具栏中选择"显示菜单栏"命令，在弹出的菜单栏中选择"绘图"|"文字"|"多行文字"命令(或在功能区选项板中选择"注释"选项卡，在"文字"面板中单击"多行文字"按钮A)，然后在绘图窗口中指定一个用来放置多行文字的矩形区域，将打开多行文字输入窗口和"文字编辑器"选项卡。利用它们可以设置多行文字的样式、字体及大小等属性，如图 5-49 所示。

指定文字区域　　　　　　　　　　　　　多行文字输入窗口

图 5-49　创建多行文字的文字输入窗口

(1) 使用"文字编辑器"选项卡

使用"文字编辑器"选项卡，可以设置文字样式、字体、高度、加粗、倾斜或加下划线效果，如图 5-50 所示。

图 5-50　"文字编辑器"选项卡

注意：

如果要创建堆叠文字(堆叠文字是一种垂直对齐的文字或分数)，可分别输入分子和分母，并使用 "/" "#" 或 "^" 等符号分隔，然后按 Enter 键，将打开 "自动堆叠特性" 对话框，可以设置是否需要在输入如 "x/y" "x#y" 和 "x^y" 的表达式时自动堆叠，还可以设置堆叠的方法等。

(2) 设置缩进、制表位和多行文字宽度

在多行文字输入窗口的标尺上右击，从弹出的标尺快捷菜单中选择 "段落" 命令，打开 "段落" 对话框，如图 5-51 所示，可以从中设置缩进和制表位位置。其中，在 "制表位" 选项组中可以设置制表位的位置，单击 "添加" 按钮可以设置新制表位，单击 "清除" 按钮可清除列表框中的所有设置；在 "左缩进" 选项组的 "第一行" 文本框和 "悬挂" 文本框中可以设置首行和段落的左缩进位置；在 "右缩进" 选项组的 "右" 文本框中可以设置段落右缩进的位置。

图 5-51 打开 "段落" 对话框

注意：

在标尺快捷菜单中选择 "设置多行文字宽度" 命令，可以打开 "设置多行文字宽度" 对话框，在 "宽度" 文本框中可以设置多行文字的宽度。

(3) 输入文字

在多行文字输入窗口中，可以直接输入多行文字，也可以在文字输入窗口中右击，从弹出的快捷菜单中选择 "输入文字" 命令，将已经在其他文字编辑器中创建的文字内容直接导入到当前图形中。

【例 5-8】 创建如图 5-52 所示的技术要求。

(1) 在功能区选项板中选择 "注释" 选项卡，在 "文字" 面板中单击 "多行文字" 按钮Ａ，然后在绘图窗口中拖动鼠标指针，创建一个用来放置多行文字的矩形区域。

(2) 在 "样式" 下拉列表框中选择前面创建的文字样式 Mytext，如图 5-52 所示。

(3) 在文字输入窗口中输入需要创建的多行文字内容。

(4) 单击 "确定" 按钮，输入的文字将显示在绘制的矩形窗口中，如图 5-53 所示。

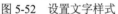

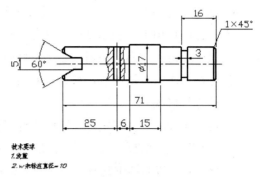

图 5-52　设置文字样式　　　　　　　图 5-53　输入技术要求

注意:

在输入直径控制符"%%C"时, 可先右击, 从弹出的快捷菜单中选择"符号"|"直径"命令。当有些中文字体不能正确识别文字中的特殊控制符时, 可选择英文字体。

2. 编辑多行文字

要编辑创建的多行文字, 可以在快捷工具栏中选择"显示菜单栏"命令, 在弹出的菜单栏中选择"修改"|"对象"|"文字"|"编辑"命令, 并单击创建的多行文字, 打开多行文字编辑窗口, 然后参照多行文字的设置方法, 修改并编辑文字(也可以在绘图窗口中双击输入的多行文字, 编辑文字)。

5.3　块

块是一个或多个对象组成的对象集合, 常用于绘制复杂、重复的图形。如果一组对象组合成块, 就可以根据作图需要将这组对象插入到图中任意指定位置。

在 AutoCAD 中, 使用块可以提高绘图速度, 节省存储空间, 便于修改图形并能够为其添加属性。总的来说, AutoCAD 中的块具有以下特点。

- 提高绘图效率: 在 AutoCAD 中绘图时, 常常需要绘制一些重复出现的图形。如果将这些图形做成块保存起来, 绘制图形时就可以使用插入块的方法实现, 即把绘图变成了拼图, 从而避免了大量的重复性工作, 提高绘图效率。

- 节省存储空间: AutoCAD 保存图中每一个对象的相关信息时, 如对象的类型、位置、图层、线型及颜色等, 这些信息都需要占用存储空间。如果一幅图中包含有大量相同的图形, 就会占据较大的磁盘空间。但如果将相同的图形预先定义为一个块, 绘制图形时将可以直接把块插入图中的各个相应位置。这样既满足了绘图要求, 又可以节省磁盘空间。虽然在块的定义中包含了图形的全部对象, 但系统只需要一次这样的定义,对块的每次插入使用,AutoCAD 仅需要记住这个块对象的有关信息(如块名、插入点坐标及插入比例等)。对于复杂需要多次绘制的图形, 这一优点就更为明显。

- 便于修改图形：一张工程图纸通常需要多次修改。例如，在机械设计中，旧的国家标准使用虚线表示螺栓的内径，新的国家标准则使用细实线表示。如果为旧图纸中的每一个螺栓按新国家标准修改，既费时又不方便。但如果原来各螺栓是通过插入块的方法绘制，那么只要简单地对块进行再定义，就可以为图中的所有螺栓进行修改。

- 可以添加属性：在实际绘图中，许多块还要求有文字信息以进一步解释其用途。AutoCAD 允许用户为块创建文字属性，并可在插入的块中指定是否显示属性。此外，还可以从图中提取块属性的信息并传送到数据库中。

5.3.1　定义块

在菜单栏中选择"绘图"|"块"|"创建"(BLOCK)命令，或在功能区选项板中选择"默认"选项卡，然后在"块"面板中单击"创建"按钮⬛，打开"块定义"对话框，如图 5-54 所示，即可将已绘制的对象创建为块。

"块定义"对话框中主要选项的功能说明如下。

- "名称"下拉列表框：输入块的名称，最多可使用 255 个字符。当图形中包含多个块时，还可以在下拉列表框中选择已有的块。

- "基点"选项组：设置块的插入基点位置。用户可以直接在 X、Y、Z 文本框中输入，也可以单击"拾取点"按钮⬛，切换至绘图窗口并选择基点。一般基点选在块的对称中心、左下角或其他有特征的位置。

- "对象"选项组：设置组成块的对象。其中，单击"选择对象"按钮⬛，可切换至在绘图窗口中选择组成块的各对象；单击"快速选择"按钮⬛，可以使用弹出的"快速选择"对话框(如图 5-55 所示)设置所选择对象的过滤条件；选择"保留"单选按钮，创建块后仍在绘图窗口中保留组成块的各对象；选择"转换为块"单选按钮，创建块后将组成块的各对象保留并转换成块；选择"删除"单选按钮，创建块后删除绘图窗口中组成块的原对象。

图 5-54　"块定义"对话框

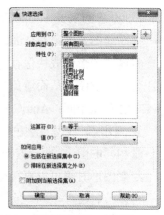

图 5-55　"快速选择"对话框

- "设置"选项组：设置块的基本属性。在"块单位"下拉列表框中可以选择从

AutoCAD 设计中心中拖动块时的缩放单位；单击"超链接"按钮，将打开"插入超链接"对话框，在该对话框中可以插入超链接文档。

- "方式"选项组：设置组成块的对象的显示方式。选中"注释性"复选框，可以将对象设置为注释性对象；选中"按统一比例缩放"复选框，设置对象是否按统一的比例进行缩放；选中"允许分解"复选框，设置对象是否允许被分解。

【例5-9】在 AutoCAD 2016 中，绘制一个电阻符号，并将其定义为块。

(1) 启动 AutoCAD，在绘图文档中，绘制如图 5-56 所示的表示电阻的图形。

(2) 在功能区选项板中选择"默认"选项卡，然后在"块"面板中单击"创建"按钮，打开"块定义"对话框。

(3) 在"名称"文本框中输入块的名称，如"电阻 R"。

(4) 在"基点"选项组中单击"拾取点"按钮🔳，然后单击图形的中心点，确定基点位置。

(5) 在"对象"选项组中选择"保留"单选按钮，再单击"选择对象"按钮➕，切换至绘图窗口，使用窗口选择方法选择所有图形，然后按 Enter 键返回"块定义"对话框。

(6) 在"块单位"下拉列表框中选择"毫米"选项，将单位设置为毫米。

(7) 在"说明"文本框中输入对图块的说明，如"电阻符号"，如图 5-57 所示。

(8) 设置完毕，单击"确定"按钮并保存设置，完成块的创建。

图 5-56　绘制电阻图形　　　　　　　　　　　　图 5-57　设置参数

注意：

创建块时，必须先绘出需要创建块的对象。如果新块名与已定义的块名重复，系统将显示警告对话框，要求用户重新定义块名称。此外，使用 BLOCK 命令创建的块只能由块所在的图形使用，而不能由其他图形使用。如果希望在其他图形中也使用块，则使用 WBLOCK 命令创建块即可。

5.3.2　插入块

在菜单栏中选择"插入"|"块"命令，或在功能区选项板中选择"默认"选项卡，然后在"块"面板中单击"插入"按钮🞂，将打开"插入"对话框，如图 5-58 所示。

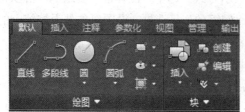

图 5-58　打开"插入"对话框

- "名称"文本框：在"名称"文本框中可以指定需要插入块的名称，或指定作为块插入的图形文件名。单击该文本框右侧的下拉按钮，可以在打开的下拉列表框中指定当前图形文件中可供用户选择的块名称，单击"浏览"按钮，可以选择作为块插入图形的文件名。

- "比例"选项组：该选项组用于设置块在 X、Y 和 Z 这 3 个方向上的比例。有两种方法可设置块的缩放比例，即在平面上使用鼠标单击指定或直接输入缩放比例因子。其中启用"统一比例"复选框，表示在 X、Y 和 Z 这 3 个方向上的比例因子完全相同。

- "插入点"选项组：该选项组用于确定插入点的位置。一般情况下有两种方法，即在平面上使用鼠标单击指定插入点或直接输入插入点的坐标来指定。

- "旋转"选项组：该选项组用于设置插入块时的旋转角度，同样也有两种方法确定块的旋转角度，即在平面上指定块的旋转角度或直接输入块的旋转角度。

- "分解"复选框：该复选框用于控制图块插入后是否允许被分解，如果启用该复选框，则图块插入到当前图形时，组成图块的各个对象将自动分解成各自独立的状态。

【例 5-10】在如图 5-59 所示的图形中插入【例 5-9】中定义的块，并设置缩放比例为 30%，旋转角度为 90°。

(1) 在功能区选项板中选择"默认"选项卡，然后在"块"面板中单击"插入"按钮，打开"插入"对话框。

(2) 在"名称"下拉列表框中选择"电阻 R"选项，然后在"插入点"选项组中选中"在屏幕上指定"复选框。

(3) 在"缩放比例"选项组中选中"统一比例"复选框，并在 X 文本框中输入 0.3。

(4) 在"旋转"选项组的"角度"文本框中输入 90，然后单击"确定"按钮，如图 5-60 所示。

(5) 在绘图窗口中需要插入块的位置单击，插入块，如图 5-61 所示。

(6) 在功能区选项板中选择"默认"选项卡，然后在"修改"面板中单击"修剪"按钮，对图形进行修剪处理，最终效果如图 5-62 所示。

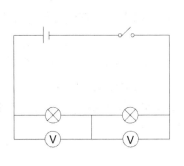

图 5-59　图形

图 5-60　"插入"对话框

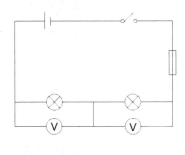

图 5-61　插入块

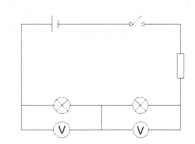

图 5-62　图形效果

5.3.3　存储块

存储块又称为创建外部图块，即将创建的图块作为独立文件保存。这样不仅可以将块插入任何图形中，而且可以对图块执行打开和编辑等操作。但是利用块定义工具创建的内部图块却不能执行这种操作。

要存储块，只需要在命令行中输入 WBLOCK 指令，并按 Enter 键，此时将打开"写块"对话框，然后在该对话框的"源"选项组中选择"块"单选按钮，表示新图形文件将由块创建，并在右侧下拉列表框中指定块。接着单击"目标"选项组中的"显示标准文件选择对话框"按钮，在打开的对话框中指定具体块保存路径即可，如图 5-63 所示。

图 5-63　设置存储块

　　在指定文件名称时，只需要输入文件名称而不用带扩展名，系统一般将扩展名定义为.dwg。此时如果在"目标"选项组中未指定文件名，软件将以默认保存位置保存该文件。"源"选项组中另外两种存储块的方式分别如下。

- "整个图形"方式：选择该单选按钮，表示系统将使用当前的全部图形创建一个新的图形文件。此时只需单击"确定"按钮，即可将全部图形文件保存。
- "对象"方式：选择该单选按钮，系统将使用当前图形中的部分对象创建一个新图形，此时必须选择一个或多个对象以输出到新的图形中。

　　注意：

　　若将其他图形文件作为一个块插入到当前文件中，系统默认将坐标原点作为插入点，这样对于有些图形绘制而言，很难精确控制插入位置。因此在实际应用中，应先打开该文件，再通过输入 BASE 指定直线插入操作。

5.4　定　义　属　性

　　块属性是附属于块的非图形信息，是块的组成部分，同时也是特定的可包含在块定义中的文字对象。在定义一个块时，属性必须预先定义而后选定。通常属性用于在块的插入过程中进行自动注释。

　　在 AutoCAD 中，用户可以在图形绘制完成后(甚至在绘制完成前)，使用 ATTEXT 命令将块属性数据从图形中提取出来，并将数据写入一个文件中，用户就可以从图形数据库文件中获取块数据信息。块属性具有以下特点。

- 块属性由属性标记名和属性值两部分组成。例如，可以把 Name 定义为属性标记名，而具体的姓名 Mat 就是属性值，即属性。
- 定义块前，应预先定义该块的每个属性，即规定每个属性的标记名、属性提示、属性默认值、属性的显示格式(可见或不可见)及属性在图中的位置等。如果定义了属性，该属性以其标记名将在图中显示出来，并保存有关的信息。
- 定义块时，应将图形对象和表示属性定义的属性标记名一起用于定义块对象。
- 插入有属性的块时，系统将提示用户输入需要的属性值。插入块后，则使用块属性的值表示。因此，同一个块在不同点插入时，可以有不同的属性值。如果属性值在属性定义时规定为常量，系统将不再询问该属性值。
- 插入块后，用户可以改变属性的显示可见性。对属性做修改，将属性单独提取出来写入文件，以供统计、制表使用，还可以与其他高级语言或数据库进行数据通信。

5.4.1　创建块属性

　　在菜单栏中选择"绘图"|"块"|"定义属性"(ATTDEF)命令，或在功能区选项板中选择"默认"选项卡，然后在"块"面板中单击"定义属性"按钮，即可使用打开的"属

性定义"对话框创建块属性，如图 5-64 所示。

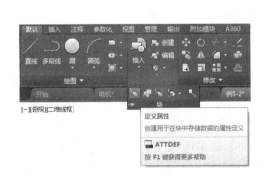

图 5-64　打开"属性定义"对话框

"属性定义"对话框中各选项的功能说明如下。

- "模式"选项组：用于设置属性的模式。其中，"不可见"复选框用于确定插入块后是否显示其属性值；"固定"复选框用于设置属性是否为固定值，为固定值时，插入块后该属性值不再发生变化；"验证"复选框用于验证所输入的属性值是否正确；"预设"复选框用于确定是否将属性值直接预设为块属性的默认值。"锁定位置"复选框用于固定插入块的坐标位置；"多行"复选框用于使用多段文字来标注块的属性值。
- "属性"选项组：用于定义块的属性。其中，"标记"文本框用于输入属性的标记；"提示"文本框用于输入插入块时系统显示的提示信息；"默认"文本框用于输入属性的默认值。
- "插入点"选项组：用于设置属性值的插入点，即属性文字排列的参照点。用户可直接在 X、Y、Z 文本框中输入点的坐标，也可以单击"拾取点"按钮，在绘图窗口中拾取一点作为插入点。
- "文字设置"选项组：用于设置属性文字的格式，包括对正、文字样式、文字高度以及旋转角度等选项。

注意：

当确定插入点后，系统将以该点为参照点，按照在"文字设置"选项组的"对正"下拉列表框中确定的文字排列方式放置属性值。

此外，当"属性定义"对话框的"在上一个属性定义下对齐"复选框被选中时，可以为当前属性采用上一个属性的文字样式、字高及旋转角度，且另起一行，按上一个属性的对正方式排列。

设置结束"属性定义"对话框中的各项内容后，单击对话框中的"确定"按钮，系统将完成一次属性定义，用户可以用上述方法为块定义多个属性。

【例 5-11】 将图 5-65 所示的图形定义成表示位置公差基准的符号块。要求如下：

- 符号块的名称为 BASE，属性标记为 A，属性默认值为 A。
- 属性提示为"请输入基准符号"，以圆的圆心作为属性插入点。
- 属性文字对齐方式采用"中间"，以两条直线的交点作为块的基点。

(1) 在快捷工具栏中选择"显示菜单栏"命令，在弹出的菜单栏中选择"绘图"|"块"|"定义属性"命令，打开"属性定义"对话框。

(2) 在"属性"选项组的"标记"文本框中输入 A，在"提示"文本框中输入"请输入基准符号"，在"默认"文本框中输入 A。

(3) 在"插入点"选项组中选中"在屏幕上指定"复选框。

(4) 在"文字设置"选项组的"对正"下拉列表框中选择"中间"选项，在"文字高度"按钮后面的文本框中输入 2.5，其他选项采用默认设置，如图 5-66 所示。

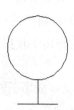

图 5-65　定义带有属性的快　　　　　图 5-66　设置"属性定义"对话框

(5) 单击"确定"按钮，在绘图窗口中单击圆的圆心，确定插入点的位置。完成属性块的定义，同时在图中的定义位置将显示出该属性的标记，如图 5-67 所示。

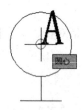
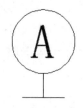

图 5-67　显示 A 属性的标记

(6) 在命令行中输入命令 WBLOCK，打开"写块"对话框，在"基点"选项组中单击"拾取点"按钮 ，然后在绘图窗口中单击两条直线的交点，如图 5-68 所示。

(7) 在"对象"选项组中选择"保留"单选按钮，并单击"选择对象"按钮 ，然后在绘图窗口中使用窗口方式选择所有图形。

(8) 在"目标"选项组的"文件名和路径"文本框中输入 E:\BASE.dwg，并在"插入单位"下拉列表框中选择"毫米"选项，然后单击"确定"按钮，如图 5-69 所示。

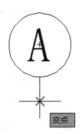

图 5-68　选择两条直线的交点

图 5-69　"写块"对话框

5.4.2　在图形中插入带属性定义的块

当创建带有附加属性的块时，需要同时选择块属性作为块的成员对象。带有属性的块创建完成后，用户就可以使用"插入"对话框在文档中插入该块。

【例 5-12】在图形中插入【例 5-11】中定义的属性块。

(1) 在快捷工具栏中选择"显示菜单栏"命令，在弹出的菜单栏中选择"文件"|"打开"命令，打开如图 5-70 所示图形。

(2) 在快捷工具栏选择"显示菜单栏"命令，在弹出的菜单栏中选择"插入"|"块"命令，打开"插入"对话框。

(3) 单击"浏览"按钮，在打开的对话框中选择 E:\BASE.dwg 文件，选择创建的 BASE.dwg 快，将其打开。

(4) 在"插入点"选项组中选中"在屏幕上指定"复选框，然后单击"确定"按钮，如图 5-71 所示。

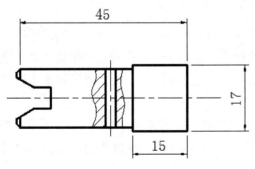

图 5-70　打开图形

图 5-71　"插入"对话框

(5) 在绘图窗口中单击，在打开的"编辑属性"对话框的"请输入基准符号"文本框中输入 B，然后单击"确定"按钮，如图 5-72 所示。

(6) 完成以上设置后，图形效果如图 5-73 所示。

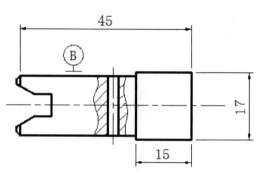

图 5-72　"编辑属性"对话框　　　　　　图 5-73　插入带属性的块

5.4.3　编辑块属性

在菜单栏中选择"修改"|"对象"|"属性"|"单个"(EATTEDIT)命令，或在功能区
选项板中选择"插入"选项卡，然后在"块"面板中单击"编辑属性"|"单个"按钮，
即可编辑块对象的属性。在绘图窗口中选择需要编辑的块对象后，系统将打开"增强属性
编辑器"对话框，如图 5-74 所示。

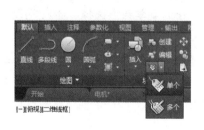

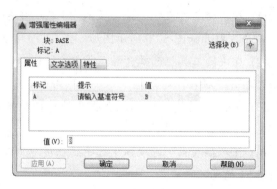

图 5-74　打开"增强属性编辑器"对话框

"增强属性编辑器"对话框中 3 个选项卡的功能说明如下。

- "属性"选项卡：显示块中每个属性的标识、提示和值。在列表框中选择某一属
  性后，其"值"文本框中将显示出该属性对应的属性值，可以通过该文本框修
  改属性值。
- "文字选项"选项卡：用于修改属性文字的格式，该选项卡如图 5-75 所示。在
  其中可以设置文字样式、对齐方式、高度、旋转角度、宽度比例、倾斜角度等
  内容。
- "特性"选项卡：用于修改属性文字的图层以及线宽、线型、颜色及打印样式等，
  该选项卡如图 5-76 所示。

图 5-75　"文字选项"选项卡　　　　　　　图 5-76　"特性"选项卡

5.4.4　块属性管理器

在菜单栏中选择"修改"|"对象"|"属性"|"块属性管理器"(BATTMAN)命令，或在功能区选项板中选择"插入"选项卡，然后在"块定义"面板中单击"管理属性"按钮，可以打开"块属性管理器"对话框，即可在其中管理块中的属性，如图 5-77 所示。

在"块属性管理器"对话框中单击"编辑"按钮，将打开"编辑属性"对话框，可以重新设置属性定义的构成、文字特性和图形特性等，如图 5-78 所示。

图 5-77　"块属性管理器"对话框　　　　　图 5-78　"编辑属性"对话框

在"块属性管理器"对话框中单击"设置"按钮，将打开"块属性设置"对话框，用户可以设置在"块属性管理器"对话框的属性列表框中能够显示的内容，如图 5-79 所示。

例如，单击"全部选择"按钮，系统将选中全部选项，然后单击"确定"按钮，返回"块属性管理器"对话框，此时，在属性列表框中将显示选中的全部选项，如图 5-80 所示。

图 5-79　"块属性设置"对话框　　　　　　图 5-80　显示全部属性选项

5.5　思　考　练　习

1. 绘制如图 5-81 所示的图形，并将其定义成块，块名为 MyDrawing，然后在图形中以不同的比例、旋转角度插入该块。

2. 将如图 5-82(a)所示的粗糙度符号定义成块，然后在如图 5-82(b)所示的图形中插入定义的块，并设置缩放比例为 20%。

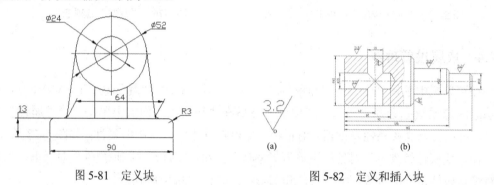

图 5-81　定义块　　　　　　　　　　图 5-82　定义和插入块

3. 定义文字样式，其要求如表 5-2 所示(其余设置采用系统的默认设置)。

表 5-2　文字样式要求

设　置　内　容	设　置　值
样式名	MYTEXTSTYLE
字体	黑体
字格式	粗体
宽度比例	0.8
字高	5

4. 创建文字样式"注释文字"，要求其字体为仿宋，倾角为 15°，宽度为 1.2。

第6章 尺寸标注

在图形设计中,尺寸标注是绘图设计工作中的一项重要内容,因为绘制图形的根本目的是反映对象的形状,而图形中各个对象的真实大小和相互位置只有经过尺寸标注后才能确定。AutoCAD 包含了一套完整的尺寸标注命令和实用程序,可以轻松完成图纸中要求的尺寸标注。例如,使用 AutoCAD 中的"直径""半径""角度""线性""圆心标记"等标注命令,可以对直径、半径、角度、直线及圆心位置等进行标注。

6.1 尺寸标注概述

精确的尺寸标注是工程技术人员照图施工的关键,也是各类工程技术人员交流的关键。对于工程图形中可能出现的各种需要尺寸说明的地方,AutoCAD 都提供了相应的尺寸标注方法。在实际制图中,用户只需要根据实际情况,选择合适的标注功能进行标注即可。本节将介绍尺寸标注的规则、组成、类型以及标注的步骤等常识。

6.1.1 尺寸标注的规则

在 AutoCAD 中,对绘制的图形进行尺寸标注时应遵循以下规则。

- 物体的真实大小应以图样上所标注的尺寸数值为依据,与图形的大小及绘图的准确度无关。
- 图样中的尺寸以 mm 为单位时,无须标注计量单位的代号或名称。如果使用其他单位,则必须注明相应计量单位的代号或名称,如°、m 及 cm 等。
- 图样中所标注的尺寸为该图样所表示的物体的最后完工尺寸,否则应另加说明。

6.1.2 尺寸标注的组成

在机械制图或其他工程绘图中,一个完整的尺寸标注应由标注文字、尺寸线、尺寸界线、尺寸线的端点符号及起点等组成,如图 6-1 所示。

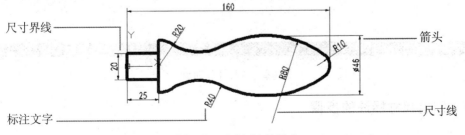

图 6-1 尺寸标注的组成

- 标注文字：表示图形的实际测量值。标注文字可以只反映基本尺寸，也可以带尺寸公差。标注文字应按标准字体书写，同一张图纸上的字高须一致。在图形中遇到图线时须将图线断开。如果图线断开影响图形表达，则需要调整尺寸标注的位置。

- 尺寸线：表示标注的范围。AutoCAD 通常将尺寸线放置在测量区域中。如果空间不足，则将尺寸线或文字移到测量区域的外部，这取决于标注样式的放置规则。尺寸线是一条带有双箭头的线段，一般分为两段，可以分别控制其显示。对于角度标注，尺寸线是一段圆弧。尺寸线应使用细实线绘制。

- 尺寸线的端点符号(即箭头)：该箭头显示在尺寸线的末端，用于指出测量的开始和结束位置。AutoCAD 默认使用闭合的填充箭头符号。此外，AutoCAD 还提供了多种箭头符号，以满足不同的行业需要，如建筑标记、小斜线箭头、点和斜杠等。

- 起点：尺寸标注的起点是尺寸标注对象标注的定义点，系统测量的数据均以起点为计算点。起点通常是尺寸界线的引出点。

- 尺寸界线：该界线是从标注起点引出的标明标注范围的直线，可以从图形的轮廓线、轴线、对称中心线引出。同时，轮廓线、轴线及对称中心线也可以作为尺寸界线。尺寸界线也应使用细实线绘制。

6.1.3　尺寸标注的类型

AutoCAD 提供了 10 余种标注工具以标注图形对象，分别位于"标注"菜单或"标注"面板或"标注"工具栏中。使用它们可以进行角度、直径、半径、线性、对齐、连续、圆心及基线等标注，如图 6-2 所示。

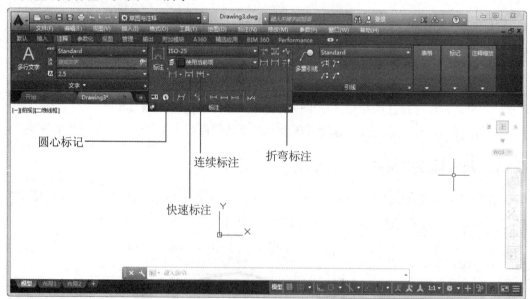

图 6-2　"标注"面板

6.1.4　创建尺寸标注的步骤

在 AutoCAD 中对图形进行尺寸标注的基本步骤如下。

(1) 在菜单栏中选择"格式"|"图层"命令，可以在打开的"图层特性管理器"选项板中创建一个独立的图层，用于尺寸标注，如图 6-3 所示。

(2) 在菜单栏中选择"格式"|"文字样式"命令，可以在打开的"文字样式"对话框中创建一种文字样式，用于尺寸标注。

(3) 在菜单栏中选择"格式"|"标注样式"命令，可以在打开的"标注样式管理器"对话框中设置标注样式，如图 6-4 所示。

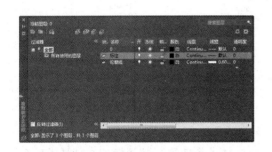

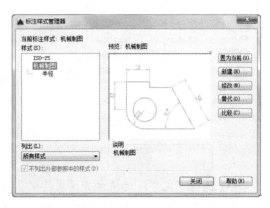

图 6-3 "图层特性管理器"选项板　　　图 6-4 "标注样式管理器"对话框

(4) 使用对象捕捉和标注等功能，对图形中的元素进行标注。

6.2 创建与设置标注样式

在 AutoCAD 中，使用标注样式可以控制标注的格式和外观，建立强制执行的绘图标准，并有利于对标注格式及用途进行修改。本节将着重介绍使用"标注样式管理器"对话框创建标注样式的方法。

6.2.1 新建标注样式

若要创建标注样式，用户可以在菜单栏中选择"格式"|"标注样式"命令，或在功能区选项板中选择"注释"选项卡，然后在"标注"面板中单击"标注样式"按钮，打开"标注样式管理器"对话框。在该对话框中单击"新建"按钮，在打开的"创建新标注样式"对话框中即可创建新标注样式。

设置了新样式的名称、基础样式和适用范围后，单击该对话框中的"继续"按钮，将打开"新建标注样式"对话框，可以设置标注中的线、符号和箭头、文字等内容。

【例 6-1】创建 1∶100 尺寸标注样式。

(1) 选择"格式"|"标注样式"命令，打开"标注样式管理器"对话框。

(2) 单击"新建"按钮，打开"创建新标注样式"对话框，输入新样式名为 S10。

(3) 单击"继续"按钮，打开"新建标注样式"对话框，设置"线"选项卡参数，如

图 6-5 所示。

(4) 选择"符号和箭头"选项卡并设置其中具体参数，如图 6-6 所示。

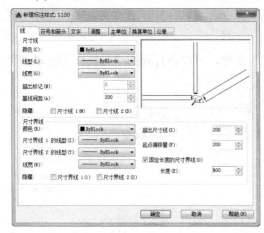

图 6-5 "线"选项卡 　　　　　图 6-6 "符号和箭头"选项卡

(5) 选择"文字"选项卡并设置其中参数，如图 6-7 所示。

(6) 设置完成，单击"确定"按钮，返回到"标注样式管理器"对话框，在"样式"列表框中可以看到创建完成的样式 S100，如图 6-8 所示。

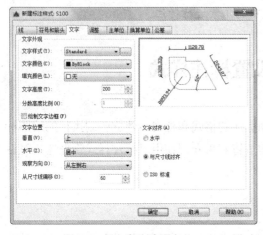

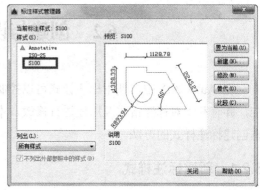

图 6-7 "文字"选项卡 　　　　　图 6-8 新建标注样式 S100

6.2.2　设置线样式

在"新建标注样式"对话框中，使用"线"选项卡可以设置尺寸线和尺寸界线的格式和位置。

1. 尺寸线

在"尺寸线"选项组中，可以设置尺寸线的颜色、线宽、超出标记以及基线间距等属性，其主要选项的具体功能说明如下。

- "颜色"下拉列表框：用于设置尺寸线的颜色，默认情况下，尺寸线的颜色随块，也可以使用变量 DIMCLRD 设置。

- "线型"下拉列表框：用于设置尺寸线的线型，该选项没有对应的变量。
- "线宽"下拉列表框：用于设置尺寸线的宽度，默认情况下，尺寸线的线宽也是随块，也可以使用变量 DIMLWD 设置。
- "超出标记"数值框：当尺寸线的箭头使用倾斜、建筑标记、小点、积分或无标记等样式时，使用该数值框可以设置尺寸线超出尺寸界线的长度，如图 6-9 所示。

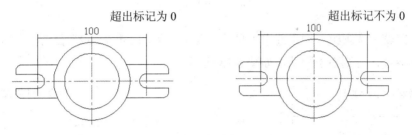

图 6-9　超出标记

- "基线间距"数值框：当进行基线尺寸标注时可以设置各尺寸线之间的距离，如图 6-10 所示。
- "隐藏"选项组：通过选中"尺寸线 1"或"尺寸线 2"复选框，可以隐藏第 1 段或第 2 段尺寸线及其相应的箭头，如图 6-11 所示。

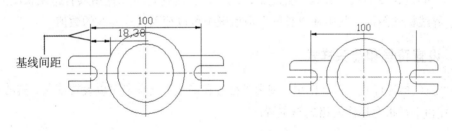

图 6-10　基线间距　　　　　　　　　　图 6-11　隐藏尺寸线

2. 尺寸界线

在"尺寸界线"选项组中，可以设置尺寸界线的颜色、线宽、超出尺寸线的长度和起点偏移量、隐藏控制等属性，其主要选项的具体功能说明如下。

- "颜色"下拉列表框：用于设置尺寸界线的颜色，也可以使用变量 DIMCLRE 设置。
- "线宽"下拉列表框：用于设置尺寸界线的宽度，也可以使用变量 DIMLWE 设置。
- "尺寸界线 1 的线型"和"尺寸界线 2 的线型"下拉列表框：用于设置尺寸界线线型。
- "起点偏移量"数值框：用于设置尺寸界线的起点与标注定义点的距离。
- "超出尺寸线"数值框：用于设置尺寸界线超出尺寸线的距离，也可以使用变量 DIMEXE 设置，如图 6-12 所示。

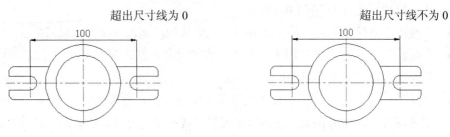

图 6-12　超出尺寸线

● "隐藏"选项组：如果选中"尺寸界线 1"或"尺寸界线 2"复选框，可以隐藏尺寸界线，否则不予隐藏，如图 6-13 所示。

图 6-13　隐藏尺寸线

● "固定长度的尺寸界线"复选框：选中该复选框，可以使用具有特定长度的尺寸界线标注图形，其中在"长度"数值框中可以输入尺寸界线的数值。

6.2.3　设置符号和箭头样式

在"新建标注样式"对话框中，使用"符号和箭头"选项卡可以设置箭头、圆心标记、弧长符号和半径折弯标注的格式与位置。

1. 圆心标记

在"圆心标记"选项组中可以设置圆或圆弧的圆心标记类型，如"标记""直线"和"无"。其中，选择"标记"单选按钮可对圆或圆弧绘制圆心标记；选择"直线"单选按钮，可对圆或圆弧绘制中心线，如图 6-14 所示；选择"无"单选按钮，则没有任何标记。当选择"标记"或"直线"单选按钮时，可以在"大小"数值框中设置圆心标记的大小。

图 6-14　设置圆心标记

2. 箭头

在"箭头"选项组中可以设置尺寸线和引线箭头的类型及尺寸大小等。通常情况下，尺寸线的两个箭头应一致。

为了适用于不同类型的图形标注需要，在 AutoCAD 2016 中提供了 20 多种箭头样式，可以从对应的下拉列表框中选择箭头，并在"箭头大小"数值框中设置其大小，如图 6-15 所示。也可以使用自定义箭头，此时可以在下拉列表框中选择"用户箭头"选项，即打开"选择自定义箭头块"对话框，如图 6-16 所示。在"从图形块中选择"下拉列表框中选择当前图形中已有的块名，然后单击"确定"按钮，AutoCAD 将以该块作为尺寸线的箭头样式，此时块的插入基点与尺寸线的端点重合。

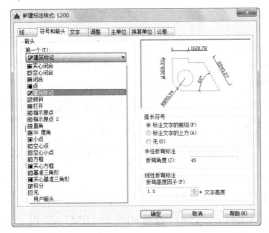

图 6-15　选择箭头样式

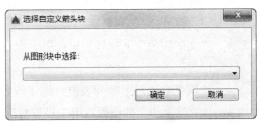

图 6-16　"选择自定义箭头块"对话框

3. 弧长符号

在"弧长符号"选项组中可以设置弧长符号显示的位置，包括"标注文字的前缀""标注文字的上方"和"无" 3 种方式，如图 6-17 所示。

图 6-17　设置圆心标记

4. 半径折弯标注

在"半径折弯标注"选项组的"折弯角度"文本框中，可以设置标注圆弧半径时标注线的折弯角度大小。

5. 折断标注

在"折断标注"选项组的"折断大小"数值框中，可以设置标注折断时标注线的长度大小。

6. 线性折弯标注

在"线性折弯标注"选项组的"折弯高度因子"数值框中，可以设置标注线性折弯时标注线的高度大小。

6.2.4　设置文字样式

在"新建标注样式"对话框中，可以使用"文字"选项卡设置标注文字的外观、位置和对齐方式，如图 6-18 所示。

1. 文字外观

在"文字外观"选项组中，可以设置文字的样式、颜色、高度和分数高度比例，以及控制是否绘制文字边框等。各选项的功能说明如下。

- "文字样式"下拉列表框：用于选择标注的文字样式。也可以单击其右边的 ▢ 按钮，打开"文字样式"对话框，从中选择文字样式或新建文字样式。
- "文字颜色"下拉列表框：用于设置标注文字的颜色，也可以使用变量 DIMCLRT 设置。
- "填充颜色"下拉列表框：用于设置标注文字的背景色。
- "文字高度"数值框：用于设置标注文字的高度，也可以使用变量 DIMTXT 设置。
- "分数高度比例"数值框：用于设置标注文字中的分数相对于其他标注文字的比例，AutoCAD 将该比例值与标注文字高度的乘积作为分数的高度。
- "绘制文字边框"复选框：用于设置是否给标注文字加边框，如图 6-19 所示。

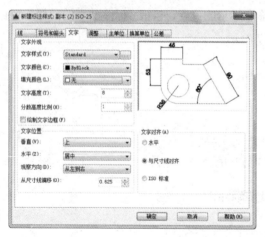

图 6-18　"文字"选项卡

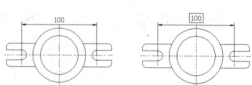

图 6-19　文字无边框与有边框效果对比

2. 文字位置

在"文字位置"选项组中可以设置文字的垂直、水平位置以及从尺寸线的偏移量，各选项的功能说明如下。

- "垂直"下拉列表框：用于设置标注文字相对于尺寸线在垂直方向的位置，如"居中""上方""外部"和 JIS。其中，选择"居中"选项可以将标注文字放在尺寸线中间；选择"上方"选项，将标注文字放在尺寸线的上方；选择"外部"选项可以将标注文字放在远离第 1 定义点的尺寸线一侧；选择 JIS 选项则按 JIS 规则放置标注文字，如图 6-20 所示。

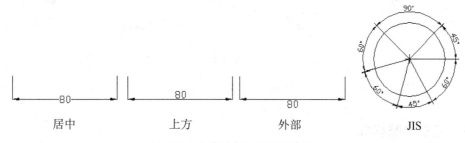

居中 上方 外部 JIS

图 6-20 文字垂直位置的 4 种形式

- "水平"下拉列表框：用于设置标注文字相对于尺寸线和尺寸界线在水平方向的位置，如"居中""第一条尺寸界线""第二条尺寸界线""第一条尺寸界线上方"以及"第二条尺寸界线上方"，如图 6-21 所示。

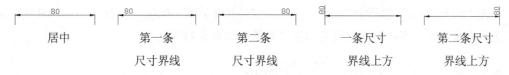

居中 第一条 第二条 一条尺寸 第二条尺寸
尺寸界线 尺寸界线 界线上方 界线上方

图 6-21 文字水平位置的 5 种形式

- "从尺寸线偏移"数值框：设置标注文字与尺寸线之间的距离。如果标注文字位于尺寸线的中间，则表示断开处尺寸线端点与尺寸文字的间距。如果标注文字带有边框，则可以控制文字边框与其中文字的距离。
- "观察方向"下拉列表框：用于控制标注文字的观察方向。

3. 文字对齐

在"文字对齐"选项组中，可以设置标注文字是保持水平还是与尺寸线平行。其中 3 个选项的功能说明如下。

- "水平"单选按钮：选择该单选按钮，可以使标注文字水平放置。
- "与尺寸线对齐"单选按钮：选择该单选按钮，可以使标注文字方向与尺寸线方向一致。
- "ISO 标准"单选按钮：选择该单选按钮，可以使标注文字按 ISO 标准放置，当标注文字在尺寸界线之内时，其方向与尺寸线方向一致，而在尺寸界线之外时将水平放置。

图 6-22 所示为上述 3 种文字的对齐方式。

图 6-22　文字对齐方式

6.2.5　设置调整样式

在"新建标注样式"对话框中，用户可以使用"调整"选项卡，设置标注文字、尺寸线、尺寸箭头的位置，如图 6-23 所示。

1. 调整选项

在"调整选项"选项组中，用户可以确定当尺寸界线之间没有足够的空间同时放置标注文字和箭头时，应从尺寸界线之间移出对象，如图 6-24 所示。

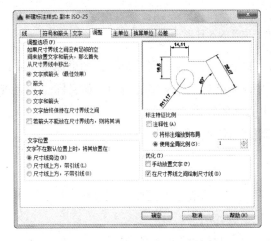

图 6-23　"调整"选项卡

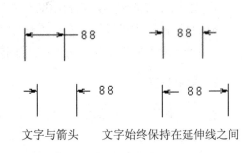

图 6-24　标注文字和箭头在尺寸界线间的放置

"调整选项"选项组中各选项的功能说明如下。

- "文字或箭头(最佳效果)"单选按钮：选中该单选按钮，可按照最佳效果自动移出文本或箭头。
- "箭头"单选按钮：选择该单选按钮，用于将箭头移出。
- "文字"单选按钮：选择该单选按钮，用于将文字移出。
- "文字和箭头"单选按钮：选择该单选按钮，用于将文字和箭头都移出。
- "文字始终保持在尺寸界线之间"单选按钮：选择该单选按钮，用于将文本始终保持在尺寸界线之内。

● "若不能放在尺寸界线内,则消除箭头"复选框:选中该复选框,则箭头将不被显示。

2. 文字设置

在"文字位置"选项组中,用户可以设置当文字不在默认位置时的位置。其中各选项的功能说明如下。

● "尺寸线旁边"单选按钮:选择该单选按钮,可以将文本放在尺寸线旁边。
● "尺寸线上方,带引线"单选按钮:选择该单选按钮,可以将文本放在尺寸的上方,并带上引线。
● "尺寸线上方,不带引线"单选按钮:选择该单选按钮,可以将文本放在尺寸的上方,但不带引线。

图 6-25 所示为当文字不在默认位置时的上述设置效果。

尺寸线旁边   尺寸线上方,带引线   尺寸线上方,不带引线

图 6-25 标注文字的位置

3. 标注特征比例

在"标注特征比例"选项组中,用户可以设置标注尺寸的特征比例,以便通过设置全局比例来增加或减少各标注的大小。各选项的功能说明如下。

● "注释性"复选框:选中该复选框,可以将标注定义为可注释性对象。
● "将标注缩放到布局"单选按钮:选择该单选按钮,可以根据当前模型空间视口与图纸空间之间的缩放关系设置比例。
● "使用全局比例"单选按钮:选择该单选按钮,可以对全部尺寸标注设置缩放比例,该比例不会改变尺寸的测量值。

4. 优化

在"优化"选项组中,可以对标注文字和尺寸线进行细微调整,该选项组包括以下两个复选框,各选项的功能说明如下。

● "手动放置文字"复选框:选中该复选框,则忽略标注文字的水平设置,在标注时可将标注文字放置在指定的位置。
● "在尺寸界线之间绘制尺寸线"复选框:选中该复选框,当尺寸箭头放置在尺寸界线之外时,也可以在尺寸界线之内绘制出尺寸线。

6.2.6 设置主单位

在"新建标注样式"对话框中,用户可以使用"主单位"选项卡,设置主单位的格式与精度等属性,如图 6-26 所示。

1. 线性标注

在"线性标注"选项组中，可以设置线性标注的单位格式与精度，主要选项的功能说明如下。

- "单位格式"下拉列表框：用于设置除角度标注之外的其他各标注类型的尺寸单位，包括"科学""小数""工程""建筑""分数"等选项。
- "精度"下拉列表框：用于设置除角度标注之外的其他标注的尺寸精度，图 6-27 所示即是将精度设置为 0.000 时的标注效果。

图 6-26　"主单位"选项卡

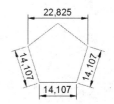

图 6-27　设置精度为 0.000

- "分数格式"下拉列表框：当单位格式是分数时，可以设置分数的格式。
- "小数分隔符"下拉列表框：用于设置小数的分隔符，包括"逗点""句点"和"空格"3 种方式。
- "舍入"数值框：用于设置除角度标注外的尺寸测量值的舍入值。
- "前缀"和"后缀"文本框：用于设置标注文字的前缀和后缀，用户在相应的文本框中输入字符即可。
- "测量单位比例"选项组：使用"比例因子"数值框可以设置测量尺寸的缩放比例，AutoCAD 的实际标注值的方法是测量值与该比例的积；选中"仅应用到布局标注"复选框，可以设置该比例关系仅适用于布局。
- "消零"选项组：可以设置是否显示尺寸标注中的"前导"和"后续"的零。

2. 角度标注

在"角度标注"选项组中，可以使用"单位格式"下拉列表框设置标注角度时的单位，如图 6-28 所示；使用"精度"下拉列表框设置标注角度的尺寸精度，如图 6-29 所示；使用"消零"选项组设置是否消除角度尺寸的前导和后续的零。

图 6-28 "单位格式"下拉列表框

图 6-29 "精度"下拉列表框

6.2.7 设置单位换算

在"新建标注样式"对话框中，用户可以使用"换算单位"选项卡设置换算单位的格式，如图 6-30 所示。

在 AutoCAD 2016 中，通过换算标注单位，可以转换使用不同测量单位制的标注，通常是显示英制标注的等效公制标注，或公制标注的等效英制标注。在标注文字中，换算标注单位将显示在主单位旁边的方括号[ ]中，如图 6-31 所示。

图 6-30 "换算单位"选项卡

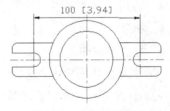

图 6-31 使用换算单位

选中"显示换算单位"复选框后，对话框的其他选项才可用，可以在"换算单位"选项组中设置换算单位的"单位格式""精度""换算单位倍数""舍入精度""前缀"及"后缀"等，使用方法与设置主单位的方法相同。

6.2.8 设置公差

在"新建标注样式"对话框中，用户可以使用"公差"选项卡设置是否标注公差，以及以何种方式进行标注，如图 6-32 所示。

在"公差格式"选项组中，可以设置公差的标注格式，部分选项的功能说明如下。

● "方式"下拉列表框：用于确定以哪种方式标注公差，如图 6-33 所示。

图 6-32　"公差"选项卡　　　　　　　　　　图 6-33　公差标注

- "上偏差""下偏差"数值框：用于设置尺寸的上偏差和下偏差。
- "高度比例"数值框：用于确定公差文字的高度比例因子。确定后，AutoCAD 将该比例因子与尺寸文字高度之积作为公差文字的高度。
- "垂直位置"下拉列表框：控制公差文字相对于尺寸文字的位置，包括"上""中"和"下"3 种方式。
- "换算单位公差"选项组：当标注换算单位时，可以设置换算单位精度和是否消零。

【例 6-2】根据下列要求，创建机械制图标注样式 MyType。

- 基线标注尺寸线间距为 7 毫米。
- 尺寸界线的起点偏移量为 1 毫米，超出尺寸线的距离为 2 毫米。
- 箭头使用"实心闭合"形状，大小为 2.0。
- 标注文字的高度为 3 毫米，位于尺寸线的中间，文字从尺寸线偏移距离为 0.5 毫米。
- 标注单位的精度为 0.0。

(1) 在功能区选项板中选择"注释"选项卡，然后在"标注"面板中单击"标注样式"按钮，打开"标注样式管理器"对话框，如图 6-34 所示。

(2) 单击"新建"按钮，打开"创建新标注样式"对话框。在"新样式名"文本框中输入新建样式的名称 MyType，然后单击"继续"按钮，如图 6-35 所示。

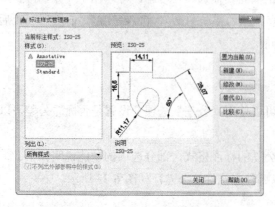

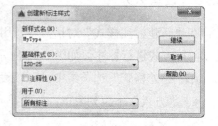

图 6-34　"标注样式管理器"对话框　　　　　图 6-35　"创建新标注样式"对话框

（3）打开"新建标注样式：MyType"对话框，在"线"选项卡的"尺寸线"选项组中，设置"基线间距"为 7 毫米；在"尺寸界线"选项组中，设置"超出尺寸线"为 2 毫米，设置"起点偏移量"为 1 毫米，如图 6-36 所示。

（4）选择"符号和箭头"选项卡，在"箭头"选项组的"第一个"和"第二个"下拉列表框中选择"实心闭合"选项，并设置"箭头大小"为 2，如图 6-37 所示。

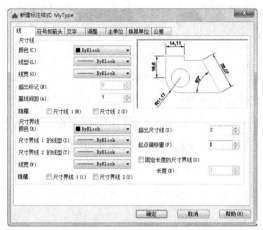

图 6-36 设置"线"选项卡

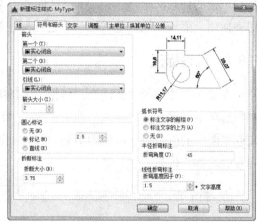

图 6-37 设置"符号和箭头"选项卡

（5）选择"文字"选项卡，在"文字外观"选项组中设置"文字高度"为 3 毫米；在"文字位置"选项组的"水平"下拉列表框中选择"居中"选项，设置"从尺寸线偏移"为 0.5 毫米，如图 6-38 所示。

（6）选择"主单位"选项卡，在"线性标注"选项组中设置标注的"精度"为 0.0，如图 6-39 所示。

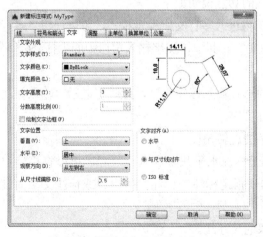

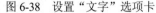

图 6-38 设置"文字"选项卡

图 6-39 设置"主单位"选项卡

（7）设置完毕，单击"确定"按钮，关闭"新建标注样式：MyType"对话框。然后再单击"关闭"按钮，关闭"标注样式管理器"对话框。

6.3　长度型尺寸标注

长度型尺寸标注用于标注图形中两点间的长度，可以是端点、交点、圆弧弦线端点或能够识别的任意两个点。在 AutoCAD 中，长度型尺寸标注包括多种类型，如线性标注、对齐标注、弧长标注、基线标注和连续标注等。

6.3.1　线性标注

在菜单栏中选择"标注"|"线性"(DIMLINEAR)命令，或在功能区选项板中选择"注释"选项卡，然后在"标注"面板中单击"线型"按钮⊟，即可创建用于标注用户坐标系 XY 平面中的两个点之间的距离测量值，并通过指定点或选择一个对象来实现，此时，命令行提示如下信息。

指定第一个尺寸界线原点或 <选择对象>:

1. 指定起点

默认情况下，在命令行提示下直接指定第一个尺寸界线的原点，并在"指定第二个尺寸界线原点:"提示下指定第二个尺寸界线原点后，命令行提示如下。

指定尺寸线位置或[多行文字(M)/文字(T)/角度(A)/水平(H)/垂直(V)/旋转(R)]:

默认情况下，指定了尺寸线的位置后，系统将按照自动测量出的两个尺寸界线起始点间的相应距离标注出尺寸。此外，其他各选项的功能说明如下。

- "多行文字(M)"选项：选择该选项，将进入多行文字编辑模式，可以使用"多行文字编辑器"对话框输入并设置标注文字。其中，文字输入窗口中的尖括号(< >)表示系统测量值。
- "文字(T)"选项：可以以单行文字的形式输入标注文字，此时将显示"输入标注文字 <1>:"提示信息，要求输入标注文字。
- "角度(A)"选项：用于设置标注文字的旋转角度。
- "水平(H)"和"垂直(V)"选项：用于标注水平尺寸和垂直尺寸。可以直接确定尺寸线的位置，也可以选择其他选项来指定标注的标注文字内容或标注文字的旋转角度。
- "旋转(R)"选项：用于旋转标注对象的尺寸线。

2. 选择对象

如果在线性标注的命令行提示下，直接按 Enter 键，则要求选择标注尺寸的对象。当选择了对象以后，AutoCAD 将该对象的两个端点作为两条尺寸界线的起点，并显示如下提示信息(可以使用前面介绍的方法标注对象)。

指定尺寸线位置或[多行文字(M)/文字(T)/角度(A)/水平(H)/垂直(V)/旋转(R)]:

6.3.2　对齐标注

在菜单栏中选择"标注"|"对齐"(DIMALIGNED)命令，或在功能区选项板中选择"注释"选项卡，然后在"标注"面板中单击"对齐"按钮，即可将对象进行对齐标注，命令行提示如下信息。

指定第一个尺寸界线原点或 <选择对象>:

由此可见，对齐标注是线性标注尺寸的一种特殊形式。在对直线段进行标注时，如果该直线的倾斜角度未知，那么使用线性标注方法将无法得到准确的测量结果，此时就可以使用对齐标注。

【例 6-3】在 AutoCAD 2016 中标注图形尺寸。

(1) 在功能区选项板中选择"注释"选项卡，然后在"标注"面板中单击"线性"按钮。

(2) 在状态栏中单击"对象捕捉"按钮，将打开对象捕捉模式。在图形中捕捉点 A，指定第一个尺寸界线的原点；在图形中捕捉点 B，指定第二个尺寸界线的原点。

(3) 在命令提示行中输入 H，创建水平标注，然后拖动鼠标，在绘图窗口的适当处单击，确定尺寸线的位置，效果如图 6-40 所示。

(4) 重复上述步骤，捕捉点 C 和点 D，并在命令提示行中输入 V，创建垂直标注，然后拖动鼠标，在绘图窗口的适当处单击，确定尺寸线的位置，效果如图 6-41 所示。

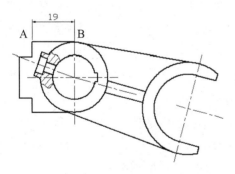
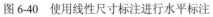

图 6-40　使用线性尺寸标注进行水平标注

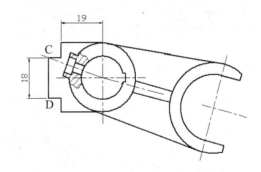

图 6-41　使用线性尺寸标注进行垂直标注

(5) 使用同样的方法，标注其他水平和垂直标注，效果如图 6-42 所示。

(6) 在功能区选项板中选择"注释"选项卡，然后在"标注"面板中单击"对齐"按钮。

(7) 捕捉点 E 和点 F，然后拖动鼠标，在绘图窗口的适当处单击，确定尺寸线的位置，效果如图 6-43 所示。

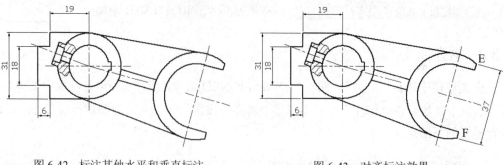

图 6-42　标注其他水平和垂直标注　　　　　　图 6-43　对齐标注效果

6.3.3　弧长标注

在菜单栏中选择"标注"|"弧长"(DIMARC)命令，或在功能区选项板中选择"注释"选项卡，然后在"标注"面板中单击"弧长"按钮，即可标注圆弧线段或多段线圆弧线段部分的弧长。当选择需要的标注对象后，命令行提示如下信息。

指定弧长标注位置或 [多行文字(M)/文字(T)/角度(A)/部分(P)/引线(I)]:

当指定了尺寸线的位置后，系统将按照实际测量值标注出圆弧的长度。也可以通过使用"多行文字(M)""文字(T)"或"角度(A)"选项，确定尺寸文字或尺寸文字的旋转角度。另外，如果选择"部分(P)"选项，可以标注选定圆弧某一部分的弧长，如图 6-44 所示。

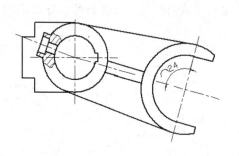

图 6-44　弧长标注

6.3.4　基线标注

在菜单栏中选择"标注"|"基线"(DIMBASELINE)命令，或在功能区选项板中选择"注释"选项卡，然后在"标注"面板中单击"基线"按钮，即可创建一系列由相同的标注原点测量出的标注。

与连续标注一样，在进行基线标注之前也必须先创建(或选择)一个线性、坐标或角度标注作为基准标注，然后执行 DIMBASELINE 命令，此时命令行提示如下信息。

指定第二条尺寸界线原点或 [放弃(U)/选择(S)] <选择>:

在以上提示下，可以直接确定下一个尺寸的第二条尺寸界线的起始点。AutoCAD 将按照基线标注方式标注出尺寸，直至按 Enter 键结束命令为止。

6.3.5 连续标注

在菜单栏中选择"标注"|"连续"(DIMCONTINUE)命令，或在功能区选项板中选择"注释"选项卡，然后在"标注"面板中单击"连续"按钮，即可创建一系列端对端放置的标注，每个连续标注都将从前一个标注的第二条尺寸界线处开始。

在进行连续标注之前，必须先创建(或选择)一个线性、坐标或角度标注作为基准标注，以确定连续标注所需要的前一尺寸标注的尺寸界线，然后执行 DIMCONTINUE 命令，此时命令行提示如下。

> 指定第二条尺寸界线原点或 [放弃(U)/选择(S)] <选择>:

在该提示下，当确定了了下一个尺寸的第二条尺寸界线原点后，AutoCAD 按连续标注方式标注出尺寸，即将上一个或所选标注的第二条尺寸界线作为新尺寸标注的第一条尺寸界线标注尺寸。当标注完成后，按 Enter 键，即可结束该命令。

【例 6-4】在 AutoCAD 2016 中标注图形尺寸。

(1) 在功能区选项板中选择"注释"选项卡，然后在"标注"面板中单击"线性"按钮，创建点 A 与点 B 之间的水平线性标注和 B 点与 C 点之间的垂直线性标注，效果如图 6-45 所示。

(2) 继续创建点 C 和点 D 之间的水平标注，在功能区选项板中选择"注释"选项卡，然后在"标注"面板中单击"连续"按钮。

(3) 系统将以最后一次创建的尺寸标注 CD 的点 D 作为基点。依次在图形中单击点 E、F 和 G，指定连续标注尺寸界限的原点，最后按 Enter 键，此时标注效果如图 6-46 所示。

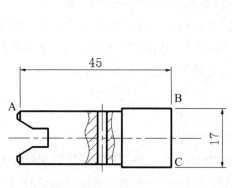

图 6-45 创建水平和垂直线形标注

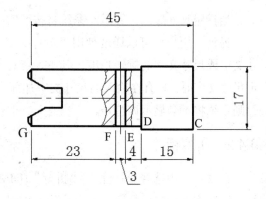

图 6-46 创建连续标注

(4) 在功能区选项板中选择"注释"选项卡，然后在"标注"面板中单击"线性"按钮，创建点 G 与点 H 之间的垂直线性标注，如图 6-47 所示。

(5) 在功能区选项板中选择"注释"选项卡，然后在"标注"面板中单击"基线"按钮，系统将以最后一次创建的尺寸标注 GH 的原点 G 作为基点。

（6）在图形中单击点 A，指定基线标注尺寸界线的原点，然后按 Enter 键结束标注，效果如图 6-48 所示。

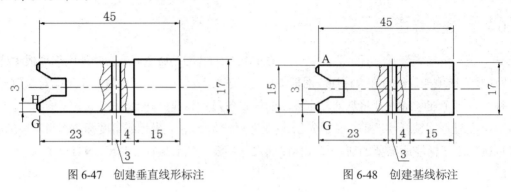

图 6-47　创建垂直线形标注　　　　　　图 6-48　创建基线标注

6.4　半径、直径和圆心标注

在 AutoCAD 中，可以使用"标注"菜单中的"半径""直径"与"圆心"命令，标注圆或圆弧的半径尺寸、直径尺寸及圆心位置。

6.4.1　半径标注

在菜单栏中选择"标注"|"半径"(DIMRADIUS)命令，或在功能区选项板中选择"注释"选项卡，然后在"标注"面板中单击"半径"按钮，即可标注圆和圆弧的半径。执行该命令，并选择需要标注半径的圆弧或圆，此时命令行提示如下信息。

　　　　指定尺寸线位置或 [多行文字(M)/文字(T)/角度(A)]:

当指定尺寸线的位置后，系统将按照实际测量值标注出圆或圆弧的半径。

另外，用户也可以通过使用"多行文字(M)""文字(T)"或"角度(A)"选项，确定尺寸文字或尺寸文字的旋转角度。其中，当通过"多行文字(M)"和"文字(T)"选项重新确定尺寸文字时，只有在输入的尺寸文字加前缀 R，才能使标出的半径尺寸旁有半径符号 R，否则系统将不会显示该符号。

6.4.2　折弯标注

在菜单栏中选择"标注"|"折弯"(DIMJOGGED)命令，即可折弯标注圆和圆弧的半径。该标注方法与半径标注的方法基本相同，但需要指定一个位置代替圆或圆弧的圆心。

【例 6-5】标注两个同心圆的半径。

（1）在功能区选项板中选择"注释"选项卡，然后在"标注"面板中单击"半径标注"按钮。

（2）在命令行的"选择圆弧或圆"提示下，单击圆，将显示半径标注。

（3）在命令行的"指定尺寸线位置或 [多行文字(M)/文字(T)/角度(A)]:"提示信息下，

单击圆外适当位置, 确定尺寸线位置, 标注效果如图 6-49 所示。

(4) 在菜单栏中选择"标注"|"折弯"命令, 在命令行的"选择圆弧或圆"提示下, 单击圆。在命令行的"指定图示中心位置:"提示下, 单击圆外适当位置, 确定用于替代中心位置的点, 此时将显示半径的标注文字。

(5) 在命令行的"指定尺寸线位置或[多行文字(M)/文字(T)/角度(A)]:"提示下, 单击圆外适当位置, 确定尺寸线位置。

(6) 在命令行的"指定折弯位置:"提示下, 指定折弯位置, 效果如图 6-50 所示。

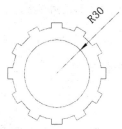

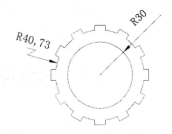

图 6-49　创建半径标注　　　　　　　图 6-50　创建折弯标注

6.4.3　直径标注

在菜单栏中选择"标注"|"直径"(DIMDIAMETER)命令, 或在功能区选项板中选择"注释"选项卡, 然后在"标注"面板中单击"直径标注"按钮, 即可标注圆和圆弧的直径。

直径标注的方法与半径标注的方法相同。当选择需要标注直径的圆或圆弧后, 直接确定尺寸线的位置, 系统将按照实际测量值标注出圆或圆弧的直径。当通过使用"多行文字(M)"和"文字(T)"选项重新确定尺寸文字时, 需要在尺寸文字前加前缀%%C, 才能使标出的直径尺寸有直径符号 Φ, 否则系统将不会显示该符号。

6.4.4　圆心标记

在菜单栏中选择"标注"|"圆心标记"(DIMCENTER)命令, 即可标注圆和圆弧的圆心。此时只需要选择待标注其圆心的圆弧或圆即可。

圆心标记的形式可以由系统变量 DIMCEN 设置。当该变量的值大于 0 时, 可做圆心标记, 且该值是圆心标记线长度的一半; 当变量的值小于 0 时, 画出中心线, 且该值是圆心处小十字线长度的一半。

【例 6-6】在 AutoCAD 2016 中对图形进行直径标注并添加圆心标记。

(1) 在功能区选项板中选择"注释"选项卡, 然后在"标注"面板中单击"直径"按钮。

(2) 在命令行的"选择圆弧或圆:"提示下, 选中图形中上部的圆弧。

(3) 在命令行的"指定尺寸线位置或[多行文字(M)/文字(T)/角度(A)]:"提示下, 单击圆弧外部适当位置, 标注出圆弧的直径, 如图 6-51 所示。

(4) 使用同样的方法, 标注图形中小圆的直径。

(5) 选择"标注"|"圆心标记"命令, 在命令行的"选择圆弧或圆:"提示下, 选中图

形中所有直径 10 的圆，标记圆心，如图 6-52 所示。

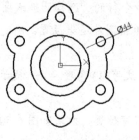

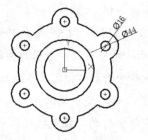

图 6-51　标注直径　　　　　　　　　　图 6-52　标注圆心标记

6.5　角度标注与其他类型标注

在 AutoCAD 2016 中，除了前面介绍的几种常用尺寸标注外，还可以使用角度标注及其他类型的标注功能，对图形中的角度、坐标等元素进行标注。

6.5.1　角度标注

在菜单栏中选择"标注"|"角度"(DIMANGULAR)命令，或在功能区选项板中选择"注释"选项卡，然后在"标注"面板中单击"角度"按钮，即可测量圆和圆弧的角度、两条直线间的角度，或者 3 点间的角度，如图 6-53 所示。

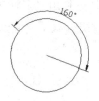
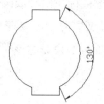
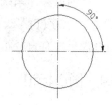

图 6-53　角度标注方式

执行 DIMANGULAR 命令，此时命令行提示信息如下。

选择圆弧、圆、直线或 <指定顶点>:

在该命令提示下，可以选择需要标注的对象，其功能说明如下。

- 标注圆弧角度：当选中圆弧时，命令行显示"指定标注弧线位置或 [多行文字(M)/文字(T)/角度(A)]:"提示信息。此时，如果直接确定标注弧线的位置，AutoCAD 将按照实际测量值标注出角度。也可以使用"多行文字(M)""文字(T)"及"角度(A)"选项，设置尺寸文字和旋转角度。

- 标注圆角度：当选中圆时，命令行显示"指定角的第二个端点:"提示信息，要求确定另一点作为角的第二个端点。该点可以在圆上，也可以不在圆上，然后再确定标注弧线的位置。此时，标注的角度将以圆心为角度的顶点，以通过所选择的两个点为尺寸界线。

- 标注两条不平行直线之间的夹角：首先需要选中这两条直线，然后确定标注弧线的位置，AutoCAD 将自动标注出这两条直线的夹角。
- 根据 3 个点标注角度：此时首先需要确定角的顶点，然后分别指定角的两个端点，最后指定标注弧线的位置。

6.5.2 折弯线性标注

在菜单栏中选择"标注"|"折弯线性"(DIMJOGLINE)命令，或在功能区选项板中选择"注释"选项卡，然后在"标注"面板中单击"标注、折弯标注"按钮，即可在线性或对齐标注上添加或删除折弯线。此时只需要选择线性标注或对齐标注即可。

【例 6-7】在 AutoCAD 2016 中对图形添加角度标注，并且为标注添加折弯线。

(1) 在功能区选项板中选择"注释"选项卡，然后在"标注"面板中单击"角度"按钮。

(2) 在命令行的"选择圆弧、圆、直线或<指定顶点>:"提示下，选中直线 AB，如图 6-54 所示。

(3) 在命令行的"选择第二条直线:"提示下，选中直线 CD。在命令行的"指定标注弧线位置或[多行文字(M)/文字(T)/角度(A)]:"提示下，在直线 AB、CD 之间或者之外单击，确定标注弧线的位置，即可标注出两直线之间的夹角，如图 6-55 所示。

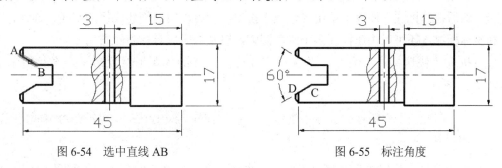

图 6-54　选中直线 AB　　　　　　　　图 6-55　标注角度

(4) 在功能区选项板中选择"注释"选项卡，然后在"标注"面板中单击"标注、折弯标注"按钮。在命令行的"选择要添加折弯的标注或 [删除(R)]:"提示下，选择标注 45。

(5) 在命令行的"指定折弯位置(或按 ENTER 键):"提示下，在绘图窗口适当的位置单击，进行折弯标注，效果如图 6-56 所示。

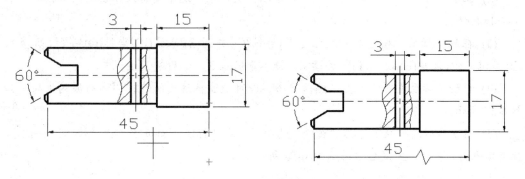

图 6-56　折弯标注

6.5.3 坐标标注

在菜单栏中选择"标注"|"坐标"命令，或在功能区选项板中选择"注释"选项卡，然后在"标注"面板中单击"坐标"按钮，都可以标注相对于用户坐标原点的坐标，此时命令行提示如下信息。

> 指定点坐标:

在该命令提示下确定需要标注坐标尺寸的点，然后系统将显示"指定引线端点或 [X 基准(X)/Y 基准(Y)/多行文字(M)/文字(T)/角度(A)]:"提示信息。默认情况下，指定引线的端点位置后，系统将在该点标注出指定点坐标。

此外，在命令提示中，"X 基准(X)""Y 基准(Y)"选项分别用于标注指定点的X、Y 坐标；"多行文字(M)"选项用于通过当前文本输入窗口输入标注的内容；"文字(T)"选项用于直接要求输入标注的内容；"角度(A)"选项则用于确定标注内容的旋转角度。

6.5.4 快速标注

在菜单栏中选择"标注"|"快速标注"命令，或在功能区选项板中选择"注释"选项卡，然后在"标注"面板中单击"快速"按钮，都可以快速创建成组的基线、连续、阶梯和坐标标注，还可以快速标注多个圆、圆弧，以及编辑现有标注的布局。

执行"快速标注"命令，并选择需要标注尺寸的各图形对象后，命令行提示信息如下。

> 指定尺寸线位置或[连续(C)/并列(S)/基线(B)/坐标(O)/半径(R)/直径(D)/基准点(P)/编辑(E)/设置(T)]<连续>:

由此可见，使用该命令可以进行"连续(C)""并列(S)""基线(B)""坐标(O)""半径(R)"及"直径(D)"等一系列标注。

【例 6-8】在 AutoCAD 2016 中对图形添加角度标注，并且为标注添加折弯线。

(1) 在功能区选项板中选择"注释"选项卡，在"标注"面板中单击"快速"按钮 。

(2) 在命令行的"选择要标注的几何图形:"提示下，选中要标注半径的圆和圆弧，然后按 Enter 键。

(3) 在命令行的"指定尺寸线位置或[连续(C)/并列(S)/基线(B)/坐标(O)/半径(R)/直径(D)/基准点(P)/编辑(E)/设置(T)] <连续>:"提示下输入 R，然后按 Enter 键。

(4) 移动光标至适当的位置，然后单击，即可快速标注出所选择圆和圆弧的半径，如图 6-57 所示。

(5) 在功能区选项板中选择"注释"选项卡，在"标注"面板中单击"快速"按钮 ，标记其他圆的直径，完成后效果如图 6-58 所示。

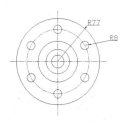

图 6-57 半径标注

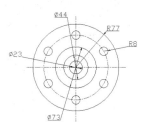

图 6-58 标注半径和直径

6.5.5 多重引线标注

在菜单栏中选择"标注"|"多重引线"(MLEADER)命令，或在功能区选项板中选择"注释"选项卡，然后在"引线"面板中单击"多重引线"按钮，都可以创建引线和注释以及设置引线和注释的样式。

1. 创建多重引线标注

执行"多重引线"命令，命令行将提示"指定引线箭头的位置或 [引线钩线优先(L)/内容优先(C)/选项(O)] <选项>:"信息，在图形中单击确定引线箭头的位置，然后在打开的文字输入窗口输入注释内容即可。图 6-59 和图 6-60 所示为在左图的倒角位置添加倒角的文字注释。

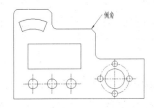

图 6-59 多重引线

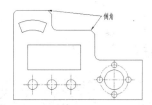

图 6-60 添加引线注释

在"引线"面板中单击"对齐"按钮，可以将多个引线注释进行对齐排列；单击"合并"按钮，可以将相同引线注释进行合并显示。

2. 管理多重引线样式

在"多重引线"面板中单击"多重引线样式管理器"按钮，打开"多重引线样式管理器"对话框，如图 6-61 所示。该对话框和"标注样式管理器"对话框功能类似，可以设置多重引线的格式。单击"新建"按钮，可以打开"创建新多重引线样式"对话框，如图 6-62 所示。

设置新样式的名称和基础样式后，单击该对话框中的"继续"按钮，将打开"修改多重引线样式"对话框，从中可以创建多重引线的格式、结构和内容。图 6-63 所示为"修改多重引线样式"对话框的"引线格式"选项卡和"内容"选项卡。

用户自定义多重引线样式后，单击"确定"按钮。然后在"多重引线样式管理器"对话框中将新样式置为当前即可。

图 6-61 "多重引线样式管理器"对话框

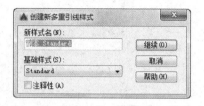

图 6-62 "创建新多重引线样式"对话框

图 6-63 "修改多重引线样式"对话框

6.5.6 标注间距

在菜单栏中选择"标注"|"标注间距"命令，或在功能区选项板中选择"注释"选项卡，然后在"标注"面板中单击"调整间距"按钮，即可修改已经标注的图形中的标注线的位置间距大小。执行"标注间距"命令，命令行将提示信息"选择基准标注:"，在图形中选择第一个标注线；然后命令行提示信息"选择要产生间距的标注:"，此时再选择第二个标注线；接下来命令行提示信息"输入值或 [自动(A)] <自动>:"，输入标注线的间距数值，按 Enter 键完成标注间距。该命令可以选择连续设置多个标注线之间的间距。图 6-64 所示为左图的 1、2、3 处的标注线设置标注间距后的效果对比。

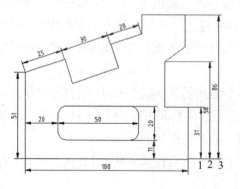

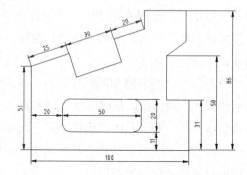

图 6-64 标注间距对比

6.5.7 标注打断

选择"标注"|"标注打断"命令，或在功能区选项板中选择"注释"选项卡，然后在"标注"面板中单击"打断"按钮，即可在标注线和图形之间产生一个隔断。

执行"标注打断"命令，命令行将提示信息"选择标注或 [多个(M)]:"，在图形中选择需要打断的标注线；然后命令行提示信息"选择要打断标注的对象或 [自动(A)/恢复(R)/手动(M)] <自动>:"，此时选择该标注对应的线段，按 Enter 键完成标注打断。图 6-65 所示为左图的 1、2 处的标注线设置标注打断后的效果对比。

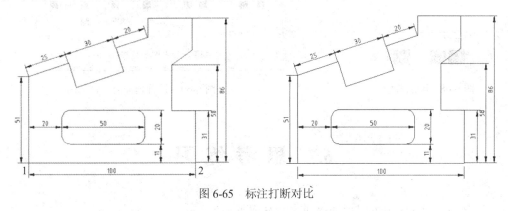

图 6-65 标注打断对比

6.6 标注形位公差

在菜单栏中选择"标注"|"公差"命令，或在功能区选项板中选择"注释"选项卡，然后在"标注"面板中单击"公差"按钮，打开"形位公差"对话框，即可设置公差的符号、值及基准等参数，如图 6-66 所示。各选项的功能说明如下。

- "符号"选项组：单击该列的■框，将打开"符号"对话框，可以为第 1 个或第 2 个公差选择几何特征符号，如图 6-67 所示。

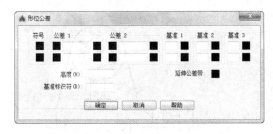

图 6-66 "形位公差"对话框

图 6-67 公差特征符号

- "公差 1"和"公差 2"选项组：单击该列前面的■框，将插入一个直径符号。在中间的文本框中，可以输入公差值。单击该列后面的■框，将打开"附加符号"对话框，可以为公差选择包容条件符号，如图 6-68 所示。
- "基准 1""基准 2"和"基准 3"选项组：用于设置公差基准和相应的包容条件。

- "高度"文本框：用于设置投影公差带的值。投影公差带控制固定垂直部分延伸区的高度变化，并以位置公差控制公差精度。
- "延伸公差带"选项：单击该■框，可以在延伸公差带值的后面插入延伸公差带符号。
- "基准标识符"文本框：用于创建由参照字母组成的基准标识符号，如图 6-69 所示。

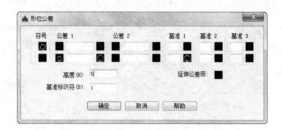

图 6-68　附加符号

图 6-69　设置延伸公差带

6.7　思 考 练 习

1. 在 AutoCAD 中设置标注样式，具体要求如下。
- 尺寸界限与标注对象的间距为 1 毫米，超出尺寸线的距离为 3 毫米。
- 基线标注尺寸线间距为 10.5 毫米。
- 箭头使用"实心闭合"形状，大小为 3。
- 标注文字的高度为 6 毫米并位于尺寸线的中间，文字从尺寸线偏移距离为 1 毫米，对齐方式使用 ISO 标准。
- 长度标注单位的精度为 0.0，角度标注单位使用十进制，精度为 0.0。

2. 绘制如图 6-70 所示的图形 A，并对其进行尺寸标注。

3. 绘制如图 6-71 所示的图形 B，并对其进行尺寸标注。

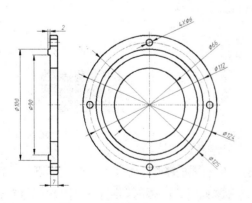

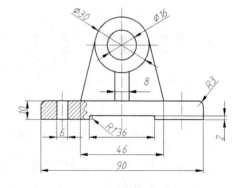

图 6-70　标注图形 A

图 6-71　标注图形 B

4. 绘制如图 6-72 所示的各图形，并标注尺寸(未注尺寸由用户自定)。

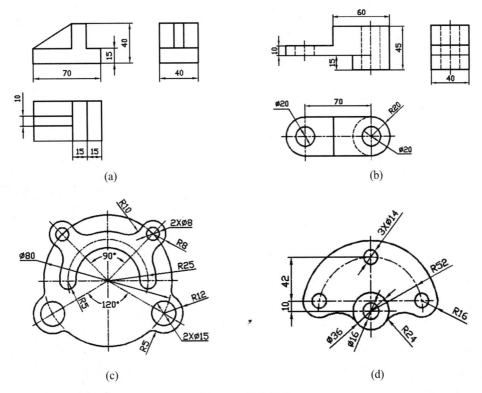

图 6-72 标注图形

第7章 制作样板文件

国家机械制图标准对图纸的幅面与格式、标题栏格式等均提出了具体的要求。手工绘图时，为使绘图方便，各设计单位和工厂一般会根据制图标准将图纸裁成相应的幅面，并在图纸上印有图框线和标题栏等内容。同样，用 AutoCAD 绘制机械图时，用户也可以做与此类似的工作，即事先设置好绘图幅面、绘制好图幅框和标题栏。基于 AutoCAD 本身的特点，用户还可以进行更多的绘图设置，如设置绘图单位的格式、标注文字与标注尺寸时的标注样式、图层以及打印设置等。利用 AutoCAD 的样板文件，用户就可以容易地满足这些要求。

AutoCAD 样板文件是扩展名为.dwt 的文件，文件上通常包括一些通用图形对象，如图幅框和标题栏等，通常还有一些与绘图相关的标准(或通用)设置，如图层、文字标注样式及尺寸标注样式的设置等。通过样板创建新图形，可以避免一些重复性操作，如绘图环境的设置等。这样，不仅能够提高绘图效率，而且还保证了图形的一致性。当用户基于某一样板文件绘制新图形并以.dwg 格式(AutoCAD 图形文件格式)保存后，所绘图形对原样板文件无影响。

7.1 设置绘图单位格式和绘图范围

在使用样板文件之前，首先应创建一个新图形。打开"选择样板"对话框，从中选择样板文件 acadiso.dwt 作为新绘图形的样板(acadiso.dwt 文件是一公制样板，其有关设置接近我国的绘图标准)。单击对话框中的"打开"按钮，AutoCAD 创建对应的新图形，如图 7-1 所示，此时即可进行样板文件的相关设置或绘制相关图形。

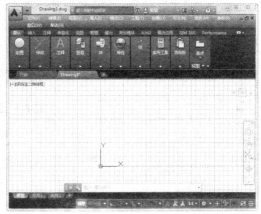

图 7-1　创建图形

下面将从设置绘图单位格式和绘图范围开始介绍样板文件的定义方法。

7.1.1 设置绘图单位格式

用于设置绘图单位格式的命令是 UNITS。选择"格式"|"单位"命令，执行 UNITS 命令，打开"图形单位"对话框，可以设置长度尺寸和角度尺寸的单位格式以及对应的精度，具体步骤如下。

(1) 在"图形单位"对话框的"长度"选项组中，通过"类型"下拉列表框将长度尺寸的单位格式设为"小数"，通过"精度"下拉列表框将长度尺寸的精度设为 0.0；在"角度"选项组中，通过"类型"下拉列表框将角度尺寸的单位格式设为"度/分/秒"，通过"精度"下拉列表框将角度尺寸的精度设为 0d00'，如图 7-2 所示。

(2) 单击对话框中的"方向"按钮，打开"方向控制"对话框，如图 7-3 所示。通过该对话框将该方向确定为东方向(即默认方向)。

图 7-2　"图形单位"对话框　　　　图 7-3　"方向控制"对话框

(3) 单击对话框中的"确定"按钮，返回到图 7-2 所示的"图形单位"对话框。单击对话框中的"确定"按钮，完成绘图单位格式及其精度的设置。

7.1.2 设置绘图范围

表 7-1 所示为国家机械制图标准对图纸幅面及图框格式的部分规定。

表 7-1　图幅尺寸

幅 面 代 号	A0	A1	A2	A3	A4
B×L	841×1189	594×841	420×594	297×420	210×297
c		10			5
a			25		

由表 7-1 可知，A4 图纸的幅面尺寸为 210×297，以此尺寸为参照在 AutoCAD 中设置绘图范围的方法如下。

(1) 执行 LIMITS 命令，或选择"格式"|"图形界限"命令，然后在命令行中完成以下操作。

指定左下角点或 [开(ON)/关(OFF)] <0, 0>:
指定右上角点: 210, 297

(2) 此时，完成绘图范围的设置。为了使所设绘图范围有效，还需要利用 LIMITS 命令的"开(ON)"选项进行相应的设置。设置过程如下。

指定左下角点或 [开(ON)/关(OFF)] <0, 0>: ON

(3) 执行 ON 命令后，就可以使所设绘图范围有效，即用户只能在已设坐标范围内绘图。如果所绘图形超出范围，则 AutoCAD 拒绝绘图，并给出相应的提示。

提示：

设置绘图范围后，一般应选择"视图"|"缩放"|"全部"命令，使设置的范围显示在绘图区域。

7.2 设 置 图 层

绘制机械图时，通常会用到多种线型，如粗实线、细实线、点划线、中心线及虚线等。用 AutoCAD 绘图时，实现线型要求的方法之一是(本书采用了此方法)：建立一系列具有不同绘图线型和不同绘图颜色的图层，绘图时，将具有同一线型的图形对象放在同一图层中，即具有同一线型的图形对象以相同的颜色显示。当通过打印机或绘图仪将图形输出到图纸时，通过打印设置，将不同颜色的对象设为不同的线宽，即可保证输出到图纸上的图形对象满足线宽要求。

表 7-2 给出了常用的图层设置参数。

表 7-2 常用图层设置

绘图线型	图层名称	颜　　色	AutoCAD 线型
粗实线	粗实线	白色	Continuous
细实线	细实线	红色	Continuous
波浪线	波浪线	绿色	Continuous
虚线	虚线	黄色	DASHED
中心线	中心线	红色	CENTER
尺寸标注	尺寸标注	青色	Continuous
剖面线	剖面线	红色	Continuous
文字标注	文字标注	绿色	Continuous

在 AutoCAD 中定义表 7-2 所示图层的方法如下。

(1) 选择"格式" |"图层"命令，即执行 LAYER 命令，打开"图层特性管理器"选项板，如图 7-4 所示。

(2) 在"图层特性管理器"选项板中连续单击 8 次"新建图层"按钮创建 8 个新图层，如图 7-5 所示。

"新建图层"按钮

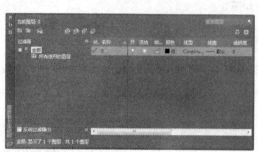

图 7-4　"图形特性管理器"选项板

图 7-5　新建图层

(3) 以表 7-2 所示的"中心线"图层为例说明设置过程。已知"中心线"图层的绘图颜色为红色，绘图线型为 CENTER。在"图层特性管理器"选项板中选中"图层 1"，在"名称"列中单击"图层 1"选项，然后输入"中心线"，如图 7-6 所示。

(4) 单击"中心线"行中的"白"项，打开如图 7-7 所示的"选择颜色"对话框。从中选择"红色"色块，单击对话框中的"确定"按钮，完成颜色的设置。

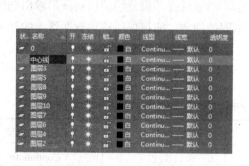

图 7-6　输入图层名称

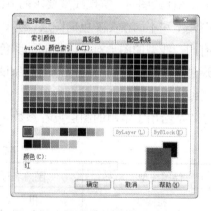

图 7-7　"选择颜色"对话框

(5) 单击"中心线"行中的 Continuous 项，弹出用于确定绘图线型的"选择线型"对话框，如图 7-8 所示。

(6) 用户可通过对话框中的线型列表框来选择对应的绘图线型。如果列表框中没有需要的线型，则可以通过"加载"按钮加载对应的线型。单击"加载"按钮，打开"加载或重载线型"对话框。

(7) 在"加载或重载线型"对话框中选中 CENTER 线型，单击"确定"按钮，如图 7-9 所示。

图 7-8　"选择线型"对话框

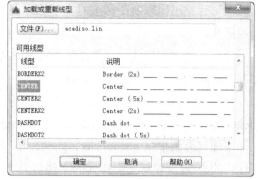
图 7-9　"加载或重载线型"对话框

(8) 返回到"选择线型"对话框，在线型列表框中显示出 CENTER 线型。选中该线型，单击对话框中的"确定"按钮，完成对"中心线"图层的线型设置，如图 7-10 所示。

(9) 重复以上操作，参照表 7-2 所示，定义其他图层，如图 7-11 所示。

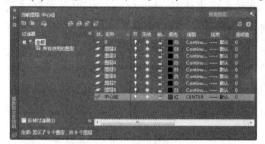
图 7-10　"中心线"图层效果

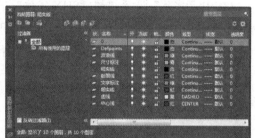
图 7-11　定义其他图层

(10) 最后，关闭"图层特性管理器"选项板，完成图层的设置。当希望在某图层上用该图层的线型和颜色绘图时，应先将该图层置为当前层，然后开始绘图，本书后面的绘图实例中将详细介绍。

7.3　定义文字样式

绘制机械图时，经常需要标注文字，如标注技术要求、填写标题栏等。国家机械制图标准专门对文字标注做出了规定，其主要内容如下：

- 字体的号分为 20、14、10、7、5、7.5、2.5，共 7 种，其数值即为字的高度(单位为 mm)，字的宽度约为字体高度的 2/3。但习惯上，在 A3 和 A4 图幅中绘图时，一般采用 7.5 号字；在 A0、A1 和 A2 图幅中绘图时，一般采用 5 号字。
- 文字中的汉字应采用长仿宋体。拉丁字母分大、小写两种，而这两种字母又可以分别写成直体(正体)和斜体形式。斜体字的字头向右侧倾斜，与水平线约成 75°；阿拉伯数字也有直体和斜体两种形式。斜体数字与水平线也成 75°。实际标注中，有时需要将汉字、字母和数字组合起来使用。例如，标注"15×M10 深 20"时，同时用到了汉字、字母和数字。

以上介绍了国家制图标准对文字标注要求的主要内容。其详细要求可参考相应的国家制图标准。

定义中文文字样式时，需要有对应的中文字体。AutoCAD 本身就提供了可标注符合国家制图标准的中文字体：gbcbig.shx。另外，当中、英文混排时，为使标注出的中、英文文字高度协调，AutoCAD 还提供了对应的符合国家制图标准的英文字体 gbenor.shx 和 gbeitc.shx，其中 gbenor.shx 用于标注正体，gbeitc.shx 则用于标注斜体。

下面将介绍根据 gbenor.shx、gbeitc.shx 和 gbcbig.shx 字体文件定义符合国标要求的文字样式的方法(设置新文字样式的文件名为"工程字-35"，字高为 7.5)。

(1) 选择"格式"|"文字样式"命令，打开"文字样式"对话框，然后单击对话框中的"新建"按钮，打开"新建文字样式"对话框，在该对话框中的"样式名"文本框中输入"工程字-35"(输入前应切换到中文输入法输入中文)，如图 7-12 所示。

(2) 单击对话框中的"确定"按钮，返回到"文字样式"对话框。

(3) 从"字体"选项组的"SHX 字体"下拉列表框中选择 gbenor.shx 选项(用于标注直体字母和数字。如果标注斜体字母与数字，则应选择 gbeitc.shx 选项)；从"大字体"下拉列表框(大字体是亚洲国家使用的文字)中选择 gbcbig.shx 选项；在"高度"文本框中输入 7.5，如图 7-13 所示。

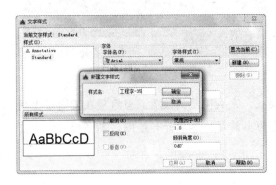

图 7-12　新建文字样式　　　　　　图 7-13　创建"工程字-35"样式

(4) 此时的设置符合国标要求。需要注意的是，由于在字体文件中已经考虑了字的宽高比例，所以应在"宽度因子"文本框中输入 1。

(5) 完成上述设置后，单击对话框中的"应用"按钮，确认新文字样式的设置。单击"关闭"按钮，关闭对话框，并将文字样式"工程字-35"置为当前样式。

7.4　定义尺寸标注样式

机械制图标准对尺寸标注的格式也有具体的要求，如尺寸文字的大小、尺寸箭头的大小等。本小节将定义符合机械制图标准的尺寸标注样式。

当前图形中已定义了名为"工程字-35"的文字样式，下面将定义名为"尺寸-35"尺寸标注样式。该样式用文字样式"工程字-35"作为尺寸文字的样式，即所标注尺寸文字的字高为 7.5mm。

(1) 定义尺寸标注样式的命令为 DIMSTYLE。选择"格式"|"标注样式"命令，执行 DIMSTYLE 命令，打开"标注样式管理器"对话框，如图 7-14 所示。

(2) 单击"标注样式管理器"对话框中的"新建"按钮，在打开的"创建新标注样式"对话框的"新样式名"文本框中输入"尺寸-35"，其余设置采用默认状态，如图 7-15 所示（"基础样式"项表示以已有样式 ISO-25 为基础定义新样式）。

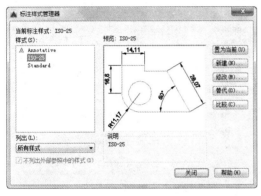

图 7-14　"标注样式管理器"对话框　　　　图 7-15　"创建新标注样式"对话框

(3) 单击"继续"按钮，打开"新建标注样式"对话框。在该对话框中切换到"线"选项卡，并进行相关设置，如图 7-16 所示。从图中可以看出，已完成的设置有：将"基线间距"设为 6；将"超出尺寸线"设为 2；将"起点偏移量"设为 0。

(4) 在"新建标注样式"对话框中选择"符号和箭头"选项卡，如图 7-17 所示，在该选项卡中设置尺寸文字方面的特性。从图中可以看出，已进行的设置有：将"箭头大小"设为 7.5；将"圆心标记"选项组中的"大小"设为 7.5；"弧长符号"设为"无"；其余均采用原有设置，即基础样式 ISO-25 的设置。

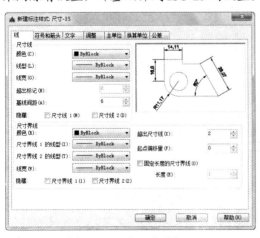
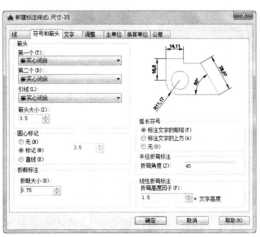

图 7-16　"线"选项卡　　　　　　　　　图 7-17　"符号和箭头"选项卡

(5) 在"新建标注样式"对话框中选择"文字"选项卡，在该选项卡中设置尺寸文字方面的特性，如图 7-18 所示。从图中可以看出，已将"文字样式"设为"工程字-35"，将"从尺寸线偏移"设为 1，其余采用基础样式 ISO-25 的设置。

(6) 在"新建标注样式"对话框中选择"主单位"选项卡，在该选项卡中进行有关设置，如图 7-19 所示。从图中可以看出，线性标注的"单位格式"设为"小数"，其"精度"设为 0；角度标注的"单位格式"设为"度/分/秒"，其"精度"设为 0d。

图 7-18　"文字"选项卡　　　　　　　图 7-19　"主单位"选项卡

(7) 单击"确定"按钮，完成尺寸标注样式"尺寸-35"的设置，返回到"标注样式管理器"对话框，如图 7-20 所示。从图中可以看出，新创建的标注样式"尺寸-35"已经显示在"样式"列表框中。如果将该样式置为当前样式(方法：在"样式"列表框选择"尺寸-35"选项，单击"置为当前"按钮)，然后单击"关闭"按钮，关闭对话框，即可用样式"尺寸-35"标注尺寸。

(8) 使用标注样式"尺寸-35"标注尺寸时，虽然可以标注出符合国标要求的大多数尺寸，但标注出的角度尺寸为图 7-21(a)所示的形式，不符合国标要求。国标规定：标注角度尺寸时，角度的数字一律写成水平方向，一般应注写在尺寸线的中断处，如图 7-21(b)所示。

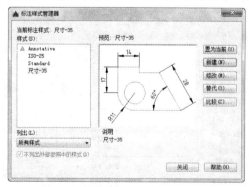

图 7-20　创建"尺寸-35"标注

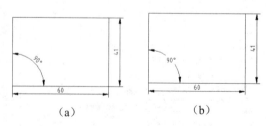

（a）　　　　　　　（b）

图 7-21　角度标注

(9) 为标注出符合国家标准的尺寸，还应在标注样式"尺寸-35"的基础上定义专门适用于角度标注的子样式。打开"标注样式管理器"对话框，在"样式"列表框中选择"尺寸-35"选项，单击对话框中的"新建"按钮，打开"创建新标注样式"对话框，在该对话框的"用于"下拉列表框中选择"角度标注"选项，其余设置保持不变，如图 7-22 所示。

(10) 单击对话框中的"继续"按钮，打开"新建标注样式"对话框，在该对话框的"文字"选项卡中，选择"文字对齐"选项组中的"水平"单选按钮，其余设置保持不变，如图 7-23 所示。

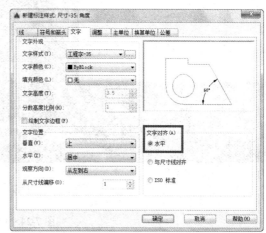

图 7-22　为角度标注设置样式　　　　　图 7-23　将文字对齐设为水平

(11) 单击对话框中的"确定"按钮，完成角度样式的设置，返回到"标注样式管理器"对话框。最后，单击"关闭"按钮完成尺寸标注样式的设置。

尺寸标注时常用的字高度为 7.5mm 和 5mm，用户可以用标注样式"尺寸-35"为基础样式定义标注尺寸文字字高为 5mm 的样式"尺寸-5"。该样式的主要设置要求如下所示：

- "线"选项卡参见图 7-16 进行设置，将"基线间距"设为 8；"超出尺寸线"设为 3；"起点偏移量"设为 0。
- "符号和箭头"选项卡参见图 7-17 进行设置，将"箭头大小"设为 5；将"圆心标记"选项组中的"大小"设为 5，其余设置与"尺寸-35"样式相同。
- "文字"选项卡参见图 7-18 进行设置，将"文字样式"设为对应的文字样式，将"文字高度"设为 5，将"从尺寸线偏移"设为 1.5，其余设置与"尺寸-35"样式相同。
- 其余选项卡的设置与"尺寸-35"样式相同。同样，创建"尺寸-5"样式后，也应该创建它的"角度"子样式，用于标注符合国标要求的角度尺寸。

7.5　绘制图框与标题栏

本节将介绍使用 AutoCAD 2016 绘制样板图框和标题栏的方法。

7.5.1　绘制图框

下面将绘制一个 A4 图纸的图框。首先，绘制图纸的边界线(也可以不绘此线)。将"细实线"图层置为当前层，选择"默认"选项卡，在"图层"面板中单击"图层"下拉按钮，在弹出的下拉列表框中选择"细实线"选项即可，如图 7-24 所示(本书介绍的绘图示例中要频繁切换绘图图层，其切换方式与这里介绍的方式相同，届时不再介绍具体过程)。

"图层"下拉列表按钮

图 7-24　切换图层

提示：

将某一图层置为当前层后，在默认设置下，用户所绘图形的线型和颜色即为该图层的线型与颜色。

下面即可使用"绘图"面板中的"直接"按钮 ☑ 绘制图框，具体方法如下。

(1) 单击"绘图"工具栏中的"直线"按钮 ☑，执行 LINE 命令，然后在命令行中完成以下操作。

```
指定第一点: 0,0
指定下一点或 [放弃(U)]: @210,0
指定下一点或 [放弃(U)]: @0,297
指定下一点或 [闭合(C)/放弃(U)]: @-210,0
指定下一点或 [闭合(C)/放弃(U)]: C
```

(2) 绘制图框线。将"粗实线"图层置为当前层，如图 7-25 所示。

(3) 单击"绘图"工具栏中的"直线"按钮 ☑，即执行 LINE 命令，然后在命令行中完成以下操作。

```
指定第一点: 25,5
指定下一点或 [放弃(U)]: @180,0
指定下一点或 [放弃(U)]: @0,287
指定下一点或 [闭合(C)/放弃(U)]: @-180,0
指定下一点或 [闭合(C)/放弃(U)]: C
```

(4) 至此，完成图幅框的绘制，效果如图 7-26 所示。

图 7-25　切换图层

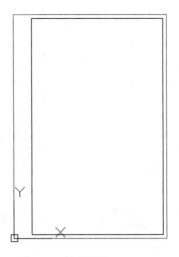

图 7-26　绘制图框

7.5.2　绘制标题栏

国家机械制图标准对标题栏的规定如图 7-27 所示，可以看出，标题栏由相互平行的一系列粗实线和细实线组成。绘制标题栏时，可以分别在对应的图层绘制粗实线和细实线。为了说明 AutoCAD 的其他功能，下面先用粗实线绘制标题栏中的各线段，然后利用"特性"选项板将某些线段更改到"细实线"图层。

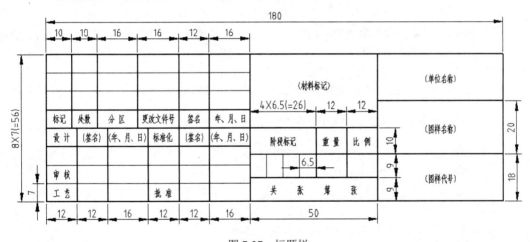

图 7-27　标题栏

1. 改变显示比例

图 7-26 在绘图区域中显示了整个图幅。由于所绘标题栏只位于图幅的下方，为方便绘图，可以改变显示比例，即将所绘标题栏的区域显示在绘图屏幕。

(1) 选择"视图"|"缩放"|"窗口"命令，然后框选新显示窗口的两个对角点位置 A 和 B，如图 7-28 所示。

(2) 此时，窗口中图形的显示效果将如图 7-29 所示。

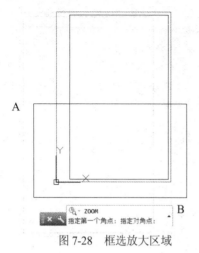

图 7-28　框选放大区域

图 7-29　放大显示指定的区域

2. 绘制标题栏直线

将"粗实线"图层置为当前层后，有多种绘制标题栏的方法。如直接用 LINE(直线)命令绘制线；执行 OFFSET 命令对已有线做偏移复制等。下面将介绍用 COPY 命令复制已有的图框线。

(1) 选择"修改"|"复制"命令，即执行 COPY 命令，在命令行中执行以下操作。

```
选择对象:        //拾取图 7-29 中的右垂直图框线(注意：应拾取图框线，不要拾取边界线)
选择对象:        //按 Enter 键
指定基点或 [位移(D)/模式(O)] <位移>:              //在绘图屏幕上用鼠标在任意位置拾取一点
指定第二个点或 <使用第一个点作为位移>:@-50,0
指定第二个点或 [退出(E)/放弃(U)] <退出>:@-100,0
指定第二个点或 [退出(E)/放弃(U)] <退出>:         //按 Enter 键
```

(2) 按 Enter 键，再次执行 COPY 命令，在命令行中执行以下操作。

```
选择对象:        //拾取图 7-29 中的下图框线(注意：应拾取图框线，不要拾取边界线)
选择对象:        //按 Enter 键
指定基点或 [位移(D)/模式(O)] <位移>:              //在绘图屏幕上用鼠标在任意位置拾取一点
指定位移的第二点或 <用第一点作位移>: @0,18
指定第二个点或 [退出(E)/放弃(U)] <退出>: @0,38
指定第二个点或 [退出(E)/放弃(U)] <退出>: @0,56
指定第二个点或 [退出(E)/放弃(U)] <退出>:         //按 Enter 键
```

(3) 执行结果如图 7-30 所示(图中的数字用于后续操作的说明)。

(4) 选择"修改"|"修剪"命令，即执行 TRIM 命令，在命令行中执行以下操作。

```
选择剪切边…
选择对象或 <全部选择>:           //在此提示下，拾取图 7-30 中的直线 1 和直线 4 作为剪切边
选择对象:        //按 Enter 键
选择要修剪的对象，或按住 Shift 键选择要延伸的对象，或
```

[栏选(F)/窗交(C)/投影(P)/边(E)/删除(R)/放弃(U)]:
//在这样的提示下，在直线 1 的上方拾取直线 3 和直线 4，在直线 3 的左边拾取直线 2 和直线 5，
再在直线 3 与直线 4 之间拾取直线 2
选择要修剪的对象，或按住 Shift 键选择要延伸的对象，或[投影(P)/边(E)/放弃(U)]: //按 Enter 键

(5) 完成以上操作后，效果如图 7-31 所示。

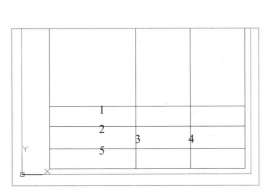

图 7-30 框选放大区域　　　　图 7-31 放大显示指定的区域

(6) 用类似的方法，根据图 7-27 所给尺寸，绘制出标题栏上的其他线段，如图 7-32 所示。图中标题栏上的各线段均位于"粗实线"图层。现在将需要以细实线显示的线段更改到"细实线"图层。利用"特性"窗口可以方便地完成这一工作。

(7) 在命令行中执行 PROPERTIES 命令，打开"特性"选项板。参照图 7-27，拾取需要以细实线显示的线段，AutoCAD 会在"特性"选项板中显示这些线段的公共特性。通过"图层"行将它们的图层从"粗实线"改为"细实线"，如图 7-33 所示(图中以虚线显示并带有蓝色夹点的对象为被选中对象)。

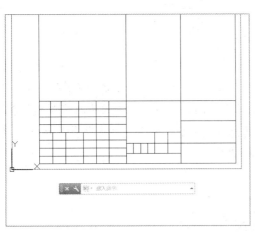
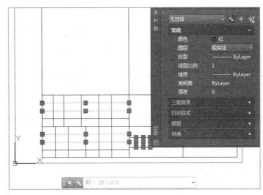

图 7-32 绘制其他直线　　　　图 7-33 更改指定对象的图层

(8) 关闭"特性"选项板，完成标题栏的绘制。

3. 输入标题栏文本

下面将介绍标注图 7-27 所示标题栏上的固定文字的方法(不包括位于圆括号中的文字部分。对于任意图形,其标题栏均有一些固定文字。而对于位于图 7-27 所示标题栏圆括号中的文字内容,则会随图形而发生变化)。

(1) 将"文字标注"图层置为当前层。选择"绘图" | "文字" | "单行文字"命令,即执行 DTEXT 命令,在命令行中完成以下操作。

指定文字的起点或 [对正(J)/样式(S)]: 113,7.75	//确定文字行的起始点位置
指定文字的旋转角度<0d>:	//按 Enter 键
输入文字: 共　　张　　第　　张	//每个字之间空五格

(2) 完成以上操作后,输入文本效果如图 7-34 所示。

(3) 参考图 7-27 所示标注标题栏上的其他文字,结果如图 7-35 所示。

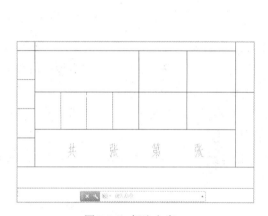

图 7-34　标注文字

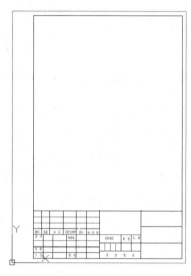

图 7-35　标注标题栏上其他文字

提示:

标注其他文字的更为简单的方法为: 先标注出某一文字,如标注出"工艺",然后将其复制到其他需要标注文字的位置,再将由复制后得到的各文字内容更改为所需要的内容。更改方法为: 双击某一文字,该文字处于编辑状态,输入新文字即可。如果修改后得到的文字的位置不合适,可通过移动等方式对其进行调整。

7.6　定义标题栏块

图 7-35 中已经包含了标题栏。在实际绘图中,还需要用户在标题栏中填写文字信息,如设计单位的名称、图样名称等。所填写的内容一般包括两部分: 将图形通过打印机或绘

图仪打印之后，在图纸上签名(如设计者等)，以及用 AutoCAD 绘图时直接填写的文字(如单位名称、图样名称等)。对于直接填写的内容，虽然可以利用 AutoCAD 提供的标注文字的方法来填写，但较为烦琐。利用 AutoCAD 提供的块与属性功能，可以方便地使用户进行填写标题栏操作。具体实现方法为：将标题栏中需要在绘图时填写的文字部分定义成属性，然后将标题栏和属性定义成块即可。当在绘图时需要填写标题栏，可直接通过 AutoCAD 提供的工具填写相应的属性值(即填写标题栏内容)。下面介绍具体操作过程。

7.6.1　定义文字样式

在如图 7-27 所示的标题栏中，标注材料标号、图样名称的文字一般采用 10 号字(字高为 10)；标记单位名称、图样代号的文字可采用 7 号字(字高为 7)或 10 号字，本书采用了 7 号字。因此，如果没有对应的文字样式，还需要定义文字样式。

(1) 首先定义文字样式"工程字-10"(字高为 10)。选择"格式"|"文字样式"命令，打开"文字样式"对话框。单击对话框中的"新建"按钮，在打开的"新建文字样式"对话框的"样式名"文本框中输入"工程字-10"，如图 7-36 所示。

(2) 单击"新建文字样式"对话框的"确定"按钮，返回到"文字样式"对话框。在该对话框的"高度"文本框中输入 10，如图 7-37 所示。单击"应用"按钮，完成新文字样式的定义。

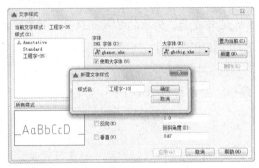

图 7-36　确定新文字样式的名称

图 7-37　定义新样式

(3) 用同样的方法，定义字高为 7 的文字样式"工程字-7"。

7.6.2　定义文字属性

这里主要定义图 7-27 所示标题栏中与位于括号中的文字对应的属性和表示设计者名称和设计日期的文字属性。一般来说，每一个属性有属性标记、属性提示和默认值等内容。本例需要创建的属性及其设置要求如表 7-3 所示。

表 7-3　属性要求

属 性 标 记	属 性 提 示	默 认 值	功　　　能
(材料标记)	输入材料标记	无	填写零件的材料标记
(单位名称)	输入单位名称	无	填写绘图单位的名称

(续表)

属 性 标 记	属 性 提 示	默 认 值	功 能
(图样名称)	输入图形名称	无	填写图样的名称
(图样代号)	输入零件图号	无	填写图样的代号
(重量)	输入零件重量	无	填写图样的重量
(比例)	输入图形比例	无	填写图样的比例
Z1	输入图形的总张数	无	填写图形的总张数
Z2	输入此图形的序号	无	填写本图形的序号
(设计)	输入设计者的名称	无	填写设计者的名称
(日期)	输入绘图日期	无	填写绘图日期

提示:

在表 7-3 中,属性标记 Z1 和 Z2 分别表示图 7-27 所示标题栏中与"共 张 第 张"对应的张数属性,其他项表示与图 7-31 对应的同名项的属性。

下面以创建属性标记为"(材料标记)"的属性为例说明属性的创建过程。

(1) 将"文字标注"图层置为当前层。选择"绘图"|"块"|"定义属性"命令,执行 ATTDEF 命令,打开"属性定义"对话框,在该对话框中进行对应的属性设置,如图 7-38 所示。从图中可以看出,确定了对应属性的属性标记与提示、属性的插入点位置,并在"文字设置"选项组的"文字样式"下拉列表框中选择"工程字-10"选项,在"对正"下拉列表框中选择"中间"选项。

(2) 单击图 7-38 所示对话框中的"确定"按钮,命令行提示如下:

指定起点:

(3) 在以上提示下,指定对应的位置,即可完成标记为"(材料标记)"的属性定义,且 AutoCAD 将属性标记显示在相应位置,如图 7-39 所示。

图 7-38   "属性定义"对话框

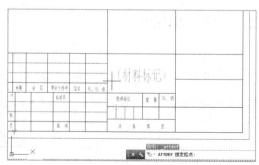

图 7-39   定义"(材料标记)"属性

(4) 重复执行 ATTDEF 命令，根据表 7-3 定义其他属性，结果如图 7-40 所示(创建各属性时，应注意选择对应的文字样式与对正方式，均选择"中间"选项)。

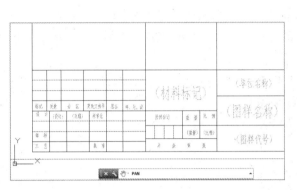

图 7-40　定义全部属性

7.6.3　定义块

选择"绘图"|"块"|"创建"命令，即执行 BLOCK 命令，打开"块定义"对话框，在该对话框中进行相关设置，如图 7-41 所示。

从图 7-41 可以看出，块名为"标题栏"，通过"拾取点"按钮将标题栏的右下角位置作为块基点，并通过"选择对象"按钮，选择图 7-40 中表示标题栏的图形和属性标记文字对象(选择作为块的对象时，除选择图形对象外，一定还要将表示属性定义的属性标记选作为块定义对象)，选择"转换为块"单选按钮，使得创建块后，自动将所选择对象转换成块，此外，还在"说明"文本框中输入了对应的说明信息。

单击"块定义"对话框中的"确定"按钮，打开"编辑属性"对话框，然后在该对话框中单击"确定"按钮。至此，完成标题栏块的定义。此时，当需要填写标题栏时，直接双击标题栏对象，会打开"增强属性编辑器"对话框，如图 7-42 所示。

图 7-41　"块定义"对话框　　　　　图 7-42　"增强属性编辑器"对话框

此时，用户可通过"增强属性编辑器"对话框中的"属性"选项卡，依次确定要输入属性值的项，在"值"列中输入对应的属性值，即所填写的内容。

7.7　打印设置

样板文件的打印设置包括打印设备设置、页面设置和打印样式表设置等。

(1) 选择"文件"|"页面设置管理器"命令，执行 PAGESETUP 命令，打开"页面设置管理器"对话框，如图 7-43 所示。

(2) 单击"新建"按钮，打开"新建页面设置"对话框，在对话框的"新页面设置名"文本框中输入"新打印设置"，如图 7-44 所示。

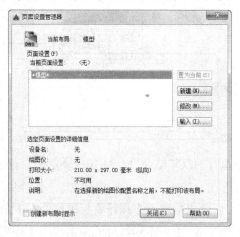

图 7-43　"页面设置管理器"对话框　　　　图 7-44　"新建页面设置"对话框

(3) 单击"确定"按钮，打开"页面设置"对话框，在该对话框中进行相应的设置，如图 7-45 所示。

(4) 在"打印样式表"选项组的下拉列表框中选择 acad.ctb 选项，单击其右侧的"编辑"按钮，打开"打印样式表编辑器"对话框，如图 7-46 所示。

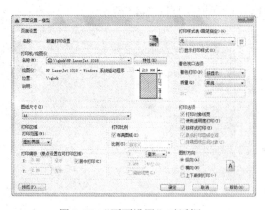

图 7-45　"页面设置"对话框　　　　图 7-46　"打印样式表编辑器"对话框

(5) 在"打印样式表编辑器"对话框中，在"打印样式"列表框中选择"颜色 7"(即黑色)选项，在"线宽"下拉列表框中选择"0.7000 毫米"选项，再将与"打印样式"列表框中的其他所有项对应的"颜色"项(位于"特性"下拉列表框)设置为"黑色"，并将它们的线宽均设为"0.2500 毫米"。

(6) 单击对话框中的"保存并关闭"按钮，返回到"页面设置"对话框。单击对话框中的"完成"按钮，完成打印样式的设置。

(7) 单击"确定"按钮，返回到"页面设置管理器"对话框。

(8) 单击对话框中的"置为当前"按钮，将"新打印设置"设为当前打印设置。然后，单击"关闭"按钮，完成打印设置。

7.8　保存样板文件

前面各小节分别设置了绘图单位格式、绘图范围、图层，定义了对应的文字样式与尺寸样式，绘制了图框与标题栏，定义了标题栏块并进行打印设置等之后，即可将图形保存为样板文件(如有必要，还可以进行其他设置)。保存方法如下。

(1) 选择"文件"|"另存为"命令，打开"图形另存为"对话框。在该对话框中进行相应设置，如图 7-47 所示。

(2) 单击对话框中的"保存"按钮，打开"样板选项"对话框。在该对话框中输入对应的说明，如图 7-48 所示，单击"确定"按钮，完成样板文件的定义。

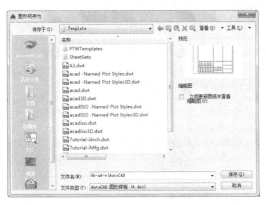
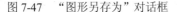

图 7-47　"图形另存为"对话框　　　　　　　图 7-48　"样板选项"对话框

7.9　应用样板文件

本节将从通过样板文件创建新图形文件开始，绘制简单图形，使读者对利用 AutoCAD 绘制机械图有一个初步认识。

7.9.1 创建新图形

在 AutoCAD 中使用样板文件创建新图形的方法如下。

(1) 选择"文件"|"新建"命令,执行 NEW 命令,打开"选择样板"对话框,选择 Gb-a4-v 为样板,如图 7-49 所示。

(2) 单击"打开"按钮,进入工作界面,并显示出样板文件具有的图框线与标题栏,如图 7-50 所示。

图 7-49 "选择样板"对话框

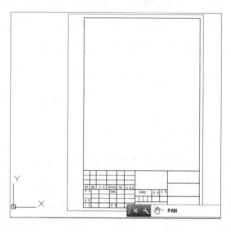

图 7-50 创建图形

7.9.2 绘制图形

下面将介绍使用 AutoCAD 2016 在新建的样板中绘制图形的方法。

(1) 将"粗实线"图层置为当前图层。单击"绘图"工具栏中的"矩形"按钮□,或选择"绘图"|"矩形"命令,即执行 RECTANG 命令,在命令行中执行以下操作。

```
指定第一个角点或 [倒角(C)/标高(E)/圆角(F)/厚度(T)/宽度(W)]: C
指定矩形的第一个倒角距离: 2
指定矩形的第二个倒角距离: 2
指定第一个角点或 [倒角(C)/标高(E)/圆角(F)/厚度(T)/宽度(W)]: 70,170
指定另一个角点或 [尺寸(D)]: @40,40
```

(2) 执行结果如图 7-51 所示。

(3) 将"中心线"图层置为当前图层。单击"绘图"工具栏中的"直线"按钮☑,或选择"绘图"|"直线"命令,即执行 LINE 命令,命令行提示如下。

```
指定第一点:
```

(4) 在以上提示下捕捉图 7-51 中所示矩形上左垂直线的中点,如图 7-52 所示。捕捉方法为:按住 Shift 键后,右击,从弹出的快捷菜单中选择"中点"命令。

(5) 此时,命令行提示如下。

```
_mid 于
```

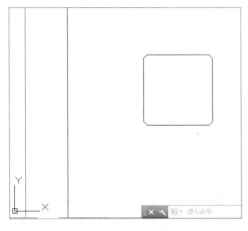

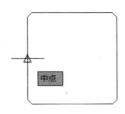

图 7-51　绘制图形轮廓　　　　　　　　图 7-52　捕捉中点

(6) 单击鼠标，AutoCAD 会以对应的中点作为线段第一点，在命令行提示下执行以下操作。

> 指定下一点或 [放弃(U)]: @100,0
> 指定下一点或 [放弃(U)]:　　　//按 Enter 键

(7) 完成以上操作后，得到如图 7-53 所示的水平中心线。

(8) 按 Enter 键，再次执行 LINE 命令，在命令行中完成以下操作。

> 指定第一点:　　　　　　　　//在该提示下捕捉图 7-53 所示矩形下水平线的中点)
> 指定下一点或 [放弃(U)]: @0,46
> 指定下一点或 [放弃(U)]:　　　//按 Enter 键

(9) 完成以上操作后，得到如图 7-54 所示的垂直中心线。

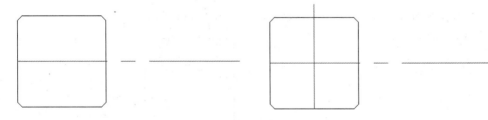

图 7-53　绘制水平中心线　　　　　　　图 7-54　绘制垂直中心线

(10) 改变线型比例。执行 LTSCALE 命令，在命令行中完成以下操作。

> 命令: LTSCALE
> 输入新线型比例因子: 0.3

(11) 完成以上操作后，中心线效果如图 7-55 所示。

(12) 调整中心线位置。选择"修改"|"移动"命令，即执行 MOVE 命令，在命令行中完成以下操作。

选择对象：	//拾取图 7-55 中的水平中心线
选择对象：	//按 Enter 键
指定基点或 [位移(D)] <位移>：	//在屏幕上任意拾取一点作为移动基点
指定第二个点或 <使用第一个点作为位移>： @-3,0	

(13) 完成以上操作后，水平中心线效果如图 7-56 所示。

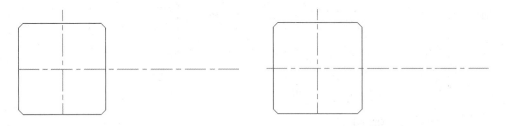

图 7-55 改变线型比例   图 7-56 调整水平中心线位置

(14) 按 Enter 键，再次执行 MOVE 命令。在命令行中完成以下操作。

选择对象：	//拾取图 7-56 中的垂直中心线
选择对象：	//按 Enter 键
指定基点或 [位移(D)] <位移>：	//在屏幕上任意拾取一点作为移动基点
指定第二个点或 <使用第一个点作为位移>： @0,-3	

(15) 完成以上操作后，垂直中心线效果如图 7-57 所示。

(16) 绘制螺纹内孔。将"粗实线"图层置为当前图层，选择"绘图"|"圆"|"圆心、半径"命令，即执行 CIRCLE 命令，在命令行中完成以下操作。

指定圆的圆心或 [三点(3P)/两点(2P)/相切、相切、半径(T)]：	//捕捉两条中心线的交点
指定圆的半径或 [直径(D)]： 8.5	

(17) 完成以上操作后，绘制的螺纹内孔效果如图 7-58 所示。

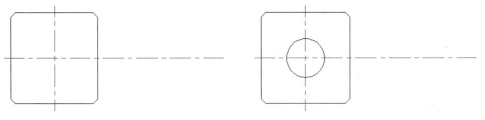

图 7-57 调整垂直中心线位置   图 7-58 绘制螺纹内孔

(18) 绘制表示螺纹的半圆。将"细实线"图层置为当前图层，选择"绘图"|"圆"|"圆心、半径"命令，即执行 CIRCLE 命令，在命令行提示中完成以下操作。

指定圆的圆心或 [三点(3P)/两点(2P)/相切、相切、半径(T)]：	//捕捉两条中心线的交点
指定圆的半径或 [直径(D)]： 10	

(19) 完成以上操作后，绘制的圆效果如图 7-59 所示。

(20) 单击"修改"面板中的"打断"按钮，即执行 BREAK 命令，在命令行提示下执行以下操作。

| 选择对象: | //在图 7-59 的 A 点附近选择大圆 |
| 指定第二个打断点或 [第一点(F)]: | //在图 7-59 的 B 点附近拾取大圆 |

(21) 执行结果如图 7-60 所示(注意: 应按逆时针顺序选择对象和第 2 个断点。如果先在 B 点拾取圆，然后在 A 点拾取另一断点，结果会不同)。

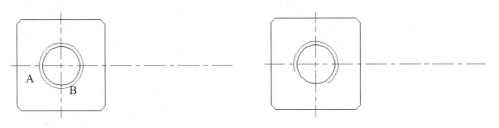

图 7-59　绘制圆　　　　　　　　　　　　图 7-60　打断效果

(22) 绘制左视图垂直线。选择"绘图"|"直线"命令，即执行 LINE 命令，在命令行提示下完成以下操作。

指定第一点:	//在左视图恰当位置拾取一点(参照图 7-61)
指定下一点或 [放弃(U)]:	//沿垂直方向确定另一点。为能够方便地得到垂直线，可通过单击状态栏上的"正交"按钮的方式打开正交功能
指定下一点或 [放弃(U)]:	//按 Enter 键

(23) 执行效果如图 7-61 所示。

(24) 选择"修改"|"偏移"命令，即执行 OFFSET 命令，在命令行提示下完成以下操作。

指定偏移距离或 [通过(T)/删除(E)/图层(L)] <通过>: 20
选择要偏移的对象，或 [退出(E)/放弃(U)] <退出>: 　　//在图 7-61 中，拾取左视图中的垂直直线
指定要偏移的那一侧上的点，或 [退出(E)/多个(M)/放弃(U)] <退出>:
//在图 7-61 中，在左视图所示垂直线的右侧任意拾取一点
选择要偏移的对象，或 [退出(E)/放弃(U)] <退出>: 　　//按 Enter 键

(25) 执行效果如图 7-62 所示。

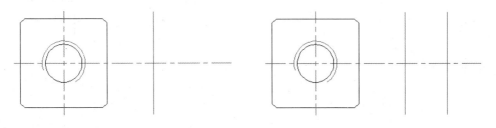

图 7-61　绘制直线　　　　　　　　　　　图 7-62　偏移直线

(26) 绘制辅助线。分别在"粗实线"和"细实线"图层，执行 LINE 命令从主视图向左视图绘制辅助线，结果如图 7-63 所示。

(27) 选择"修改"|"修剪"命令，即执行 TRIM 命令，在命令行提示下完成以下操作。

> 选择剪切边…
> 选择对象或 <全部选择>:
> //在这样的提示下，拾取图 7-63 左视图中的两条垂直线和位于最上方的水平辅助线
> 选择对象:　　　　　　　//按 Enter 键
> 选择要修剪的对象，或按住 Shift 键选择要延伸的对象，或
> [栏选(F)/窗交(C)/投影(P)/边(E)/删除(R)/放弃(U)]:
> //在这样的提示下，在左视图需要剪掉的部位拾取对应直线
> 选择要修剪的对象，或按住 Shift 键选择要延伸的对象，或
> [栏选(F)/窗交(C)/投影(P)/边(E)/删除(R)/放弃(U)]:　　　　　//按 Enter 键

(28) 执行效果如图 7-64 所示。

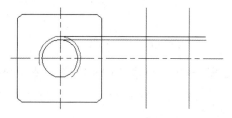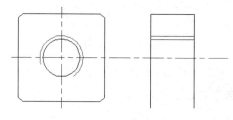

图 7-63　绘制辅助线　　　　　　　　图 7-64　修剪结果

(29) 选择"修改"|"镜像"命令，即执行 MIRROR 命令，在命令行提示下完成以下操作。

> 选择对象:　　　//在这样的提示下，选择图 7-64 中左视图上的三条水平线
> 选择对象:　　　//按 Enter 键
> 指定镜像线的第一点:　　　//捕捉水平中心线上的一个端点
> 指定镜像线的第二点:　　　//捕捉水平中心线上的另一个端点
> 是否删除源对象? [是(Y)/否(N)] <N>:　　//按 Enter 键

(30) 执行效果如图 7-65 所示。

(31) 对图 7-65 做进一步处理，如执行 BREAK 命令打断水平中心线，用 TRIM 命令对左视图进行修剪等，得到的结果如图 7-66 所示。

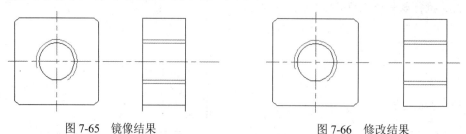

图 7-65　镜像结果　　　　　　　　　图 7-66　修改结果

7.9.3　填充剖面线

单击"绘图"工具栏中的"图案填充"按钮，或选择"绘图"|"图案填充"命令，

即执行 BHATCH 命令，然后在命令行中输入 T 并按 Enter 键，打开"图案填充和渐变色"
对话框。在该对话框中进行填充设置，如图 7-67 所示，可以看出，选用的填充图案为
ANSI31，填充角度为 0，填充比例为 1。然后确定填充区域，单击对话框中的"拾取点"
按钮，AutoCAD 临时切换到绘图屏幕，命令提示如下。

> 拾取内部点或 [选择对象(S)/删除边界(B)]:

在以上提示下依次在左视图中需要填充剖面线的区域内拾取点。确定填充区域后按
Enter 键，完成剖面线的填充，结果如图 7-68 所示。

图 7-67　"图案填充和渐变色"对话框

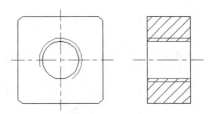

图 7-68　填充剖面线

7.9.4　尺寸标注

下面将介绍标注图 7-68 所示图形尺寸的方法。

(1) 选择"标注"|"线性"命令，即执行 DIMLINEAR 命令，在命令行提示下执行以
下操作。

> 指定第一条尺寸界线原点或 <选择对象>:　　　//捕捉图 7-68 所示主视图中左垂直线的下端点
> 指定第二条尺寸界线原点:　　　　　　　//捕捉图 7-68 所示主视图中右垂直线的下端点
> 指定尺寸线位置或[多行文字(M)/文字(T)/角度(A)/水平(H)/垂直(V)/旋转(R)]:
> //向下拖动尺寸线到合适位置后单击

(2) 执行结果，AutoCAD 按自动测量值(即 40)标注出对应尺寸，如图 7-69 所示。

(3) 再次执行 DIMLINEAR 命令，在命令行提示下执行以下操作。

> 指定第一条尺寸界线原点或 <选择对象>:>　　//捕捉图 7-69 所示主视图中上水平线的右端点
> 指定第二条尺寸界线原点:　　　　　　　//捕捉图 7-69 所示主视图中下水平线的右端点
> 指定尺寸线位置或[多行文字(M)/文字(T)/角度(A)/水平(H)/垂直(V)/旋转(R)]:
> //拖动尺寸线向右移动到合适位置后单击

(4) AutoCAD 按自动测量值(即 40)标注出对应尺寸，如图 7-70 所示。

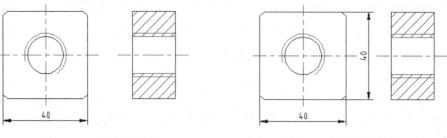

　　　　图 7-69　标注水平尺寸　　　　　　　　　　　图 7-70　标注垂直尺寸

(5) 再次执行 DIMLINEAR 命令，在命令行提示下执行以下操作。

指定第一条尺寸界线原点或 <选择对象>:>　　//按 Enter 键
选择标注对象:　　　　　　　　　　　　//直接拾取图 7-70 左视图中位于下方的水平线
指定尺寸线位置或[多行文字(M)/文字(T)/角度(A)/水平(H)/垂直(V)/旋转(R)]:
//向下拖动尺寸线到合适位置后单击

(6) AutoCAD 按自动测量值(即 20)标注出对应尺寸，如图 7-71 所示。

(7) 再次执行 DIMLINEAR 命令，在命令行提示下执行以下操作。

指定第一条尺寸界线原点或 <选择对象>:　　　　　//捕捉图 7-71 左视图中的对应端点
指定第二条尺寸界线原点:　　　　　　　　　　//捕捉图 7-71 中左视图中的另一对应端点
[多行文字(M)/文字(T)/角度(A)/水平(H)/垂直(V)/旋转(R)]:T　　//按 Enter 键
输入标注文字 <20>: M20
指定尺寸线位置或[多行文字(M)/文字(T)/角度(A)/水平(H)/垂直(V)/旋转(R)]:
//向下拖动尺寸线到合适位置后单击

(8) AutoCAD 标注出尺寸 M20，如图 7-72 所示。

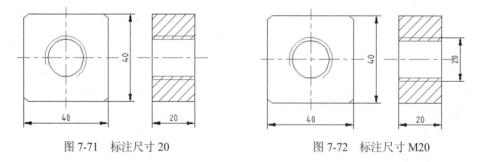

　　　　图 7-71　标注尺寸 20　　　　　　　　　　　图 7-72　标注尺寸 M20

7.9.5　标注文字

单击"绘图"面板中的"多行文字"按钮 **A**，即执行 MTEXT 命令，AutoCAD 提示如下。

指定第一角点:　　　　　　//在该提示下在标注位置拾取一点，作为标注区域的一个角点位置
指定对角点或 [高度(H)/对正(J)/行距(L)/旋转(R)/样式(S)/宽度(W)/栏(C)]:　//确定另一个角点位置

而后 AutoCAD 弹出多行文字编辑器，输入要标注的文字(注意通过输入%%d 实现度符

号的标注)，如图 7-73 所示。

单击多行文字编辑器中的"关闭文字编辑器"按钮，完成文字的标注，结果如图 7-74 所示。

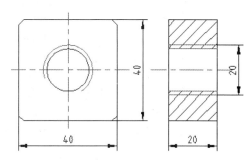

图 7-73　输入标注文字

图 7-74　标注文字效果

7.9.6　填写标题栏

双击图形中的标题栏块，打开"增强属性编辑器"对话框，如图 7-75 所示，利用该对话框，根据表 7-4 输入对应的属性值，单击"确定"按钮，即可完成标题栏的填写。

表 7-4　填写标题栏内容

填写位置	填写内容	填写位置	填写内容
材料标记	HTA300	比例	1：1
设计	设计院	重量	10
图样名称	方螺母	设计日期	无内容
图样代号	STP-001	设计者	无内容
重量	无内容		

填写后的标题栏如图 7-76 所示。

图 7-75　"增强属性编辑器"对话框

图 7-76　填写标题栏

选择"视图"|"缩放"|"全部"命令，即可使整个图形显示在绘图区域，如图 7-77 所示。可以通过执行 MOVE 命令移动对应内容，结果如图 7-78 所示。

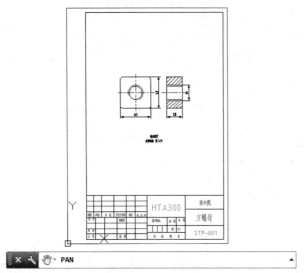

图 7-77　全部显示图形

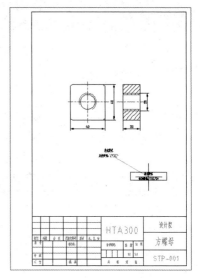

图 7-78　移动内容

7.9.7　打印图形

选择"文件"|"打印"命令，即执行 PLOT 命令，打开"打印"对话框，如图 7-79 所示。由于在样板文件中已经将打印设置"新打印设置"置为当前样式，因此，对话框中显示出与该设置对应的打印设置信息。当然，用户也可以从"页面设置"选项组的"名称"下拉列表框中选择其他打印设置。

图 7-79　"打印"对话框

用户也可以单击"打印"对话框中位于右下角处的⊙按钮，从展开的对话框中进行相应的设置，如图 7-80 所示。

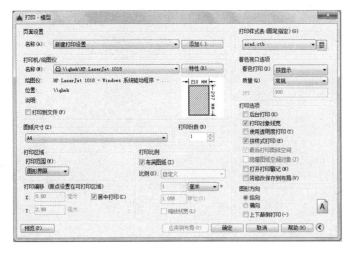

图 7-80 移动内容

7.10 思 考 练 习

1. 根据表 7-1 建立 A3 图幅的样板文件，并将其进行保存。
2. 根据表 7-1 建立 A2 图幅的样板文件，并将其进行保存。

第8章 绘制简单机械图形

当进行机械设计、分析以及绘制机械图形时，经常需要绘制一些简单的图形，如弹簧示意图、外构件(电机、减速器等)轮廓图、机构原理图、液压元件示意图以及凸轮机构等，本章将介绍这些图形的绘制过程。虽然这些图形一般由直线等基本图形对象组成，它们的绘制过程相对容易一些，但当绘制这些图形时，一方面应注意绘图的效率，另外可能还需要满足机械设计与制图的要求与标准。例如，当绘制曲柄滑块机构或杆机构时，需要满足行程(或转角)要求；当绘制凸轮轮廓时，可能需要采用反转法或其他方法来绘制；当绘制液压回路时，则可以启用栅格显示和栅格捕捉功能。

8.1 绘 制 弹 簧

弹簧是常用的机械零件之一。当绘制机构运动简图时，有时需要绘制出弹簧的示意图；而当绘制机械图时，通常需要根据绘图标准绘制弹簧。本节介绍如何绘制弹簧。

8.1.1 绘制弹簧示意图

弹簧分压缩弹簧、拉伸弹簧、扭转弹簧、叠形弹簧、涡卷弹簧和板弹簧等多种类型，机械制图标准对这些弹簧的绘制均有具体的规定。

1. 绘制压缩弹簧示意图

压缩弹簧示意图可以说是最简单的弹簧图形。压缩弹簧由一系列相互平行的直线组成，下面将介绍绘制压缩弹簧示意图的方法。

(1) 以本书第 7 章创建的样板文件建立新图形，将"粗实线"图层设置为当前图层，选择"绘图" | "直线"命令，即执行 LINE 命令，AutoCAD 提示如下信息。

```
指定第一点:                          //在绘图区域恰当位置拾取一点
指定下一点或 [放弃(U)]: @0,40         //通过相对坐标确定另一点，后面的响应与此类似
指定下一点或 [放弃(U)]: @10,-40
指定下一点或 [闭合(C)/放弃(U)]: @10,40
指定下一点或 [闭合(C)/放弃(U)]: @10,-40
指定下一点或 [闭合(C)/放弃(U)]: @10,40
指定下一点或 [闭合(C)/放弃(U)]: @10,-40
指定下一点或 [闭合(C)/放弃(U)]: @10,40
指定下一点或 [闭合(C)/放弃(U)]: @10,-40
指定下一点或 [闭合(C)/放弃(U)]: @10,40
```

```
指定下一点或 [闭合(C)/放弃(U)]: @10,-40
指定下一点或 [闭合(C)/放弃(U)]: @10,40
指定下一点或 [闭合(C)/放弃(U)]: @10,-40
指定下一点或 [闭合(C)/放弃(U)]: @0,40
指定下一点或 [闭合(C)/放弃(U)]:　　　　//按 Enter 键
```

(2) 执行结果如图 8-1 所示。

(3) 将"中心线"图层设为当前图层，选择"绘图"|"直线"命令，即执行 LINE 命令，AutoCAD 提示如下信息。

```
指定第一点:　　　　　　　　//捕捉图 8-1 中左垂直线的中点 A，如图 8-2 所示
指定下一点或 [放弃(U)]: @120,0
指定下一点或 [放弃(U)]:　　　//按 Enter 键
```

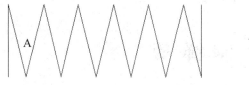

图 8-1　绘制直线

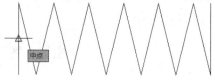

图 8-2　捕捉中点

(4) 执行结果如图 8-3 所示。

(5) 选择"修改"|"移动"命令，即执行 MOVE 命令，AutoCAD 提示如下信息。

```
选择对象:　　　　//拾取绘制出的中心线
选择对象:　　　　//按 Enter 键
指定基点或 [位移(D)] <位移>:　　　//在屏幕上任意拾取一点作为移动基点
指定第二个点或 <使用第一个点作为位移>: @-5,0
```

(6) 执行结果如图 8-4 所示，即为弹簧示意图。

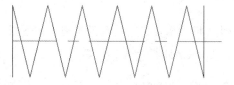

图 8-3　绘制中心线

图 8-4　移动中心线

2. 绘制涡卷弹簧示意图

下面将介绍绘制涡卷弹簧示意图的方法。

(1) 以本书第 7 章创建的样板文件建立新图形，将"中心线"图层设为当前图层。选择"绘图"|"直线"命令，即执行 LINE 命令，AutoCAD 提示如下信息。

```
指定第一点: 115,135
```

指定下一点或 [放弃(U)]: @0,108
指定下一点或 [放弃(U)]:　　　　//按 Enter 键

(2) 再次执行 LINE 命令，AutoCAD 提示如下信息。

指定第一点: 65,195
指定下一点或 [放弃(U)]: @100,0
指定下一点或 [放弃(U)]:　　　　//按 Enter 键

(3) 执行结果如图 8-5 所示。

(4) 将"粗实线"图层设为当前图层，选择"绘图"|"样条曲线"命令，即执行 SPLINE
命令，AutoCAD 提示如下信息。

指定第一个点或 [对象(O)]:　　　　//捕捉两条中心线的交点 A，如图 8-5 所示
指定下一点:@7<-35　　　　　　　//通过相对坐标形式的极坐标确定端点，后面步骤相同
指定下一点或 [闭合(C)/拟合公差(F)] <起点切向>: @5.5<45
指定下一点或 [闭合(C)/拟合公差(F)] <起点切向>: @10<110
指定下一点或 [闭合(C)/拟合公差(F)] <起点切向>: @7<160
指定下一点或 [闭合(C)/拟合公差(F)] <起点切向>: @10<205
指定下一点或 [闭合(C)/拟合公差(F)] <起点切向>: @8<250
指定下一点或 [闭合(C)/拟合公差(F)] <起点切向>: @14<280
指定下一点或 [闭合(C)/拟合公差(F)] <起点切向>: @10<330
指定下一点或 [闭合(C)/拟合公差(F)] <起点切向>: @20<10
指定下一点或 [闭合(C)/拟合公差(F)] <起点切向>: @17<68
指定下一点或 [闭合(C)/拟合公差(F)] <起点切向>: @20<115
指定下一点或 [闭合(C)/拟合公差(F)] <起点切向>: @18<156
指定下一点或 [闭合(C)/拟合公差(F)] <起点切向>: @22<203
指定下一点或 [闭合(C)/拟合公差(F)] <起点切向>: @18<250
指定下一点或 [闭合(C)/拟合公差(F)] <起点切向>: @27<288
指定下一点或 [闭合(C)/拟合公差(F)] <起点切向>: @36<350
指定下一点或 [闭合(C)/拟合公差(F)] <起点切向>: @40<58
指定下一点或 [闭合(C)/拟合公差(F)] <起点切向>: @37<120
指定下一点或 [闭合(C)/拟合公差(F)] <起点切向>: @38<180
指定下一点或 [闭合(C)/拟合公差(F)] <起点切向>: @33<230
指定下一点或 [闭合(C)/拟合公差(F)] <起点切向>: @35<275
指定下一点或 [闭合(C)/拟合公差(F)] <起点切向>: @44<325
指定下一点或 [闭合(C)/拟合公差(F)] <起点切向>: @7<340
指定下一点或 [闭合(C)/拟合公差(F)] <起点切向>: @7<210
指定下一点或 [闭合(C)/拟合公差(F)] <起点切向>: @4<180
指定下一点或 [闭合(C)/拟合公差(F)] <起点切向>:　　　　//按 Enter 键
指定起点切向: 90
指定端点切向: 180

(5) 执行结果如图 8-6 所示，将此图形命名并进行保存。

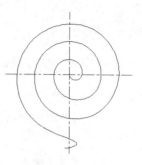

图 8-5　绘制中心线　　　　　　　　　　图 8-6　移动中心线

本绘图示例中，构成涡卷弹簧的曲线是通过绘制样条曲线的方式近似绘制的，样条曲线的各控制点均通过相对坐标形式的极坐标来确定。如果最后得到的曲线形状不合适，还可以利用夹点功能改变控制点的位置，即改变曲线的形状。具体过程为：单击曲线对象，AutoCAD 用蓝颜色小方框显示各控制点，如图 8-7(a)所示；当需要改变某控制点的位置时，单击该控制点，则该点以红颜色显示，此时拖动鼠标，该控制点会随光标移动，且曲线形状也发生对应变化，如图 8-7(b)所示；将控制点拖动到新位置后单击，控制点移动到该位置，曲线形状也会发生相应的变化。

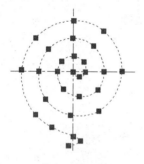

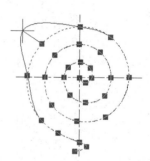

(a) 单击对象后的结果　　　　　　　　　　(b) 改变控制点的位置

图 8-7　修改控制点

8.1.2　绘制弹簧零件图

本节将绘制弹簧零件图，该零件图除弹簧的两端外，其余部分主要由角度不同的两组平行线构成。

(1) 以本书第 7 章创建的样板文件建立新图形，将"中心线"图层设为当前图层。选择"绘图"|"直线"命令，即执行 LINE 命令，AutoCAD 提示如下信息。

指定第一点:	//通过鼠标在绘图屏幕恰当位置拾取一点
指定下一点或 [放弃(U)]: @90,0	//通过相对坐标确定另一点
指定下一点或 [放弃(U)]:	//按 Enter 键

(2) 选择"修改"|"偏移"命令，即执行 OFFSET 命令，AutoCAD 提示如下信息。

指定偏移距离或 [通过(T)/删除(E)/图层(L)] <通过>: 15✓	//将偏移距离设为 15

选择要偏移的对象，或 [退出(E)/放弃(U)] <退出>:　　//选择前面由执行 LINE 命令绘制出的中心线
指定要偏移的那一侧上的点，或 [退出(E)/多个(M)/放弃(U)] <退出>:
//在所选择中心线的上方任意拾取一点
选择要偏移的对象，或 [退出(E)/放弃(U)] <退出>:　　//再选择同样的中心线
指定要偏移的那一侧上的点，或 [退出(E)/多个(M)/放弃(U)] <退出>:
//在所选择中心线的下方任意拾取一点
选择要偏移的对象，或 [退出(E)/放弃(U)] <退出>:　　//按 Enter 键

(3) 完成以上操作，绘制如图 8-8 所示的中心线。

(4) 选择"绘图"|"直线"命令，即执行 LINE 命令，AutoCAD 提示如下信息

指定第一点:　　　　　　　//在图 8-8 中，在位于最下方的中心线之下的位置 A 拾取一点
指定下一点或 [放弃(U)]: @45<96　　//通过相对坐标确定另一端点
指定下一点或 [放弃(U)]:　　//按 Enter 键

(5) 完成辅助线的绘制，如图 8-9 所示。

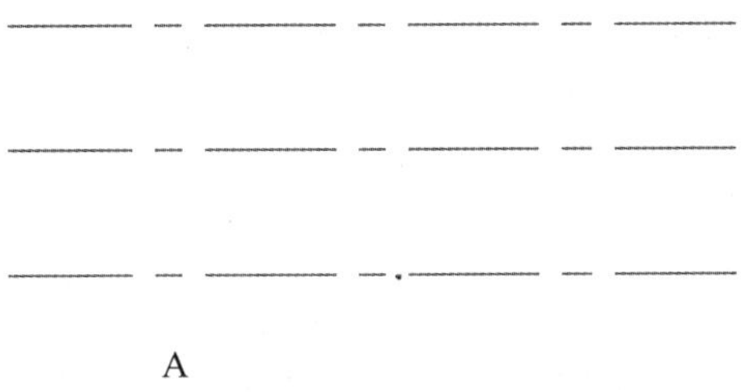

图 8-8　绘制中心线 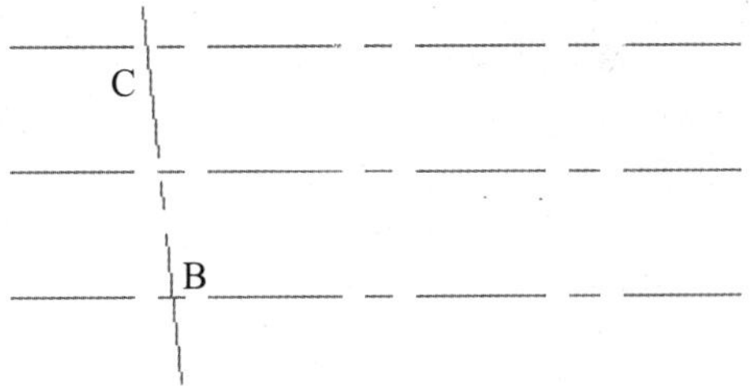　　　　　　　　　　　图 8-9　绘制辅助线

(6) 将"粗实线"图层设为当前图层。选择"绘图"|"圆"|"圆心、半径"命令，即执行 CIRCLE 命令，AutoCAD 提示如下信息。

指定圆的圆心或 [三点(3P)/两点(2P)/相切、相切、半径(T)]:
//捕捉图 8-9 中斜辅助线与下水平线的交点 B
指定圆的半径或 [直径(D)] <3.0>: 3

(7) 再执行 CIRCLE 命令，AutoCAD 提示如下信息。

CIRCLE 指定圆的圆心或 [三点(3P)/两点(2P)/相切、相切、半径(T)]:
//捕捉图 8-9 中斜辅助线与上水平线的交点 C
指定圆的半径或 [直径(D)] <3.0>:3

(8) 执行结果如图 8-10 所示。

(9) 选择"绘图"|"直线"命令，即执行 LINE 命令，AutoCAD 提示如下信息。

指定第一点:　　　　//在图 8-10 中，在位于上方的圆的左侧捕捉切点 D
指定下一点或 [放弃(U)]:　　//在图 8-10 中，在位于下方的圆的左侧捕捉切点 E
指定下一点或 [放弃(U)]:　　//按 Enter 键

(10) 执行 LINE 命令，AutoCAD 提示如下信息。

LINE 指定第一点:	//在图 8-10 中，在位于上方的圆的右侧捕捉切点 F
指定下一点或 [放弃(U)]:	//在图 8-10 中，在位于下方的圆的右侧捕捉切点 G
指定下一点或 [放弃(U)]:	//按 Enter 键

(11) 完成以上操作后，执行结果如图 8-11 所示。

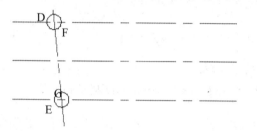

图 8-10　绘制圆

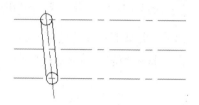

图 8-11　绘制切线

(12) 在命令行中输入 AR 执行 ARRAY 命令，打开"阵列"对话框，在该对话框中进行相关的设置，如图 8-12 所示。

(13) 在"阵列"对话框中单击"确定"按钮后，阵列效果如图 8-13 所示。

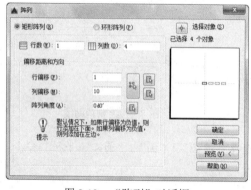

图 8-12　"阵列"对话框

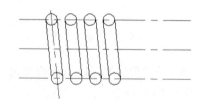

图 8-13　阵列图形

(14) 重复步骤(9)～(11)的操作，绘制如图 8-14 所示的切线。

(15) 重复步骤(12)～(13)的操作，对在步骤(14)中绘制的切线进行一行四列阵列(列间距仍为 10)，结果如图 8-15 所示。

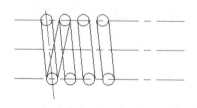

图 8-14　绘制切线

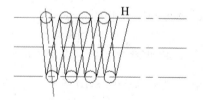

图 8-15　阵列切线

(16) 选择"修改" | "复制"命令，即执行 COPY 命令，AutoCAD 提示如下信息。

| 选择对象: | //在图 8-15 中，选择最上面一行位于最右边的圆 H |
| 选择对象: | //按 Enter 键 |

指定基点或 [位移(D)/模式(O)] <位移>:　　　　　//在绘图屏幕上任意拾取一点
指定第二个点或 <使用第一个点作为位移>: @10,0
指定第二个点或 [退出(E)/放弃(U)] <退出>:　　　//按 Enter 键

(17) 执行结果如图 8-16 所示。

(18) 执行 LINE 命令，在图 8-16 的左侧绘制垂直线，结果如图 8-17 所示。

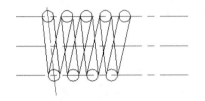

图 8-16　复制圆

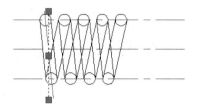

图 8-17　绘制垂直直线

(19) 选择"修改"|"修剪"命令，即执行 TRIM 命令，AutoCAD 提示如下信息。

选择剪切边...
选择对象或 <全部选择>:　　　　　//在图 8-17 中，选择作为剪切边的对象
选择对象:　　　　　//按 Enter 键
选择要修剪的对象，或按住 Shift 键选择要延伸的对象，或
[栏选(F)/窗交(C)/投影(P)/边(E)/删除(R)/放弃(U)]:
//在图 8-17 中，在需要修剪掉的部位拾取对应对象
选择要修剪的对象，或按住 Shift 键选择要延伸的对象，或
[栏选(F)/窗交(C)/投影(P)/边(E)/删除(R)/放弃(U)]:　　　//按 Enter 键

(20) 执行结果如图 8-18 所示。

(21) 在命令行中执行 ERASE 命令，删除图 8-18 中位于左侧的两条多余斜线。执行
MOVE 命令，将图 8-18 中除中心线之外的图形对象向左移动一定距离，以保证其与中心
线的相对位置合适，结果如图 8-19 所示。

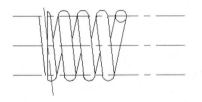

图 8-18　修剪图形

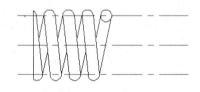

图 8-19　移动图形

(22) 选择"修改"|"复制"命令，即执行 COPY 命令，AutoCAD 提示如下信息。

选择对象:　　　　　//在图 8-19 中，选择除三条水平中心线以外的其他图形对象
选择对象:　　　　　//按 Enter 键
指定基点或 [位移(D)/模式(O)] <位移>:　　　　　//在绘图屏幕上任意拾取一点
指定第二个点或 <使用第一个点作为位移>: @80,0
指定第二个点或 [退出(E)/放弃(U)] <退出>:　　　//按 Enter 键

(23) 执行结果如图 8-20 所示。

(24) 选择"修改"|"旋转"命令，即执行 ROTATE 命令，AutoCAD 提示如下信息。

> 选择对象:　　//选择通过步骤(22)复制后得到的图形对象
> 选择对象:　　//按 Enter 键
> 指定基点:　　//捕捉图 8-20 中通过复制所得图形中的左垂直线与位于中间的水平中心线的交点 I
> 指定旋转角度，或 [复制(C)/参照(R)] <0.0>: 180

(25) 完成以上操作后，执行结果如图 8-21 所示。

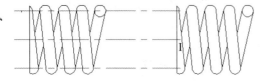 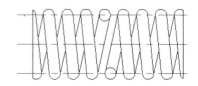

　　　　图 8-20　修剪图形　　　　　　　　　　　图 8-21　旋转图形

(26) 选择"修改"|"删除"命令，即执行 ERASE 命令，AutoCAD 提示如下信息。

> 选择对象:　　　　　　//选择要删除的对象，如图 8-22 所示(虚线部分为被选择的对象)
> 选择对象:　　　　　　//按 Enter 键

(27) 执行结果如图 8-23 所示。

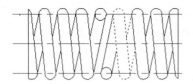 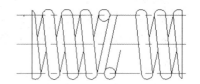

　　　图 8-22　选择要删除的对象　　　　　　　图 8-23　删除结果

(28) 选择"修改"|"移动"命令，即执行 MOVE 命令，AutoCAD 提示如下信息。

> 选择对象:　　　　　　//选择对象，如图 8-24 所示(虚线部分为被选择对象)
> 选择对象:　　　　　　//按 Enter 键
> 指定基点或 [位移(D)] <位移>:　　//在绘图屏幕上任意拾取一点
> 指定第二个点或 <使用第一个点作为位移>: @10,0

(29) 执行结果如图 8-25 所示。

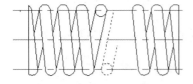 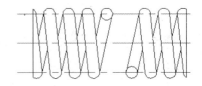

　　　图 8-24　选择要移动的对象　　　　　　　图 8-25　移动结果

(30) 将"剖面线"图层设为当前图层。选择"绘图"|"图案填充"命令，在命令行中输入 T 并按 Enter 键，打开"图案填充和渐变色"对话框，进行相关的设置，如图 8-26 所示。

(31) 通过单击"拾取点"按钮⊞，确定两个圆为填充边界，如图 8-27 所示，完成后按 Enter 键。

图 8-26　"图案填充和渐变色"对话框

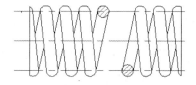

图 8-27　图案填充效果

(32) 分别在"中心线"图层和"细实线"图层绘制对应的中心线与辅助线，绘制结果如图 8-28 所示。

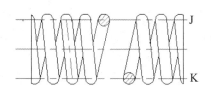

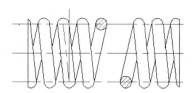

图 8-28　绘制中心线与辅助线

(33) 将"尺寸标注"图层设为当前图层。选择"标注"|"线性"命令，执行 DIMLINEAR 命令，AutoCAD 提示如下信息。

> 指定第一条尺寸界线原点或 <选择对象>:　　　//捕捉图 8-28 中上水平中心线的右端点 J
> 指定第二条尺寸界线原点:　　　　　　　　　//捕捉图 8-28 中下水平中心线的右端点 K
> 指定尺寸线位置或[多行文字(M)/文字(T)/角度(A)/水平(H)/垂直(V)/旋转(R)]:T
> 输入标注文字 <30>: %%c30
> 指定尺寸线位置或[多行文字(M)/文字(T)/角度(A)/水平(H)/垂直(V)/旋转(R)]:
> //向右拖动尺寸线到合适位置后单击

(34) 执行结果如图 8-29 所示。

(35) 重复以上方法，可以标注出直径尺寸 ø36、长度尺寸 10 和 80，结果如图 8-30 所示。

(36) 选择"标注"|"直径"命令，即执行 DIMDIAMETER 命令，AutoCAD 提示如下信息。

> 选择圆弧或圆:　　//拾取图 8-30 中位于上方的有剖面线的圆 L(注意，应在圆边界处拾取圆)
> 指定尺寸线位置或 [多行文字(M)/文字(T)/角度(A)]:
> //拖动尺寸线到合适位置后单击

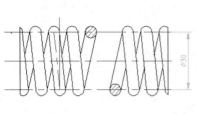

图 8-29　标注直径尺寸 30

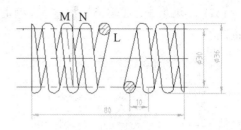

图 8-30　标注其他尺寸

(37) 执行结果如图 8-31 所示。

(38) 选择"标注"|"角度"命令，即执行 DIMANGULAR 命令，AutoCAD 提示如下信息。

选择圆弧、圆、直线或 <指定顶点>:	//拾取图 8-30 中垂直中心线 M
选择第二条直线:	//拾取图 8-30 中辅助线 N
指定标注弧线位置或 [多行文字(M)/文字(T)/角度(A)/象限点(Q)]:	
//拖动尺寸线到合适位置后单击	

(39) 完成以上操作后，执行结果如图 8-32 所示。

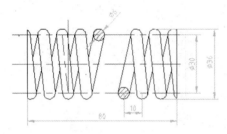

图 8-31　标注直径尺寸

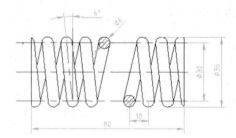

图 8-32　标注角度尺寸

8.2　绘 制 电 机

电机是外购件，通常不需要设计。但在绘制机械图时，特别是绘制装配图时，经常需要绘制出电机的外形。本节将介绍电机的绘制过程。

(1) 以本书第 7 章创建的图层为基础建立新图形，将"中心线"图层设为当前层。选择"绘图"|"直线"命令，即执行 LINE 命令，AutoCAD 提示如下信息。

指定第一点:	//在绘图区域恰当位置拾取一点
指定下一点或 [放弃(U)]:	@295,0
指定下一点或 [放弃(U)]:	//按 Enter 键

(2) 将"粗实线"图层设为当前层。执行 LINE 命令，AutoCAD 提示如下信息。

指定第一点:	//捕捉在步骤(1)中所绘中心线的左端点

指定下一点或 [放弃(U)]:	//单击状态栏上的"正交"按钮,使其按下,即打开正交功能。
	然后在已确定第一点的上方拾取一点,两点之间的距离约为80
指定下一点或 [放弃(U)]:	//按 Enter 键

(3) 执行结果如图 8-33 所示。

(4) 选择"修改"|"移动"命令,即执行 MOVE 命令,AutoCAD 提示如下信息。

选择对象:	//选中步骤(2)中绘制出的辅助直线
选择对象:	//按 Enter 键
指定基点或 [位移(D)] <位移>:	//在绘图屏幕中任意拾取一点
指定第二个点或 <使用第一个点作为位移>: @5,0	

(5) 完成以上操作后,执行结果如图 8-34 所示。其中,垂直辅助线确定了所绘图形的最左端位置。

图 8-33 绘制中心线与辅助线 　　　　　　　　图 8-34 偏移辅助线

(6) 选择"修改"|"偏移"命令,即执行 OFFSET 命令,AutoCAD 提示如下信息。

指定偏移距离或 [通过(T)/删除(E)/图层(L)] <通过>: 40	
选择要偏移的对象,或 [退出(E)/放弃(U)] <退出>:	//选择图 8-34 中垂直辅助线
指定要偏移的那一侧上的点,或 [退出(E)/多个(M)/放弃(U)] <退出>:	
//在图 8-34 中垂直辅助线的右侧任意拾取一点	
选择要偏移的对象,或 [退出(E)/放弃(U)] <退出>:	//按 Enter 键

(7) 执行结果如图 8-35 所示。

(8) 继续执行 OFFSET 命令,AutoCAD 提示如下信息。

指定偏移距离或 [通过(T)/删除(E)/图层(L)] <40.0>: 50	
选择要偏移的对象,或 [退出(E)/放弃(U)] <退出>:	//选择图 8-34 中垂直辅助线
指定要偏移的那一侧上的点,或 [退出(E)/多个(M)/放弃(U)] <退出>:	
//在图 8-34 中垂直辅助线的右侧任意拾取一点	
选择要偏移的对象,或 [退出(E)/放弃(U)] <退出>:	//按 Enter 键

(9) 执行结果如图 8-36 所示。

图 8-35 第一次偏移辅助线　　　　　　　　图 8-36 第二次偏移辅助线

(10) 继续执行 OFFSET 命令,AutoCAD 提示如下信息。

指定偏移距离或 [通过(T)/删除(E)/图层(L)] <50.0>: 70

选择要偏移的对象，或 [退出(E)/放弃(U)] <退出>:   //选择图 8-34 中垂直辅助线
指定要偏移的那一侧上的点，或 [退出(E)/多个(M)/放弃(U)] <退出>:
//在图 8-34 中垂直辅助线的右侧任意拾取一点
选择要偏移的对象，或 [退出(E)/放弃(U)] <退出>:   //按 Enter 键

(11) 执行结果如图 8-37 所示。

(12) 继续执行 OFFSET 命令，AutoCAD 提示如下信息。

指定偏移距离或 [通过(T)/删除(E)/图层(L)] <70.0>: 220
选择要偏移的对象，或 [退出(E)/放弃(U)] <退出>:   //选择图 8-34 中垂直辅助线
指定要偏移的那一侧上的点，或 [退出(E)/多个(M)/放弃(U)] <退出>:
//在图 8-34 中垂直辅助线的右侧任意拾取一点
选择要偏移的对象，或 [退出(E)/放弃(U)] <退出>:   //按 Enter 键

(13) 执行结果如图 8-38 所示。

图 8-37　第三次偏移辅助线   图 8-38　第四次偏移辅助线

(14) 继续执行 OFFSET 命令，AutoCAD 提示如下信息。

指定偏移距离或 [通过(T)/删除(E)/图层(L)] <220.0>: 285
选择要偏移的对象，或 [退出(E)/放弃(U)] <退出>:   //选择图 8-34 中垂直辅助线
指定要偏移的那一侧上的点，或 [退出(E)/多个(M)/放弃(U)] <退出>:
//在图 8 34 中垂直辅助线的右侧任意拾取一点
选择要偏移的对象，或 [退出(E)/放弃(U)] <退出>:   //按 Enter 键

(15) 执行结果如图 8-39 所示。

(16) 继续执行 OFFSET 命令，以图 8-39 中的水平中心线为操作对象，分别按偏移距离 10、20、70 和 75 向上进行偏移。执行结果如图 8-40 所示。

图 8-39　第五次偏移辅助线   图 8-40　偏移水平中心线

(17) 在命令行执行 PROPERTIES 命令，打开"特性"选项板。拾取在步骤(16)中得到的 4 条水平线，在"特性"选项板中显示这些线段的公共特性。通过"图层"行将它们的图层从"中心线"改为"粗实线"，如图 8-41 所示。

(18) 选择"修改"|"修剪"命令，即执行 TRIM 命令，AutoCAD 提示如下信息。

选择剪切边…
选择对象或 <全部选择>:   //选择剪切边，虚线对象为被选中对象
选择对象: //按 Enter 键

选择要修剪的对象，或按住 Shift 键选择要延伸的对象，或

[栏选(F)/窗交(C)/投影(P)/边(E)/删除(R)/放弃(U)]:

//在此提示下，分别在图 8-40 中 A、B 部位拾取对应的直线

选择要修剪的对象，或按住 Shift 键选择要延伸的对象，或

[栏选(F)/窗交(C)/投影(P)/边(E)/删除(R)/放弃(U)]:　　　//按 Enter 键

(19) 执行结果如图 8-42 所示。

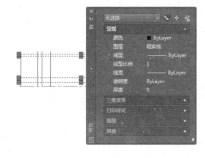

图 8-41　修改特性

图 8-42　修剪直线

(20) 再次执行 TRIM 命令，AutoCAD 提示如下信息。

选择剪切边…．

选择对象或 <全部选择>:　　　　　　　//选择剪切边 C，如图 8-42 所示

选择对象:　　　　　　　　//按 Enter 键

选择要修剪的对象，或按住 Shift 键选择要延伸的对象，或

[栏选(F)/窗交(C)/投影(P)/边(E)/删除(R)/放弃(U)]:

//在此提示下，分别在图 8-42 中 D、E、F 部位拾取对应直线

选择要修剪的对象，或按住 Shift 键选择要延伸的对象，或

[栏选(F)/窗交(C)/投影(P)/边(E)/删除(R)/放弃(U)]:　　　　　　　//按 Enter 键

(21) 执行结果如图 8-43 所示。

(22) 使用 TRIM 命令，对图形进一步修剪，结果如图 8-44 所示。

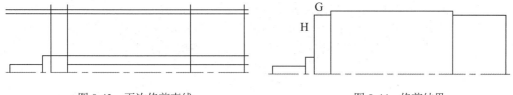

图 8-43　再次修剪直线　　　　　　　　　　　图 8-44　修剪结果

(23) 选择"修改"|"圆角"命令，即执行 FILLET 命令，AutoCAD 提示如下信息。

选择第一个对象或 [放弃(U)/多段线(P)/半径(R)/修剪(T)/多个(M)]: R

指定圆角半径:10

选择第一个对象或 [放弃(U)/多段线(P)/半径(R)/修剪(T)/多个(M)]:

//在图 8-44 中 G 部位拾取一图形对象

选择第二个对象，或按住 Shift 键选择要应用角点的对象:

//在图 8-44 中 H 部位拾取另一图形对象

(24) 执行结果如图 8-45 所示。

(25) 继续执行 FILLET 命令，AutoCAD 提示如下信息。

> 选择第一个对象或 [放弃(U)/多段线(P)/半径(R)/修剪(T)/多个(M)]: R
> 指定圆角半径:25
> 选择第一个对象或 [放弃(U)/多段线(P)/半径(R)/修剪(T)/多个(M)]:
> //在图 8-45 中 I 部位拾取一图形对象
> 选择第二个对象，或按住 Shift 键选择要应用角点的对象:
> //在图 8-46 中 J 部位拾取另一图形对象

(26) 执行结果如图 8-46 所示。

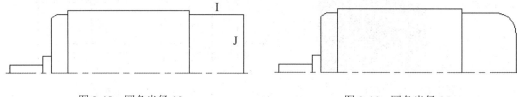

图 8-45　圆角半径 10　　　　　　　　　图 8-46　圆角半径 25

(27) 选择"修改"|"镜像"命令，即执行 MIRROR 命令，AutoCAD 提示如下信息。

> 选择对象:　　　　　　　　　　//选择图 8-46 中除中心线以外的全部对象
> 选择对象:　　　　　　　　　　//按 Enter 键
> 指定镜像线的第一点:　　　　　//捕捉水平中心线的左端点
> 指定镜像线的第二点:　　　　　//捕捉水平中心线的右端点
> 是否删除源对象? [是(Y)/否(N)] <N>:　　//按 Enter 键

(28) 执行结果如图 8-47 所示。

(29) 选择"修改"|"偏移"命令，即执行 OFFSET 命令，AutoCAD 提示如下信息。

> 指定偏移距离或 [通过(T)/删除(E)/图层(L)]: 5
> 选择要偏移的对象，或 [退出(E)/放弃(U)] <退出>:　　　　//选择图 8-47 中位于最下面的水平直线
> 指定要偏移的那一侧上的点，或 [退出(E)/多个(M)/放弃(U)] <退出>:
> //在所选择直线的下方任意拾取一点
> 选择要偏移的对象，或 [退出(E)/放弃(U)] <退出>:　　　　//按 Enter 键

(30) 执行结果如图 8-48 所示。

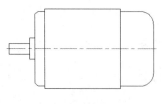

图 8-47　镜像图形　　　　　　　　　　图 8-48　偏移水平直线

(31) 继续执行 OFFSET 命令，AutoCAD 提示如下信息。

> 指定偏移距离或 [通过(T)/删除(E)/图层(L)]: 7

选择要偏移的对象，或 [退出(E)/放弃(U)] <退出>：   //选择图 8-47 中位于最下面的水平直线
指定要偏移的那一侧上的点，或 [退出(E)/多个(M)/放弃(U)] <退出>：
//在所选择直线的上方任意拾取一点
选择要偏移的对象，或 [退出(E)/放弃(U)] <退出>：   //按 Enter 键

(32) 执行结果如图 8-49 所示。

(33) 继续执行 OFFSET 命令，AutoCAD 提示如下信息。

指定偏移距离或 [通过(T)/删除(E)/图层(L)]: 5
选择要偏移的对象，或 [退出(E)/放弃(U)] <退出>：   //在图 8-49 中选择左边的垂直线 K
指定要偏移的那一侧上的点，或 [退出(E)/多个(M)/放弃(U)] <退出>：
//在所选择直线的右侧任意拾取一点
选择要偏移的对象，或 [退出(E)/放弃(U)] <退出>：   //在图 8-49 中选择左边的垂直线 L
指定要偏移的那一侧上的点，或 [退出(E)/多个(M)/放弃(U)] <退出>：
//在所选择直线的左侧任意拾取一点
选择要偏移的对象，或 [退出(E)/放弃(U)] <退出>：   //按 Enter 键

(34) 执行结果如图 8-50 所示。

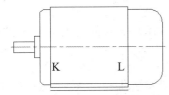

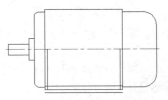

图 8-49   水平直线偏移结果　　　　　　　　图 8-50   偏移垂直直线

(35) 选择"修改"|"修剪"命令，执行 TRIM 命令修剪图形，结果如图 8-51 所示。

(36) 按 Enter 键，再次执行 TRIM 命令，AutoCAD 提示如下信息。

[栏选(F)/窗交(C)/投影(P)/边(E)/删除(R)/放弃(U)]：
//按住 Shift 键，在图 8-51 中拾取 M、N 垂直直线
[栏选(F)/窗交(C)/投影(P)/边(E)/删除(R)/放弃(U)]：   //按 Enter 键

(37) 执行结果如图 8-52 所示。

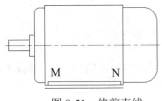

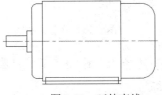

图 8-51   修剪直线　　　　　　　　图 8-52   延伸直线

(38) 按 Enter 键再次执行 TRIM 命令修剪图形，结果如图 8-53 所示。

(39) 将"中心线"图层设为当前层，选择"绘图"|"直线"命令，即执行 LINE 命令，
AutoCAD 提示如下信息。

指定第一点：   //捕捉图 8-53 中位于最下方的水平线的中点
指定下一点或 [放弃(U)]:@0,180

指定下一点或 [放弃(U)]:   //按 Enter 键

(40) 执行结果如图 8-54 所示。

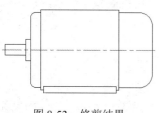 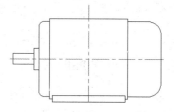

图 8-53   修剪结果   图 8-54   绘制垂直中心线

(41) 选择"修改"|"移动"命令，即执行 MOVE 命令，AutoCAD 提示如下信息。

选择对象: //选择前面绘制的垂直中心线
选择对象: //按 Enter 键
指定基点或 [位移(D)] <位移>:   //在绘图屏幕中任意拾取一点
指定第二个点或 <使用第一个点作为位移>: @0,-5

(42) 执行结果如图 8-55 所示。

(43) 选择"修改"|"偏移"命令，即执行 OFFSET 命令，AutoCAD 提示如下信息。

指定偏移距离或 [通过(T)/删除(E)/图层(L)]: 7.5
选择要偏移的对象，或 [退出(E)/放弃(U)] <退出>:   //选择图 8-55 中位于最上面的水平直线
指定要偏移的那一侧上的点，或 [退出(E)/多个(M)/放弃(U)] <退出>:
//在所选择直线的上方任意拾取一点
选择要偏移的对象，或 [退出(E)/放弃(U)] <退出>:   //按 Enter 键

(44) 执行结果如图 8-56 所示。

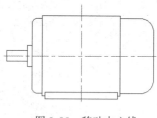 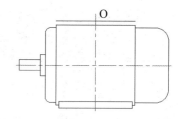

图 8-55   移动中心线   图 8-56   偏移水平直线

(45) 选择"绘图"|"圆"|"圆心、半径"命令，即执行 CIRCLE 命令，AutoCAD 提示如下信息。

指定圆的圆心或 [三点(3P)/两点(2P)/相切、相切、半径(T)]:
//捕捉图 8-56 中垂直中心线与辅助线的交点 O
指定圆的半径或 [直径(D)] <3.0>: 4

(46) 执行结果如图 8-57 所示。

(47) 使用同样的方法，绘制相同圆心、半径分别为 7.5 和 12.5 的圆，结果如图 8-58 所示(半径为 12.5 的圆为辅助圆，用于确定其中心线的长度)。

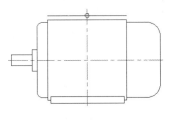

图 8-57　绘制半径为 4 的圆

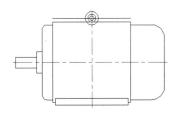

图 8-58　绘制同心圆

(48) 选择"修改"|"修剪"命令，执行 TRIM 命令修剪图形效果如图 8-59 所示。

(49) 选中经过步骤(48)修剪后的辅助线，从"图层"工具栏的"图层"下拉列表框中选择"中心线"选项，即可将该对象从"粗实线"图层更改到"中心线"图层。得到的结果如图 8-60 所示。

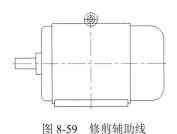

图 8-59　修剪辅助线

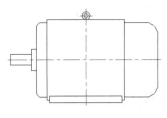

图 8-60　电机绘制结果

8.3　绘制曲柄滑块机构

机械设计中，经常需要绘制机构运动简图来对机构的运动进行分析。本节将介绍绘制机械传动中常见的机构之一——曲柄滑块机构的方法。

(1) 以本书第 7 章创建的图层为基础建立新图形，将"中心线"图层设置为当前图层，选择"绘图"|"直线"命令，即执行 LINE 命令，AutoCAD 提示如下信息。

> 指定第一点:　　　　　　　　　　//在绘图屏幕恰当位置确定一点
> 指定下一点或 [放弃(U)]: @120,0
> 指定下一点或 [放弃(U)]:　　　　//按 Enter 键

(2) 选择"修改"|"偏移"命令，即执行 OFFSET 命令，AutoCAD 提示如下信息。

> 指定偏移距离或 [通过(T)/删除(E)/图层(L)]: 30
> 选择要偏移的对象，或 [退出(E)/放弃(U)] <退出>:　　//选择已绘制的水平中心线
> 指定要偏移的那一侧上的点，或 [退出(E)/多个(M)/放弃(U)] <退出>:
> //在所绘中心线的上方任意拾取一点
> 选择要偏移的对象，或 [退出(E)/放弃(U)] <退出>:　　//按 Enter 键

(3) 执行结果如图 8-61 所示。

(4) 在图 8-61 中，选中由步骤(2)得到的中心线，并在"图层"工具栏的"图层"下拉

列表框中选择"粗实线"选项，从而将该直线更改为位于"粗实线"图层上的粗实线。

　　(5) 选择"绘图"|"圆"|"圆心、半径"命令，执行 CIRCLE 命令，AutoCAD 提示如下信息。

> CIRCLE 指定圆的圆心或 [三点(3P)/两点(2P)/相切、相切、半径(T)]:
> //在水平中心线上的位置 A 确定一点
> 指定圆的半径或 [直径(D)] <1.5>: 20

　　(6) 执行结果如图 8-62 所示。

图 8-61　偏移中心线　　　　　　　　　　　图 8-62　绘制圆

　　(7) 将"粗实线"图层设为当前图层。执行 CIRCLE 命令，AutoCAD 提示如下信息。

> 指定圆的圆心或 [三点(3P)/两点(2P)/相切、相切、半径(T)]:　　//捕捉已绘圆的圆心
> 指定圆的半径或 [直径(D)]:1.5

　　(8) 执行结果如图 8-63 所示。

　　(9) 选择"绘图"|"直线"命令，即执行 LINE 命令，AutoCAD 提示如下信息。

> 指定第一点:　　　　　　　//捕捉图 8-63 中已有圆的圆心
> 指定下一点或 [放弃(U)]: @0,-20
> 指定下一点或 [放弃(U)]:　　//按 Enter 键

　　(10) 执行结果如图 8-64 所示。

图 8-63　绘制半径 1.5 的圆　　　　　　　　图 8-64　绘制直线

　　(11) 再次执行 CIRCLE 命令，AutoCAD 提示如下信息。

> 指定圆的圆心或 [三点(3P)/两点(2P)/相切、相切、半径(T)]:　//捕捉图 8-64 中的垂直线与大圆的交点
> 指定圆的半径或 [直径(D)]: 75

　　(12) 执行结果如图 8-65 所示。

　　(13) 选择"绘图"|"直线"命令，即执行 LINE 命令，AutoCAD 提示如下信息。

> 指定第一点:　　　　　　　　　//捕捉图 8-65 中垂直线与半径为 20 的圆的交点
> 指定下一点或 [放弃(U)]:　　　　//捕捉图 8-65 中位于上方的水平线与大圆的交点

指定下一点或 [放弃(U)]:　　　　　　　//按 Enter 键

(14) 执行结果如图 8-66 所示。

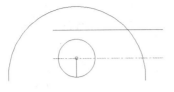

图 8-65　绘制半径 75 的圆

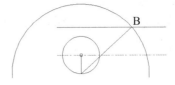

图 8-66　连接交点

(15) 选择"绘图"|"矩形"命令，即执行 RECTANG 命令，AutoCAD 提示如下信息。

指定第一个角点或 [倒角(C)/标高(E)/圆角(F)/厚度(T)/宽度(W)]:

(16) 在上述提示下，从"对象捕捉"快捷菜单中(按住 Shift 键并右击，可打开该菜单)选择"自"命令，如图 8-67 所示，完成以下 AutoCAD 操作。

_from 基点:　　　　　//捕捉连杆与滑道的交点，如图 8-66 所示 B 点
<偏移>: @-4,3
指定另一个角点或 [面积(A)/尺寸(D)/旋转(R)]: @8,-6

(17) 执行结果如图 8-68 所示。

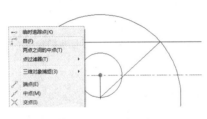

图 8-67　设置对象捕捉

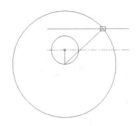

图 8-68　绘制矩形

(18) 执行 CIRCLE 命令，分别以曲柄与连杆的交点和连杆与滑道的交点为圆心，绘制半径为 1.5 的圆，结果如图 8-69 所示。

(19) 分别执行 LINE 命令，在曲柄的旋转支承处绘制表示支承的直线，如图 8-70 所示(尺寸由用户确定)。绘制此部分图形时，可以先将图形放大显示，然后进行绘制。

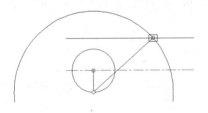

图 8-69　绘制圆

图 8-70　绘制曲柄旋转支承

(20) 执行 LINE 命令，AutoCAD 提示如下信息。

指定第一点:　　　　　　　　　　　//在图 8-70 中的短水平线上确定一点

> 指定下一点或 [放弃(U)]: @2<-135
>
> 指定下一点或 [放弃(U)]:　　　　//按 Enter 键

(21) 执行结果如图 8-71 所示。

(22) 在命令行中执行 ARRAYCLASSIC 命令，打开"阵列"对话框，在该对话框中进行相关设置，如图 8-72 所示。

图 8-71　绘制斜线　　　　　　　　　　图 8-72　阵列设置

(23) 单击"确定"按钮后，阵列效果如图 8-73 所示。

(24) 选择"修改"|"修剪"命令，执行 TRIM 命令修剪图形，结果如图 8-74 所示。

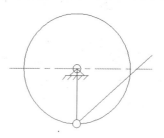

图 8-73　阵列效果　　　　　　　　　　图 8-74　修剪效果

(25) 重复以上操作，对图形的其他部位进行修剪，得到的结果如图 8-75 所示。

(26) 将"虚线"图层设为当前图层。选择"绘图"|"圆"|"圆心、半径"命令，即执行 CIRCLE 命令，AutoCAD 提示如下信息。

> 指定圆的圆心或 [三点(3P)/两点(2P)/相切、相切、半径(T)]:　//捕捉图 8-75 中的大圆圆心
> 指定圆的半径或 [直径(D)]: 55

(27) 执行 CIRCLE 命令，AutoCAD 提示如下信息。

> 指定圆的圆心或 [三点(3P)/两点(2P)/相切、相切、半径(T)]:　//捕捉图 8-75 中的大圆圆心
> 指定圆的半径或 [直径(D)] <55.0>: 95

(28) 执行结果如图 8-76 所示。

(29) 执行 LINE 命令，分别从由虚线表示的两个圆与滑道的交点处向圆心绘制直线，如图 8-77 所示。

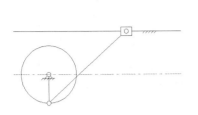

图 8-75　图形修剪效果

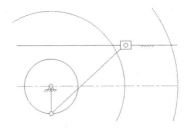

图 8-76　绘制辅助圆

(30) 选择"修改"|"延伸"命令，即执行 EXTEND 命令，AutoCAD 提示如下信息。

```
选择对象或 <全部选择>:          //选择图 8-77 中的实线圆
选择对象:                      //按 Enter 键
选择要延伸的对象，或按住 Shift 键选择要修剪的对象，或
[栏选(F)/窗交(C)/投影(P)/边(E)/放弃(U)]:     //在图 8-77 中，拾取短虚线直线
选择要延伸的对象，或按住 Shift 键选择要修剪的对象，或
[栏选(F)/窗交(C)/投影(P)/边(E)/放弃(U)]:     //按 Enter 键
```

(31) 执行结果如图 8-78 所示。

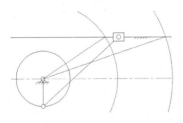

图 8-77　绘制虚线

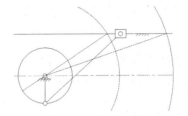

图 8-78　延伸虚线

(32) 将"粗实线"图层设为当前图层。执行 CIRCLE 命令，在表示铰链的各位置绘制半径为 1.5 的圆，如图 8-79 所示。

(33) 在命令行中执行 COPY 命令，将图 8-79 中表示滑块的矩形复制到两个极限位置，然后将复制后的矩形更改到"虚线"图层，结果如图 8-80 所示。

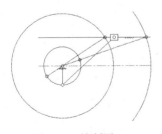

图 8-79　绘制圆

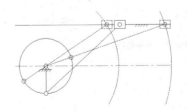

图 8-80　复制矩形

(34) 对图 8-80 所示的图形做进一步整理，包括在铰链位置进行修剪、删除虚线圆及打断多余的中心线和滑道等，结果如图 8-81 所示。完成曲柄连杆的绘制后，将图形命名并进行保存。

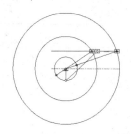
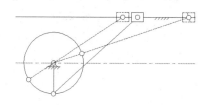

图 8-81　曲柄滑块机构图形处理效果

8.4　绘制液压回路

液压传动回路设计也是机械设计中的一个重要环节。本节将介绍利用栅格显示、栅格捕捉功能绘制液压回路的方法。

(1) 选择"工具"|"绘图设置"命令，打开"草图设置"对话框，在该对话框中进行相关的设置，如图 8-82 所示。

(2) 单击对话框中的"确定"按钮，关闭"草图设置"对话框，并在绘图屏幕上显示出栅格。

(3) 将"粗实线"图层设为当前图层。选择"绘图"|"矩形"命令，即执行 RECTANG 命令，AutoCAD 提示如下信息。

> 指定第一个角点或 [倒角(C)/标高(E)/圆角(F)/厚度(T)/宽度(W)]：　//在绘图屏幕恰当位置确定一点
> 指定另一个角点或· [面积(A)/尺寸(D)/旋转(R)]：
> //拖动鼠标，使光标相对于第一角点沿水平和垂直方向分别移动 14 和 4 个格后单击

(4) 执行结果如图 8-83 所示。

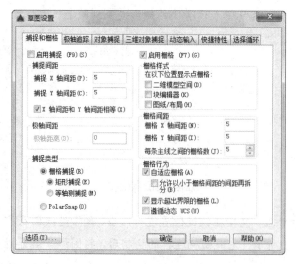
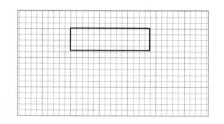

图 8-82　"草图设置"对话框　　　　　　　　图 8-83　绘制矩形

(5) 用同样的方法，绘制其他两个矩形，结果如图 8-84 所示，可以清楚地看出新绘矩形相对于已有矩形的位置。

(6) 执行 LINE 命令，绘制对应的直线，结果如图 8-85 所示。

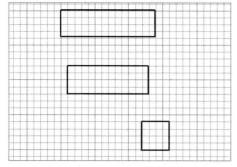

图 8-84　绘制矩形

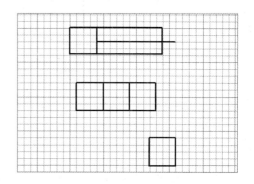

图 8-85　绘制直线

(7) 将"细实线"图层设为当前图层。参照图 8-86，绘制对应的直线。

(8) 将"粗实线"图层设为当前图层。参照图 8-87，绘制直线和圆。

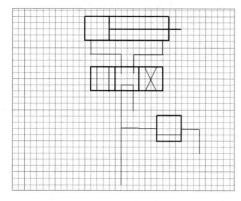

图 8-86　绘制矩形

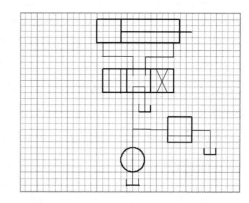

图 8-87　绘制直线

(9) 将"虚线"图层设为当前图层。执行 LINE 命令绘制虚线，结果如图 8-88 所示。

(10) 将"粗实线"图层设为当前图层。选择"绘图"|"多段线"命令，即执行 PLINE 命令，AutoCAD 提示如下信息。

```
指定起点:         //在图 8-88 中，捕捉圆与垂直线的上交点 A
指定下一个点或 [圆弧(A)/半宽(H)/长度(L)/放弃(U)/宽度(W)]: W
指定起点宽度 <0.0>:    //按 Enter 键
指定端点宽度 <0.0>: 5
指定下一个点或 [圆弧(A)/半宽(H)/长度(L)/放弃(U)/宽度(W)]: @0,-5
指定下一个点或 [圆弧(A)/闭合(C)/半宽(H)/长度(L)/放弃(U)/宽度(W)]:    //按 Enter 键
```

(11) 执行结果如图 8-89 所示。

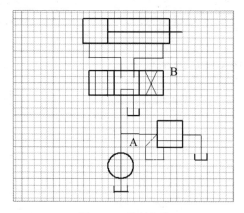

图 8-88　绘制虚线

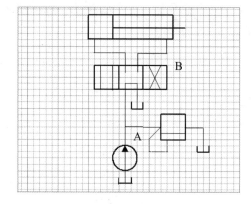

图 8-89　绘制箭头

(12) 再次执行 PLINE 命令，AutoCAD 提示如下信息。

指定起点:　　　　　　　　　　//在图 8-89 中，捕捉向右倾斜的直线与上水平线的交点 B
指定下一个点或 [圆弧(A)/半宽(H)/长度(L)/放弃(U)/宽度(W)]: W
指定起点宽度 <0.0>:　　　　　　//按 Enter 键
指定端点宽度 <0.0>: 2
指定下一个点或 [圆弧(A)/半宽(H)/长度(L)/放弃(U)/宽度(W)]:
//在该提示下通过捕捉最近点的方式在已有斜线上确定另一点
指定下一个点或 [圆弧(A)/闭合(C)/半宽(H)/长度(L)/放弃(U)/宽度(W)]:　　//按 Enter 键

(13) 使用类似方法，绘制其他箭头，结果如图 8-90 所示(也可以通过复制的方式得到其他箭头)。

(14) 执行 LINE 命令绘制直线，AutoCAD 提示如下信息。

LINE 指定第一点:　　　　　　　//捕捉图 8-90 中表示减压阀矩形的上边的中点
指定下一点或 [放弃(U)]: @5<15
指定下一点或 [放弃(U)]: @10<165
指定下一点或 [闭合(C)/放弃(U)]: @10<15
指定下一点或 [闭合(C)/放弃(U)]: @10<165
指定下一点或 [闭合(C)/放弃(U)]:　　//按 Enter 键

(15) 执行结果如图 8-91 所示。

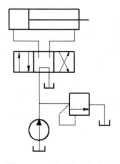

图 8-90　绘制更多箭头

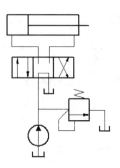

图 8-91　绘制弹簧

(16) 选择"修改"|"修剪"命令，执行 TRIM 命令修剪图形，如图 8-92 所示。

(17) 执行 LINE 命令，绘制换向阀中的两条短水平直线，结果如图 8-93 所示。

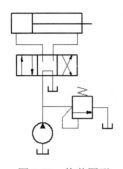　　　　　　　　　　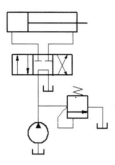

图 8-92　修剪图形　　　　　　　　　　　图 8-93　绘图结果

8.5　绘制凸轮机构

本节将介绍绘制直动从动件盘形凸轮机构的方法。

(1) 以本书第 7 章创建的图层为基础建立新图形，分别在对应图层绘制中心线、直径为 60 的基圆和直径为 120 的辅助圆，如图 8-94 所示。

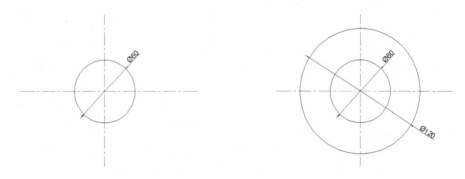

图 8-94　绘制中心线和圆

(2) 在基圆与中心线的对应交点位置绘制长度适当(长度约 140)的切线，如图 8-95 所示。

(3) 在命令行中输入 AR，打开"阵列"对话框，在该对话框中进行相关的设置，如图 8-96 所示(通过"环形阵列"单选按钮，将阵列模式设置为环形阵列；通过"中心点"按钮，捕捉圆心为阵列中心；通过"选择对象"按钮，选择已有两条切线为阵列对象；阵列项目总数设为 5，填充角度设为 90)。

(4) 在"阵列"对话框中单击"确定"按钮完成阵列操作，结果如图 8-97 所示。

(5) 参考图 8-98 所示的尺寸标注，在辅助切线上确定对应的点。

(6) 绘制包含角为 90°、半径为 60、通过由尺寸 79 所确定点的圆弧，如图 8-99 所示。

(7) 通过已确定的点，绘制两条样条曲线，完成凸轮轮廓的绘制，如图 8-100 所示(绘制样条曲线时，应使曲线在起始、终止点位置与已有圆弧相切)。

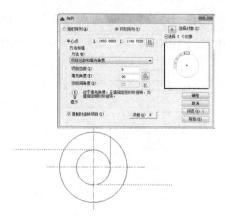

图 8-95　绘制切线

图 8-96　设置阵列

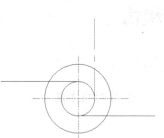

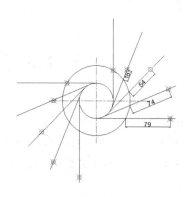

图 8-97　阵列效果

图 8-98　确定点

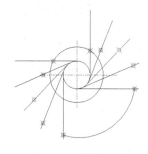

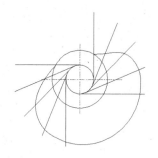

图 8-99　绘制圆弧

图 8-100　绘制样条曲线

(8) 删除图形中的辅助线，然后绘制如图 8-101 所示的图形，完成凸轮机构的绘制。

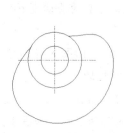

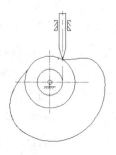

图 8-101　图形绘制结果

8.6　思　考　练　习

1. 绘制如图 8-102 所示的多缸卸荷回路(尺寸由读者确定)。
2. 绘制如图 8-103 所示的拉伸弹簧(图中给出了主要尺寸，其余尺寸由读者确定)。

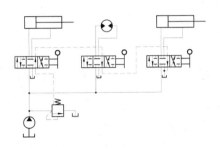

图 8-102　多缸卸荷回路

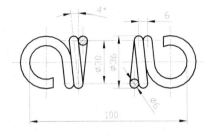

图 8-103　　拉伸弹簧

第9章 绘制常用标准件

当绘制机械图形，特别是绘制装配图时，标准件(如螺栓、螺母等)的绘制必不可少。如果用户使用的 CAD 系统有对应的标准件库，当需要绘制标准件时，直接将标准件图形插入图形中即可。但如果没有标准件库，则需要单独绘制它们。本章将介绍一些典型标准件的绘制过程，包括螺栓、把手、轴承以及垫圈等。许多标准件是机械设计时频繁使用的零件，如果在设计时单独去绘制每一个标准件，会大大降低绘图的效率，但利用 AutoCAD 的块等功能，则可以建立标准件库，使用户的绘图过程变为拼图过程。

9.1 绘制螺栓

本节将介绍使用 AutoCAD 绘制如图 9-1 所示的螺栓的具体操作方法。

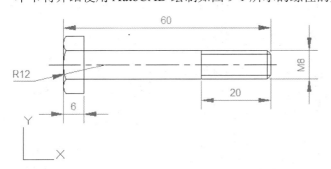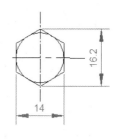

图 9-1 螺栓

(1) 首先，创建一个新图形，并设置图层。将"中心线"图层设为当前图层。选择"绘图" | "直线"命令，即执行 LINE 命令，AutoCAD 提示如下信息。

```
指定第一点：                    //在绘图屏幕恰当位置拾取一点
指定下一点或 [放弃(U)]:@100,0
指定下一点或 [放弃(U)]:          //按 Enter 键
```

(2) 再次执行 LINE 命令，在左视图位置，绘制长约 20 的垂直中心线(因为六角螺栓中六角形的最大尺寸为 16.2)，结果如图 9-2 所示。

(3) 将"粗实线"图层设为当前图层。先绘制左视图，或选择"绘图" | "多边形"命令，即执行 POLYGON 命令，AutoCAD 提示如下信息。

```
输入边的数目 <4>: 6
指定正多边形的中心点或 [边(E)]:              //捕捉图 9-2 中两条中心线的交点
输入选项 [内接于圆(I)/外切于圆(C)] <I>:        //所绘六边形将内接于假想的圆
```

指定圆的半径: 8.1

(4) 执行结果如图 9-3 所示。

图 9-2　绘制中心线　　　　　　　　　　　图 9-3　绘制六边形

(5) 选择"修改"|"旋转"命令，即执行 ROTATE 命令，AutoCAD 提示如下信息。

选择对象:　　　　　　　　　//选择图 9-3 中的六边形
选择对象:　　　　　　　　　//按 Enter 键
指定基点:　　　　　　　　　//捕捉图 9-3 中两条中心线的交点
指定旋转角度，或 [复制(C)/参照(R)]: 90

(6) 执行结果如图 9-4 所示。

(7) 选择"绘图"|"直线"命令，即执行 LINE 命令，AutoCAD 提示如下信息。

指定第一点:　　　　　　　　//捕捉图 9-4 中两条中心线的交点
指定下一点或 [放弃(U)]:
//在该提示下按住 Shift 键并右击，在弹出的对象捕捉快捷菜单中选择"垂直"命令
_per 到　　　　　　　　　　//在该提示下拾取图 9-4 中六边形上的任意一条斜边，如图 9-5 所示
指定下一点或 [放弃(U)]:　　//按 Enter 键

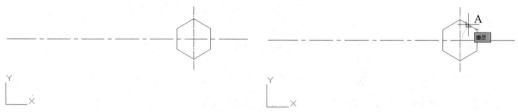

图 9-4　旋转结果　　　　　　　　　　　　图 9-5　绘制辅助线

(8) 选择"绘图"|"圆"|"圆心、半径"命令，执行 CIRCLE 命令，AutoCAD 提示如下信息。

指定圆的圆心或 [三点(3P)/两点(2P)/相切、相切、半径(T)]:　　//捕捉图 9-5 中两条中心线的交点
指定圆的半径或 [直径(D)]:　　　　　　　//在该提示下捕捉辅助直线与六边形边的交点 A

(9) 执行结果如图 9-6 所示。

(10) 执行 LINE 命令，AutoCAD 提示如下信息。

指定第一点:　　　　　　　　//在主视图位置，确定作为主视图最左垂直线上的第一端点
指定下一点或 [放弃(U)]:　　//确定直线的另一端点。为使所绘直线垂直，可打开"正交功能"

指定下一点或 [放弃(U)]: //按 Enter 键

(11) 执行结果如图 9-7 所示。

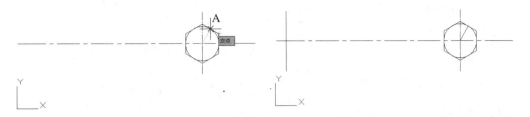

图 9-6 绘制圆 图 9-7 绘制直线

(12) 选择"修改"|"偏移"命令，执行 OFFSET 命令，AutoCAD 提示如下信息。

指定偏移距离或 [通过(T)/删除(E)/图层(L)]: 6
选择要偏移的对象，或 [退出(E)/放弃(U)] <退出>: //拾取图 9-7 中的垂直线
指定要偏移的那一侧上的点，或 [退出(E)/多个(M)/放弃(U)] <退出>:
//在所拾取垂直线的右侧任意拾取一点
选择要偏移的对象，或 [退出(E)/放弃(U)] <退出>: //按 Enter 键

(13) 重复执行 OFFSET 命令，AutoCAD 提示如下信息。

指定偏移距离或 [通过(T)/删除(E)/图层(L)]: 40
选择要偏移的对象，或 [退出(E)/放弃(U)] <退出>: //拾取图 9-7 中的垂直线
指定要偏移的那一侧上的点，或 [退出(E)/多个(M)/放弃(U)] <退出>:
//在所拾取垂直线的右侧任意拾取一点
选择要偏移的对象，或 [退出(E)/放弃(U)] <退出>: //按 Enter 键

(14) 重复执行 OFFSET 命令，AutoCAD 提示如下信息。

指定偏移距离或 [通过(T)/删除(E)/图层(L)]: 60
选择要偏移的对象，或 [退出(E)/放弃(U)] <退出>: //拾取图 9-7 中的垂直线
指定要偏移的那一侧上的点，或 [退出(E)/多个(M)/放弃(U)] <退出>:
//在所拾取垂直线的右侧任意拾取一点
选择要偏移的对象，或 [退出(E)/放弃(U)] <退出>: //按 Enter 键

(15) 执行结果如图 9-8 所示。

(16) 执行 LINE 命令，从左视图的对应点向左绘制水平直线，如图 9-9 所示。

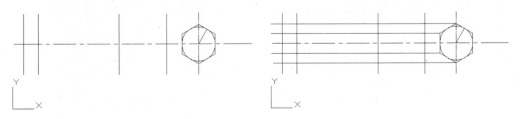

图 9-8 绘制平行线 图 9-9 绘制水平线

(17) 选择"绘图"|"圆"|"圆心、半径"命令, 即执行 CIRCLE 命令, AutoCAD 提示如下信息。

```
指定圆的圆心或 [三点(3P)/两点(2P)/相切、相切、半径(T)]:
//从对象捕捉快捷菜单中选择"自"命令
_from 基点:              //捕捉图 9-9 中水平中心线与位于最左侧的垂直线的交点
<偏移>: @12,0
指定圆的半径或 [直径(D)]: 12
```

(18) 执行结果如图 9-10 所示。

(19) 选择"修改"|"修剪"命令, 即执行 TRIM 命令, AutoCAD 提示如下信息。

```
选择剪切边…
选择对象或 <全部选择>:
//在该提示下选择作为剪切边的对象, 如图 9-11 所示(虚线为被选对象)
选择对象:                                    //按 Enter 键
选择要修剪的对象, 或按住 Shift 键选择要延伸的对象, 或
[栏选(F)/窗交(C)/投影(P)/边(E)/删除(R)/放弃(U)]:
//在该提示下拾取被修剪对象的修剪部分, 如图 9-12 所示
选择要修剪的对象, 或按住 Shift 键选择要延伸的对象, 或
[栏选(F)/窗交(C)/投影(P)/边(E)/删除(R)/放弃(U)]:            //按 Enter 键
```

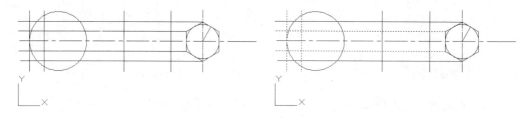

图 9-10　绘制圆　　　　　　　　　　　　　　图 9-11　选择剪切边

(20) 执行 LINE 命令, 在图 9-12 中的螺栓头部绘制辅助线, 结果如图 9-13 所示(在图 9-13 中, 垂直辅助线的起始点是已有圆弧与对应水平线的交点, 该直线与位于最下面的水平线垂直; 水平辅助线是从垂直辅助线的中点向左绘制水平线)。

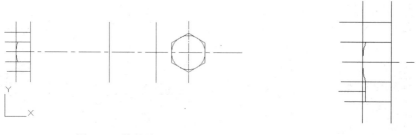

图 9-12　修剪结果　　　　　　　　　　　　　　图 9-13　绘制辅助线

(21) 选择"绘图"|"圆弧"|"三点"命令, AutoCAD 提示如下信息。

指定圆弧的起点或 [圆心(C)]:　　　　　//捕捉图 9-13 中垂直辅助线与一水平线的交点

指定圆弧的第二个点或 [圆心(C)/端点(E)]:

//捕捉图 9-13 中水平辅助线与位于最左侧的垂直线的交点

指定圆弧的端点:　　　　　　　　　//捕捉图 9-13 中垂直辅助线与另一水平线的交点

(22) 执行结果如图 9-14 所示。

(23) 选择"修改" | "镜像"命令，执行 MIRROR 命令，AutoCAD 提示如下信息。

选择对象:　　　　　　　　　　　//选择在步骤(21)中绘制的圆弧

选择对象:　　　　　　　　　　　//按 Enter 键

指定镜像线的第一点:　　　　　　//捕捉水平中心线的左端点

指定镜像线的第二点:　　　　　　//捕捉水平中心线的另一端点

是否删除源对象？[是(Y)/否(N)] <N>:　　//按 Enter 键

(24) 执行结果如图 9-15 所示。

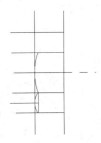
图 9-14　绘制圆弧

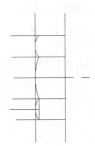
图 9-15　镜像结果

(25) 选择"修改" | "修剪"命令，即执行 TRIM 命令，AutoCAD 提示如下信息。

选择剪切边…

选择对象或 <全部选择>:　　　//选择剪切边，如图 9-16 所示(虚线部分为被选中对象)

选择对象:　　　　　//按 Enter 键

选择要修剪的对象，或按住 Shift 键选择要延伸的对象，或

[栏选(F)/窗交(C)/投影(P)/边(E)/删除(R)/放弃(U)]:

//在此提示下，在图 9-16 中拾取被剪对象上的对应边，请参照图 9-17 所示

选择要修剪的对象，或按住 Shift 键选择要延伸的对象，或

[栏选(F)/窗交(C)/投影(P)/边(E)/删除(R)/放弃(U)]:　　　　//按 Enter 键

(26) 执行结果如图 9-17 所示。

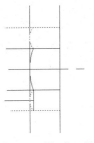
图 9-16　选择剪切边

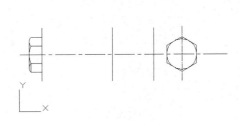
图 9-17　修剪结果

(27) 将"中心线"图层设为当前图层。选择"修改"｜"偏移"命令，即执行 OFFSET 命令，AutoCAD 提示如下信息。

> 指定偏移距离或 [通过(T)/删除(E)/图层(L)]: 4
> 选择要偏移的对象，或 [退出(E)/放弃(U)] <退出>:　　　　　//拾取图 9-17 中的水平中心线
> 指定要偏移的那一侧上的点，或 [退出(E)/多个(M)/放弃(U)] <退出>:
> //在水平中心线的上方任意拾取一点
> 选择要偏移的对象，或 [退出(E)/放弃(U)] <退出>:　　　　　//按 Enter 键

(28) 再次执行 OFFSET 命令，AutoCAD 提示如下信息。

> 指定偏移距离或 [通过(T)/删除(E)/图层(L)]<4.0>: 3
> 选择要偏移的对象，或 [退出(E)/放弃(U)] <退出>:　　　　　//拾取图 9-17 中的水平中心线
> 指定要偏移的那一侧上的点，或 [退出(E)/多个(M)/放弃(U)] <退出>:
> //在水平中心线的上方任意拾取一点
> 选择要偏移的对象，或 [退出(E)/放弃(U)] <退出>:　　　　　//按 Enter 键

(29) 执行结果如图 9-18 所示。

(30) 在命令行执行 TRIM 命令剪切图形，结果如图 9-19 所示。

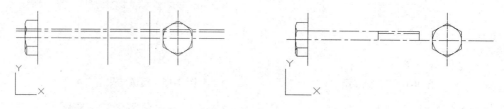

　　图 9-18　绘制平行线　　　　　　　　　　　　图 9-19　修剪辅助线

(31) 将图 9-19 中表示螺栓外径的直线更改到"粗实线"图层，将表示螺栓内径的直线更改到"细实线"图层，结果如图 9-20 所示。

(32) 选择"修改"｜"镜像"命令，即执行 MIRROR 命令，AutoCAD 提示如下信息。

> 选择对象:　//选择图 9-20 中主视图上表示螺栓内外径的直线和位于主视图右端的两条短垂直线
> 选择对象:　//按 Enter 键
> 指定镜像线的第一点:　　　　　　　　　　//捕捉水平垂直线的左端点
> 指定镜像线的第二点:　　　　　　　　　　//捕捉水平垂直线的右端点
> 是否删除源对象? [是(Y)/否(N)] <N>:　　　//按 Enter 键

(33) 执行结果如图 9-21 所示。

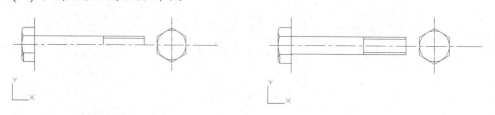

　　图 9-20　更改图层后的结果　　　　　　　　　图 9-21　镜像结果

(34) 选择 "修改" | "倒角" 命令，即执行 CHAMFER 命令，AutoCAD 提示如下信息。

> 选择第一条直线或 [放弃(U)/多段线(P)/距离(D)/角度(A)/修剪(T)/方式(E)/多个(M)]:D
> 指定第一个倒角距离 <10.0>: 1
> 指定第二个倒角距离 <1.0>:　　　　//按 Enter 键
> 选择第一条直线或 [放弃(U)/多段线(P)/距离(D)/角度(A)/修剪(T)/方式(E)/多个(M)]:
> //选择图 9-21 中主视图上表示螺栓外径的上水平线
> 选择第二条直线，或按住 Shift 键选择要应用角点的直线:
> //选择图 9-21 中主视图上位于最右端的垂直线

(35) 再次执行 CHAMFER 命令，AutoCAD 提示如下信息。

> 选择第一条直线或 [放弃(U)/多段线(P)/距离(D)/角度(A)/修剪(T)/方式(E)/多个(M)]:
> //选择图 9-21 中主视图上表示螺栓外径的下水平线
> 选择第二条直线，或按住 Shift 键选择要应用角点的直线:　//选择图 9-21 中主视图上位于最右端的垂直线

(36) 执行结果如图 9-22 所示。

(37) 执行 LINE 命令，在图 9-22 中的倒角部位绘制直线；利用 BREAK 命令将中心线断开，截掉右边多余的部分；使用 TRIM 命令剪切多余的线，最后得到的图形结果如图 9-23 所示。

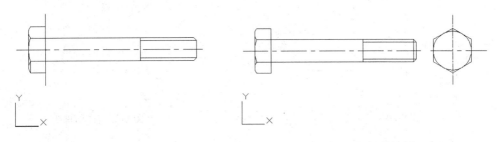

图 9-22　倒角结果　　　　　　　　　图 9-23　图形最终效果

9.2　绘 制 轴 承

轴承有多种类型，是机械设计中最常用的标准件之一。国家标准对轴承的绘制有具体的规定。本节将介绍如何绘制这些轴承。

9.2.1　绘制向心轴承

本节将绘制标号为 6206 的向心轴承，其主要尺寸为：D=62，d=30，B=16，A=16。

(1) 创建一个新图形并设置图层，将 "中心线" 图层设为当前图层，选择 "绘图" | "直线" 命令，即执行 LINE 命令，AutoCAD 提示如下信息。

指定第一点：	//在绘图屏幕恰当位置拾取一点
指定下一点或 [放弃(U)]: @25,0	
指定下一点或 [放弃(U)]:	//按 Enter 键

(2) 将"粗实线"图层设为当前图层。再次执行 LINE 命令，AutoCAD 提示如下信息。

指定第一点：	//捕捉已绘中心线的左端点
指定下一点或 [放弃(U)]: @0,31	
指定下一点或 [放弃(U)]:	//按 Enter 键

(3) 执行结果如图 9-24 所示。

(4) 选择"修改" | "移动"命令，即执行 MOVE 命令，AutoCAD 提示如下信息。

选择对象：	//选择在步骤(2)中绘制的直线
选择对象：	//按 Enter 键
指定基点或 [位移(D)] <位移>:	//在绘图屏幕任意位置拾取一点
指定第二个点或 <使用第一个点作为位移>: @4.5,0	

(5) 执行结果如图 9-25 所示。

图 9-24　绘制直线   图 9-25　移动直线

(6) 选择"修改" | "复制"命令，即执行 COPY 命令，AutoCAD 提示如下信息。

选择对象：	//选择图 9-25 中的垂直线
选择对象：	//按 Enter 键
指定基点或 [位移(D)/模式(O)] <位移>:	//在绘图屏幕任意位置拾取一点
指定第二个点或 <使用第一个点作为位移>: @16,0	
指定第二个点或 [退出(E)/放弃(U)] <退出>:	//按 Enter 键

(7) 执行结果如图 9-26 所示。

(8) 执行 LINE 命令，AutoCAD 提示如下信息。

指定第一点：	//捕捉图 9-26 中一垂直线的上端点
指定下一点或 [放弃(U)]:	//捕捉图 9-26 中另一垂直线的上端点
指定下一点或 [放弃(U)]:	//按 Enter 键

(9) 执行结果如图 9-27 所示。

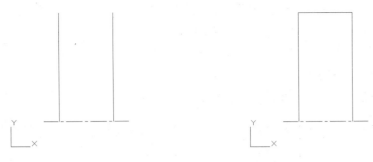

　　　图 9-26　复制直线　　　　　　　　　　　　　图 9-27　绘制直线

(10) 在命令行中执行 COPY 命令，AutoCAD 提示如下信息。

> 选择对象:　　　　　　　　　　//选择图 9-27 中位于最上方的水平直线
> 选择对象:　　　　　　　　　　//按 Enter 键
> 指定基点或 [位移(D)/模式(O)] <位移>:　　//在绘图屏幕任意位置拾取一点
> 指定第二个点或 <使用第一个点作为位移>: @0,-16
> 指定第二个点或 <使用第一个点作为位移>:　　//按 Enter 键

(11) 继续执行 COPY 命令，AutoCAD 提示如下信息。

> 选择对象:　　　　　　　　　　//选择图 9-27 中的水平中心线
> 选择对象:　　　　　　　　　　//按 Enter 键
> 指定基点或 [位移(D)/模式(O)] <位移>:　　//在绘图屏幕任意位置拾取一点
> 指定第二个点或 <使用第一个点作为位移>: @0,23
> 指定第二个点或 <使用第一个点作为位移>:　　//按 Enter 键

(12) 执行结果如图 9-28 所示。

(13) 将"中心线"图层设为当前图层，执行 LINE 命令，AutoCAD 提示如下信息。

> 指定第一点:　　　　　　　　　//捕捉图 9-28 中位于最上方的水平直线的中点
> 指定下一点或 [放弃(U)]: @0,-20
> 指定下一点或 [放弃(U)]:　　　　//按 Enter 键

(14) 执行结果如图 9-29 所示。

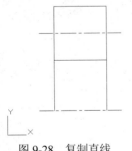
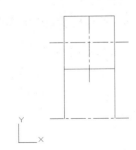

　　　图 9-28　复制直线　　　　　　　　　　　　图 9-29　绘制垂直中心线

(15) 将"粗实线"图层设为当前图层。选择"绘图" |"圆" |"圆心、半径"命令，即执行 CIRCLE 命令，AutoCAD 提示如下信息。

> 指定圆的圆心或 [三点(3P)/两点(2P)/相切、相切、半径(T)]:
> //在图 9-29 中，捕捉在步骤(13)中得到的两条中心线的交点
> 指定圆的半径或 [直径(D)]: 4

(16) 执行结果如图 9-30 所示。

(17) 绘制辅助直线，执行 LINE 命令，AutoCAD 提示如下信息。

> 指定第一点:　　　　　　　　　　//捕捉图 9-30 中的圆心
> 指定下一点或 [放弃(U)]: @10<-30
> 指定下一点或 [放弃(U)]:　　　　//按 Enter 键

(18) 执行结果如图 9-31 所示。

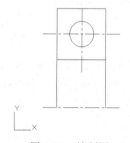
图 9-30　绘制圆

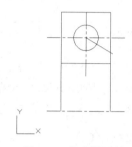
图 9-31　绘制辅助线

(19) 执行 LINE 命令，AutoCAD 提示如下信息。

> 指定第一点:　　　　　　　　　　//捕捉图 9-31 中辅助线与圆的交点
> 指定下一点或 [放弃(U)]:　　　　//捕捉最右侧直线的垂足点
> 指定下一点或 [放弃(U)]:　　　　//按 Enter 键

(20) 执行结果如图 9-32 所示。

(21) 选择"修改"|"镜像"命令，即执行 MIRROR 命令，AutoCAD 提示如下信息。

> 选择对象:　　　　　　　　　　//选择在步骤(19)中绘制的直线
> 选择对象:　　　　　　　　　　//按 Enter 键
> 指定镜像线的第一点:　　　　　//捕捉图 9-32 中垂直中心线的一端点
> 指定镜像线的第二点:　　　　　//捕捉图 9-32 中垂直中心线的另一端点
> 是否删除源对象? [是(Y)/否(N)] <N>: //按 Enter 键

(22) 执行结果如图 9-33 所示。

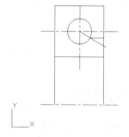
图 9-32　绘制直线

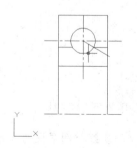
图 9-33　镜像结果

(23) 再次执行 MIRROR 命令，AutoCAD 提示如下信息。

选择对象:	//选择图 9-33 中与圆相交的两条短水平直线
选择对象:	//按 Enter 键
指定镜像线的第一点:	//捕捉图 9-33 中位于上方的水平中心线的一端点
指定镜像线的第二点:	//捕捉图 9-33 中位于上方的水平中心线的另一端点
是否删除源对象？[是(Y)/否(N)] <N>:	//按 Enter 键

(24) 执行结果如图 9-34 所示。

(25) 对图 9-34 执行 ERASE 命令，删除图中的辅助斜线；再执行 MOVE 命令，将垂直中心线向上移动一定距离，如图 9-35 所示。

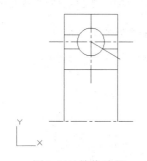
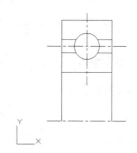

图 9-34　镜像结果　　　　　　　　　　　图 9-35　修整结果

(26) 执行 MIRROR 命令，AutoCAD 提示如下信息。

选择对象:	//选择图 9-35 中除位于下方的水平中心线以外的全部图形对象
选择对象:	//按 Enter 键
指定镜像线的第一点:	//捕捉图 9-35 中位于下方的水平中心线的一端点
指定镜像线的第二点:	//捕捉图 9-35 中位于下方的水平中心线的另一端点
是否删除源对象？[是(Y)/否(N)] <N>:	//按 Enter 键

(27) 执行结果如图 9-36 所示。

(28) 将"剖面线"图层设为当前图层。选择"绘图"|"图案填充"命令，即执行 BHATCH 命令，在命令行中输入 T 并按 Enter 键，打开"图案填充和渐变色"对话框，在该对话框进行相关设置，如图 9-37 所示。

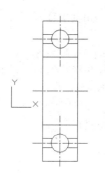
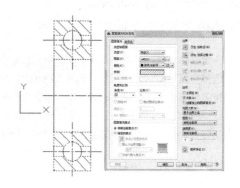

图 9-36　镜像图形　　　　　　　　　　　图 9-37　填充图案

(29) 通过"拾取点"按钮确定了填充边界，然后按 Enter 键完成图形绘制。

9.2.2　绘制圆锥滚子轴承

本节将绘制标号为 30206 的圆锥滚子轴承，其主要尺寸为：D=62，d=30，T=17.25，B=16，C=14，A=16。

(1) 创建一个新图形并设置图层。用与绘制向心轴承类似的方法，分别在"中心线"和"粗实线"图层绘制中心线与轮廓线，如图 9-38 所示(图中给出了图形的尺寸)。

(2) 选择"工具"|"新建 UCS"|"原点"命令，AutoCAD 提示如下信息。

> 指定新原点 <0,0,0>: //在该提示下捕捉图 9-38 中位于上方的两条中心线的交点

(3) 选择"工具"|"新建 UCS"|Z 命令，AutoCAD 提示如下信息。

> 指定绕 Z 轴的旋转角度 <90.0>: 15

(4) 执行结果如图 9-39 所示。

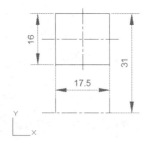

图 9-38　绘制基本轮廓

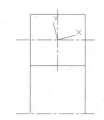

图 9-39　建立新 UCS 并旋转

(5) 选择"修改"|"旋转"命令，执行 ROTATE 命令，AutoCAD 提示如下信息。

> 选择对象:　　　　　　　　　　　//选择图 9-39 中位于上方的水平和垂直中心线
> 选择对象:　　　　　　　　　　　//按 Enter 键
> 指定基点:　　　　　　　　　　　//捕捉两条中心线的交点
> 指定旋转角度，或 [复制(C)/参照(R)]: 15

(6) 执行结果如图 9-40 所示。

(7) 选择"修改"|"偏移"命令，即执行 OFFSET 命令，AutoCAD 提示如下信息。

> 指定偏移距离或 [通过(T)/删除(E)/图层(L)]: 14
> 选择要偏移的对象，或 [退出(E)/放弃(U)] <退出>:　　　//拾取图 9-40 中位于最左侧的垂直线
> 指定要偏移的那一侧上的点，或 [退出(E)/多个(M)/放弃(U)] <退出>:
> //在所拾取直线的右侧任意拾取一点
> 选择要偏移的对象，或 [退出(E)/放弃(U)] <退出>:　　　　//按 Enter 键

(8) 执行结果如图 9-41 所示。

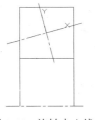

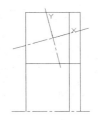

图 9-40　旋转中心线　　　　　　　　　　　图 9-41　绘制平行线

(9) 继续执行 OFFSET 命令，AutoCAD 提示如下信息。

> 指定偏移距离或 [通过(T)/删除(E)/图层(L)]: 4
> 选择要偏移的对象，或 [退出(E)/放弃(U)] <退出>:　　　//拾取图 9-41 中与 X 坐标轴重合的斜线
> 指定要偏移的那一侧上的点，或 [退出(E)/多个(M)/放弃(U)] <退出>:
> //在所拾取直线的上方任意拾取一点
> 选择要偏移的对象，或 [退出(E)/放弃(U)] <退出>:　　　//仍拾取图 9-41 中与 X 坐标轴重合的斜线
> 指定要偏移的那一侧上的点，或 [退出(E)/多个(M)/放弃(U)] <退出>:
> //在所拾取直线的下方任意拾取一点
> 选择要偏移的对象，或 [退出(E)/放弃(U)] <退出>:　　　//按 Enter 键

(10) 执行结果如图 9-42 所示。

(11) 执行 LINE 命令绘制直线，AutoCAD 提示如下信息。

> 指定第一点:　　　　//捕捉图 9-42 中位于 X 轴下方的斜线与由步骤(7)得到的垂直直线的交点
> 指定下一点或 [放弃(U)]:　//捕捉位于 X 轴上方的斜线的垂足点
> 指定下一点或 [放弃(U)]:　//按 Enter 键

(12) 执行结果如图 9-43 所示。

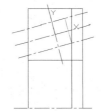

图 9-42　偏移中心线　　　　　　　　　　　图 9-43　绘制直线

(13) 选择"修改" | "镜像"命令，即执行 MIRROR 命令，AutoCAD 提示如下信息。

> 选择对象:　　　　//选择在步骤(11)中得到的直线
> 选择对象:　　　　//按 Enter 键
> 指定镜像线的第一点:　　//捕捉沿 Y 坐标轴方向中心线上的一端点
> 指定镜像线的第二点:　　//捕捉沿 Y 坐标轴方向中心线上的另一端点
> 是否删除源对象？[是(Y)/否(N)] <N>:　//按 Enter 键

(14) 执行结果如图 9-44 所示。

(15) 选择"修改" | "偏移"命令，即执行 OFFSET 命令，AutoCAD 提示如下信息。

指定偏移距离或 [通过(T)/删除(E)/图层(L)] <4.0>: 8

选择要偏移的对象，或 [退出(E)/放弃(U)] <退出>:　　//选择图 9-44 中位于中间位置的水平直线

指定要偏移的那一侧上的点，或 [退出(E)/多个(M)/放弃(U)] <退出>:

//在所选择直线的上方任意拾取一点

选择要偏移的对象，或 [退出(E)/放弃(U)] <退出>:　　//按 Enter 键

(16) 继续执行 OFFSET 命令，AutoCAD 提示如下信息。

指定偏移距离或 [通过(T)/删除(E)/图层(L)] <8.0>: 4

选择要偏移的对象，或 [退出(E)/放弃(U)] <退出>:　　//选择图 9-44 中位于中间位置的水平直线

指定要偏移的那一侧上的点，或 [退出(E)/多个(M)/放弃(U)] <退出>:

//在所选择直线的上方任意拾取一点

选择要偏移的对象，或 [退出(E)/放弃(U)] <退出>:　　//按 Enter 键

(17) 继续执行 OFFSET 命令，AutoCAD 提示如下信息。

指定偏移距离或 [通过(T)/删除(E)/图层(L)] <8.0>: 16

选择要偏移的对象，或 [退出(E)/放弃(U)] <退出>:　　//选择图 9-44 中位于最右侧的垂直线

指定要偏移的那一侧上的点，或 [退出(E)/多个(M)/放弃(U)] <退出>:

//在所选择直线的左侧任意拾取一点

选择要偏移的对象，或 [退出(E)/放弃(U)] <退出>:　　//按 Enter 键

(18) 执行结果如图 9-45 所示。

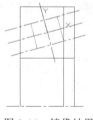

图 9-44　镜像结果

图 9-45　偏移直线

(19) 选择"修改" | "修剪"命令，即执行 TRIM 命令，AutoCAD 提示如下信息。

选择剪切边…

选择对象或 <全部选择>:

//在该提示下选择作为剪切边的对象，如图 9-46 所示(虚线为被选择的对象)

选择对象:　　　　　　　　　　　　　　　　　　//按 Enter 键

选择要修剪的对象，或按住 Shift 键选择要延伸的对象，或

[栏选(F)/窗交(C)/投影(P)/边(E)/删除(R)/放弃(U)]:

//在该提示下拾取被修剪对象的修剪部分，如图 9-47 所示

选择要修剪的对象，或按住 Shift 键选择要延伸的对象，或

[栏选(F)/窗交(C)/投影(P)/边(E)/删除(R)/放弃(U)]:　　　//按 Enter 键

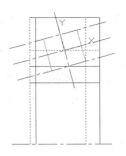

图 9-46　选择剪切边

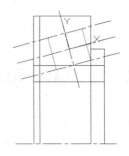

图 9-47　修剪结果

(20) 继续执行 TRIM 命令，AutoCAD 提示如下信息。

选择剪切边…
选择对象 或 <全部选择>:
//在该提示下选择作为剪切边的对象，如图 9-48 所示(虚线为被选对象))
选择对象:　　　　　　　　　　　　　　　　　　　　　//按 Enter 键
选择要修剪的对象，或按住 Shift 键选择要延伸的对象，或
[栏选(F)/窗交(C)/投影(P)/边(E)/删除(R)/放弃(U)]:
//在该提示下拾取被修剪对象的修剪部分，如图 9-49 所示
选择要修剪的对象，或按住 Shift 键选择要延伸的对象，或
[栏选(F)/窗交(C)/投影(P)/边(E)/删除(R)/放弃(U)]:　　　　　　　//按 Enter 键

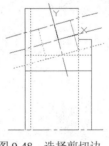

图 9-48　选择剪切边

图 9-49　修剪结果

(21) 对图 9-49 沿水平中心线镜像，如图 9-50 所示；而后填充剖面线，即可得到如图 9-51 所示的最终结果。

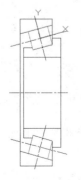

图 9-50　镜像结果

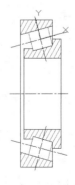

图 9-51　图案填充

9.3　绘　制　把　手

本节将介绍使用 AutoCAD 2016 绘制把手 JB/T 7274.2—2014 的具体方法。

(1) 将"中心线"图层设为当前图层。选择"绘图"|"直线"命令，即执行 LINE 命令，绘制如图 9-52 所示的中心线。

(2) 将"粗实线"图层设为当前图层。选择"绘图"|"圆"|"圆心、半径"命令，即执行 CIRCLE 命令，绘制如图 9-53 所示的圆。

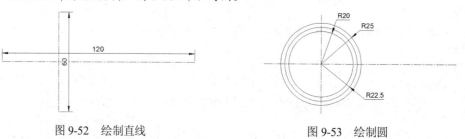

图 9-52　绘制直线　　　　　　　　　　　　　图 9-53　绘制圆

(3) 继续执行 CIRCLE 命令，绘制如图 9-54 所示的圆。

(4) 选择"绘图"|"直线"命令，绘制如图 9-55 所示的辅助线，AutoCAD 提示如下信息。

> 指定第一点:　　　　　　　　　　//捕捉图 9-54 中两条中心线的交点
> 指定下一点或 [放弃(U)]: @30<80
> 指定下一点或 [放弃(U)]:　　　　//按 Enter 键

(5) 继续执行 LINE 命令，AutoCAD 提示如下信息。

> 指定第一点:　　　　　　　　　　//捕捉图 9-54 中两条中心线的交点
> 指定下一点或 [放弃(U)]: @30<100
> 指定下一点或 [放弃(U)]:　　　　//按 Enter 键

(6) 执行结果如图 9-55 所示。

图 9-54　绘制半径 5 的圆　　　　　　　　　　图 9-55　绘制直线

(7) 选择"修改"|"修剪"命令修剪图形，然后选择"修改"|"删除"命令，删除修剪后多余的图形对象，结果如图 9-56 所示。

(8) 在命令行中执行 ARRAYCLASSIC 命令，打开"阵列"对话框，在该对话框中进行相关设置，如图 9-57 所示，然后单击"确定"按钮。

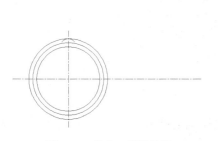

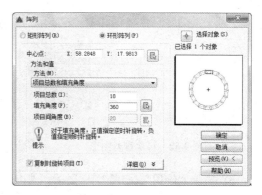

图 9-56　修剪、删除结果　　　　　　　　　　图 9-57　"阵列"对话框

(9) 执行 LINE 命令，在左视图位置绘制位于最左侧的垂直线，如图 9-58 所示。

(10) 选择"修改"|"偏移"命令，即执行 OFFSET 命令，偏移步骤(9)绘制的直线，结果如图 9-59 所示。

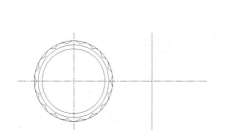
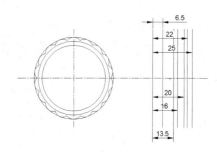

图 9-58　绘制垂直直线　　　　　　　　　　　图 9-59　偏移垂直直线

(11) 以水平中心线为偏移对象，绘制与水平中心线距离分别是 5、6、8.5、10、14 和 25 的水平中心线，结果如图 9-60 所示。

(12) 选择"修改"|"修剪"命令，即执行 TRIM 命令修剪图形，如图 9-61 所示。

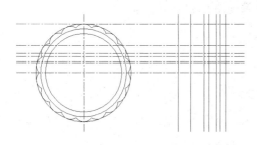
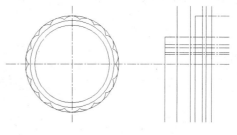

图 9-60　偏移水平中心线　　　　　　　　　　图 9-61　修剪结果

(13) 继续执行 TRIM 命令修剪图形，结果如图 9-62 所示。

(14) 将表示螺纹孔底径的直线更改到"细实线"图层，将经过修剪后得到的其余中心线更改到"粗实线"图层。结果如图 9-63 所示。

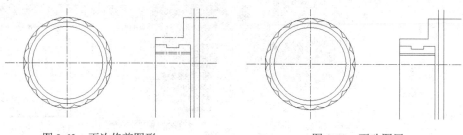

图 9-62　再次修剪图形　　　　　　　　　　　图 9-63　更改图层

(15) 选择"绘图" | "圆" | "圆心、半径"命令，AutoCAD 提示如下信息。

```
指定圆的圆心或 [三点(3P)/两点(2P)/相切、相切、半径(T)]:
//从对象捕捉快捷菜单中选择"自"命令
_from      //捕捉图 9-63 中水平中心线与位于最右侧的垂直线的交点
基点: <偏移>:@-80,0
指定圆的半径或 [直径(D)] <5.0>: 80
```

(16) 执行结果如图 9-64 所示。

(17) 执行 TRIM 命令，修剪图形对象，结果如图 9-65 所示。

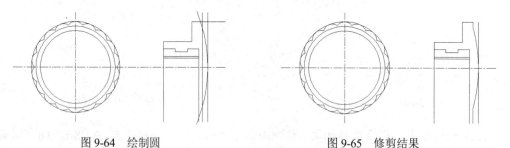

图 9-64　绘制圆　　　　　　　　　　　　　　图 9-65　修剪结果

(18) 选择"修改" | "镜像"命令，即执行 MIRROR 命令，结果如图 9-66 所示。

(19) 执行 TRIM 命令，修剪图形对象，结果如图 9-67 所示。

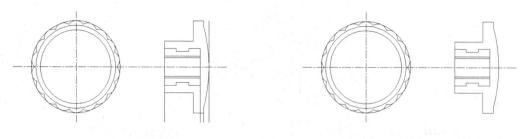

图 9-66　镜像结果　　　　　　　　　　　　　图 9-67　修剪结果

(20) 将"剖面线"图层设为当前图层。选择"绘图" | "图案填充"命令，对把后零件的金属剖面线填充 ANSI31 图形，如图 9-68 所示。

(21) 选择"绘图" | "图案填充"命令，把后零件的非金属剖面线填充 ANSI37 图形，结果 9-69 所示。

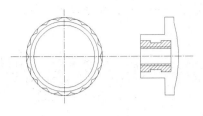 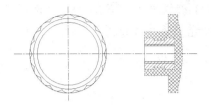

图 9-68　填充金属剖面线　　　　　　　　　图 9-69　图形效果

9.4　绘　制　垫　圈

本节将介绍在 AutoCAD 2016 中绘制圆螺母止动垫圈的方法。

(1) 分别在对应的图层绘制中心线和主视图中的圆与直线，如图 9-70 所示。

(2) 在命令行执行 ARRAYCLASSIC 命令，打开"阵列"对话框，参考图 9-71 设置参数，然后单击"确定"按钮，对直线和垂直中心线进行阵列，结果如图 9-72 所示。

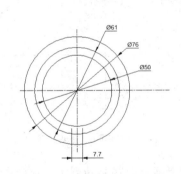 

图 9-70　绘制圆、中心线与直线　　　　　　图 9-71　设置第一次阵列

(3) 再次执行 ARRAYCLASSIC 命令，在打开的"阵列"对话框中参考图 9-73 进行设置。

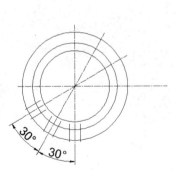 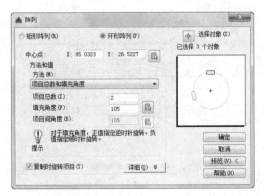

图 9-72　第一次阵列结果　　　　　　　　　图 9-73　设置第二次阵列

(4) 单击"确定"按钮，第二次阵列的结果如图 9-74 所示。

(5) 继续执行 **ARRAYCLASSIC** 命令，在打开的 "阵列" 对话框中设置对第二次阵列得到的直线和中心线进行阵列的参数，如图 9-75 所示。

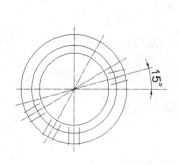

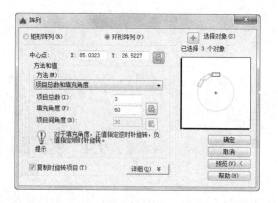

图 9-74　第二次阵列结果　　　　　　　　　图 9-75　设置第三次阵列

(6) 单击 "确定" 按钮，得到如图 9-76 所示的阵列效果。

(7) 执行 **TRIM** 命令，修剪图形对象，结果如图 9-77 所示。

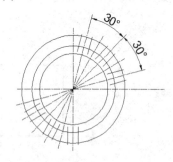

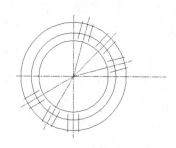

图 9-76　第三次阵列结果　　　　　　　　　图 9-77　修剪结果

(8) 绘制左视图轮廓，并将主视图中位于最下方的两条短直线延伸到对应辅助线，如图 9-78 所示。

(9) 执行 **TRIM** 命令，修剪图形对象，结果如图 9-79 所示。

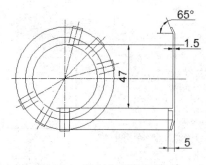

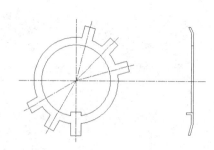

图 9-78　绘制左视图轮廓　　　　　　　　　图 9-79　修剪结果

(10) 选择 "绘图" | "图案填充" 命令，在命令行中输入 T 并按 Enter 键，打开 "图案填充和渐变色" 对话框，参考图 9-80 进行设置。

(11) 单击"添加：拾取点"按钮，填充剖面线，然后整理图形，如调整中心线的长度等，即可得到最终结果，如图 9-81 所示。

图 9-80　"图案填充和渐变色"对话框

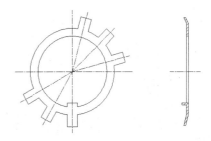

图 9-81　图案填充

9.5　思 考 练 习

1. 绘制如图 9-82 所示的油杯(未注尺寸由读者确定)。

2. 绘制开槽六角螺母，如图 9-83 所示(未注尺寸由读者确定)。

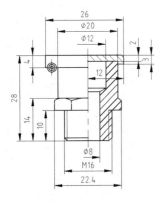

图 9-82　油杯

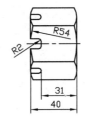 

图 9-83　开槽六角螺母

第10章 绘制零件图

零件图千变万化，但可以将其分为几大类，例如轴类、箱体类以及板类零件等。各种类型零件的绘制过程有多种方法，但也有一定的规律性。例如，当绘制对称零件(如轴、端盖等)时，可以先绘制其一半的图形，然后相对于轴线或对称线做镜像；当绘制沿若干行和若干列均匀排列的图形时(如螺栓孔)，则可以先绘制其中的一个图形，然后利用阵列来得到其他图形；当绘制有 3 个视图的零件时，可以利用栅格显示、栅格捕捉的方式绘制，也可以利用射线按投影关系先绘制一些辅助线，再绘制零件的各个视图。本章将从简单到复杂，介绍如何利用 AutoCAD 绘制常用零件，如绘制连杆、吊钩、轴、端盖、偏心轮、链轮、齿轮、皮带轮、三视图零件以及箱体零件等。

10.1 绘 制 连 杆

本章将介绍连杆图形的绘制方法，连杆是较简单的零件图，由圆和直线等组成。在绘图过程中，首先绘制中心线，然后绘制圆，再绘制直线、切线等，同时还需要进行镜像和修剪等操作。此外，由于图形对称于水平中心线，因此有些图形可以先绘制出一半，然后通过镜像来得到另一半。具体绘图过程如下。

(1) 将"中心线"图层设为当前图层。选择"绘图" | "直线"命令，即执行 LINE 命令，AutoCAD 提示如下信息。

```
指定第一点:                          //在绘图屏幕适当位置拾取一点
指定下一点或 [放弃(U)]: @110,0
指定下一点或 [放弃(U)]:              //按 Enter 键
```

(2) 继续执行 LINE 命令，在偏左位置绘制长为 50 左右的垂直中心线(如果读者不能保证该垂直中心线对称于水平中心线，可将其绘制得长些，最后再进行调整)，如图 10-1 所示。

(3) 选择"修改" | "偏移"命令，即执行 OFFSET 命令，AutoCAD 提示如下信息。

```
指定偏移距离或 [通过(T)/删除(E)/图层(L)] <通过>: 66
选择要偏移的对象，或 [退出(E)/放弃(U)] <退出>:      //拾取已有的垂直中心线
指定要偏移的那一侧上的点，或 [退出(E)/多个(M)/放弃(U)] <退出>:
//在所拾取直线的右侧任意位置拾取一点
选择要偏移的对象，或 [退出(E)/放弃(U)] <退出>:      //按 Enter 键
```

(4) 执行结果如图 10-2 所示。

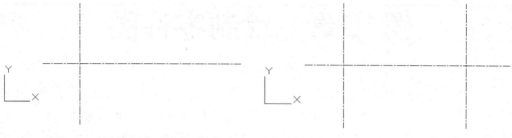

图 10-1　绘制水平和垂直中心线　　　　　　　　图 10-2　偏移垂直中心线

(5) 将"粗实线"图层设为当前图层。选择"绘图"|"圆"|"圆心、半径"命令，即执行 CIRCLE 命令，AutoCAD 提示如下信息。

> 指定圆的圆心或 [三点(3P)/两点(2P)/相切、相切、半径(T)]:
> //在图 10-2 中，捕捉水平中心线与左垂直中心线的交点
> 指定圆的半径或 [直径(D)]: 21

(6) 再执行 CIRCLE 命令，AutoCAD 提示如下信息。

> 指定圆的圆心或 [三点(3P)/两点(2P)/相切、相切、半径(T)]:
> //在图 10-2 中，捕捉水平中心线与左垂直中心线的交点
> 指定圆的半径或 [直径(D)]: 14

(7) 执行结果如图 10-3 所示。

(8) 使用同样的方法，分别执行 CIRCLE 命令，以水平中心线与位于右侧的垂直中心线的交点为圆心，绘制半径为 10 和 6.5 的两个圆，结果如图 10-4 所示。

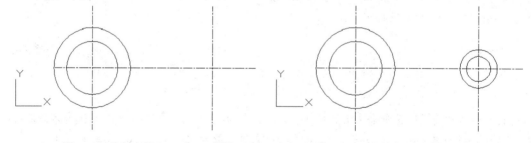

图 10-3　绘制半径为 21 和 14 的圆　　　　　　图 10-4　绘制半径为 10 和 6.5 的圆

(9) 选择"修改"|"偏移"命令，即执行 OFFSET 命令，AutoCAD 提示如下信息。

> 指定偏移距离或 [通过(T)/删除(E)/图层(L)]: 4
> 选择要偏移的对象，或 [退出(E)/放弃(U)] <退出>:　　　//拾取图 10-4 中的水平中心线
> 指定要偏移的那一侧上的点，或 [退出(E)/多个(M)/放弃(U)] <退出>:
> //在所拾取中心线的上方任意位置拾取一点
> 选择要偏移的对象，或 [退出(E)/放弃(U)] <退出>:　　　　//按 Enter 键

(10) 继续执行 OFFSET 命令，AutoCAD 提示如下信息。

> 指定偏移距离或 [通过(T)/删除(E)/图层(L)]: 18
> 选择要偏移的对象，或 [退出(E)/放弃(U)] <退出>:
> //在图 10-4 中，拾取位于左侧的垂直中心线
> 指定要偏移的那一侧上的点，或 [退出(E)/多个(M)/放弃(U)] <退出>:
> //在所拾取中心线的右侧任意位置拾取一点
> 选择要偏移的对象，或 [退出(E)/放弃(U)] <退出>:　　//按 Enter 键

(11) 执行结果如图 10-5 所示。

(12) 选择"修改"|"修剪"命令，修剪图形，结果如图 10-6 所示。

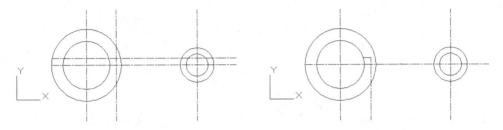

　　　　图 10-5　偏移中心线　　　　　　　　　　　　　图 10-6　修剪图形

(13) 选择"绘图"|"直线"命令，即执行 LINE 命令，AutoCAD 提示如下信息。

> 指定第一点:
> //在图 10-6 中，在水平中心线的上方，通过捕捉切点的方式在位于左侧的大圆上捕捉一点
> 指定下一点或 [放弃(U)]:
> //在图 10-6 中，在水平中心线的上方，通过捕捉切点的方式在位于右侧的大圆上捕捉一点
> 指定下一点或 [放弃(U)]:　　　　//按 Enter 键

(14) 执行结果如图 10-7 所示。

(15) 选择"修改"|"偏移"命令，即执行 OFFSET 命令，AutoCAD 提示如下信息。

> 指定偏移距离或 [通过(T)/删除(E)/图层(L)]: 5
> 选择要偏移的对象，或 [退出(E)/放弃(U)] <退出>:　　//拾取图 10-7 中的斜线
> 指定要偏移的那一侧上的点，或 [退出(E)/多个(M)/放弃(U)] <退出>:
> //在所拾取斜线的下方任意位置拾取一点
> 选择要偏移的对象，或 [退出(E)/放弃(U)] <退出>:　　//按 Enter 键

(16) 继续执行 OFFSET 命令，AutoCAD 提示如下信息。

> 指定偏移距离或 [通过(T)/删除(E)/图层(L)]: 25
> 选择要偏移的对象，或 [退出(E)/放弃(U)] <退出>:
> //在图 10-7 中，拾取位于左侧的垂直中心线
> 指定要偏移的那一侧上的点，或 [退出(E)/多个(M)/放弃(U)] <退出>:
> //在所拾取中心线的右侧任意位置拾取一点
> 选择要偏移的对象，或 [退出(E)/放弃(U)] <退出>:　　//按 Enter 键

(17) 继续执行 OFFSET 命令，AutoCAD 提示如下信息。

指定偏移距离或 [通过(T)/删除(E)/图层(L)]:53
选择要偏移的对象，或 [退出(E)/放弃(U)] <退出>:
//在图 10-7 中，拾取位于左侧的垂直中心线
指定要偏移的那一侧上的点，或 [退出(E)/多个(M)/放弃(U)] <退出>:
//在所拾取中心线的右侧任意位置拾取一点
选择要偏移的对象，或 [退出(E)/放弃(U)] <退出>:　　　　//按 Enter 键

(18) 执行结果如图 10-8 所示。

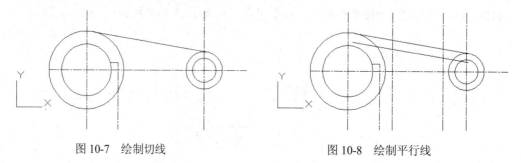

图 10-7　绘制切线　　　　　　　　　　　图 10-8　绘制平行线

(19) 选择"修改"|"圆角"命令，即执行 FILLET 命令，AutoCAD 提示如下信息。

选择第一个对象或 [放弃(U)/多段线(P)/半径(R)/修剪(T)/多个(M)]: R
指定圆角半径: 4
选择第一个对象或 [放弃(U)/多段线(P)/半径(R)/修剪(T)/多个(M)]:
//在图 10-8 中，拾取通过步骤(15)得到的垂直中心线
选择第二个对象，或按住 Shift 键选择要应用角点的对象:
//在图 10-8 中，拾取通过偏移而得到的斜线

(20) 继续执行 FILLET 命令，AutoCAD 提示如下信息。

选择第一个对象或 [放弃(U)/多段线(P)/半径(R)/修剪(T)/多个(M)]: R
指定圆角半径: 2
选择第一个对象或 [放弃(U)/多段线(P)/半径(R)/修剪(T)/多个(M)]:
//在图 10-8 中，拾取通过步骤(16)得到的垂直中心线
选择第二个对象，或按住 Shift 键选择要应用角点的对象:
//在图 10-8 中，拾取通过偏移而得到的斜线

(21) 执行结果如图 10-9 所示。

(22) 选择"修改"|"镜像"命令，即执行 MIRROR 命令，AutoCAD 提示如下信息。

选择对象:　　　　　　　　　//选择需要镜像的对象，如图 10-10 中的虚线对象
选择对象:　　　　　　　　　//按 Enter 键
指定镜像线的第一点:　　　　　//捕捉图 10-10 中水平中心线的一端点
指定镜像线的第二点:　　　　　//捕捉图 10-10 中水平中心线的另一端点
是否删除源对象? [是(Y)/否(N)] <N>:　//按 Enter 键

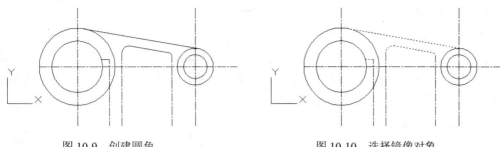

　　　　图 10-9　创建圆角　　　　　　　　　　　　　　图 10-10　选择镜像对象

　　(23) 执行结果如图 10-11 所示。

　　(24) 执行 CIRCLE 命令，以右侧圆的圆心为圆心绘制半径为 15 的圆，结果如图 10-12 所示。

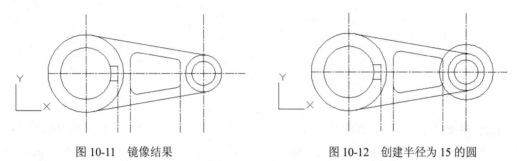

　　　　图 10-11　镜像结果　　　　　　　　　　　　　图 10-12　创建半径为 15 的圆

　　(25) 执行 TRIM 命令，AutoCAD 提示如下信息。

> 选择剪切边…
> 选择对象或 <全部选择>:
> //选择作为剪切边的对象，如图 10-13 所示，虚线对象为被选中对象
> 选择对象:　　　　　　　//按 Enter 键
> 选择要修剪的对象，或按住 Shift 键选择要延伸的对象，或
> [栏选(F)/窗交(C)/投影(P)/边(E)/删除(R)/放弃(U)]:
> //参照图 10-14，在需要修剪掉的部位拾取对应对象
> 选择要修剪的对象，或按住 Shift 键选择要延伸的对象，或
> [栏选(F)/窗交(C)/投影(P)/边(E)/删除(R)/放弃(U)]:　　　　　　　//按 Enter 键

　　(26) 执行 ERASE 命令删除步骤(23)绘制的辅助圆，结果如图 10-14 所示。

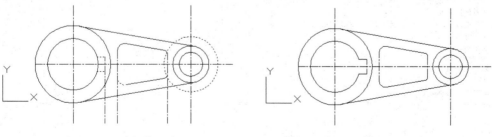

　　　　图 10-13　选择剪切边　　　　　　　　　　　　图 10-14　修剪结果

(27) 将图 10-14 中除中心线之外的位于"中心线"图层上的各图形对象更改到"粗实线"图层，结果为 10-15 所示。

(28) 选择"标注"|"样式"命令，即执行 DIMSTYLE 命令，打开"标注样式管理器"对话框，在"样式"列表框选择"ISO-25"选项，单击"新建"按钮，打开"创建新标注样式"对话框，在该对话框的"用于"下拉列表框中选择"直径标注"选项，其余设置保持不变，如图 10-16 所示。

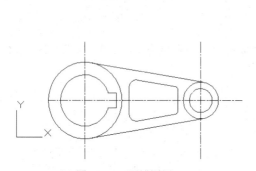

图 10-15　更改图层

图 10-16　为直径标注设置样式

(29) 单击对话框中的"继续"按钮，打开"新建标注样式"对话框，在该对话框的"文字"选项卡中，选择"文字对齐"选项组中的"水平"单选按钮，其余设置保持不变，如图 10-17 所示。

(30) 单击对话框中的"确定"按钮，完成直径样式的设置，返回到"标注样式管理器"对话框，单击"关闭"按钮关闭对话框，完成尺寸标注样式的设置。

(31) 将"尺寸线"图层设为当前图层，选择"标注"|"直径"命令，即执行 DIMDIAMETER 命令，AutoCAD 提示如下信息。

> 选择圆弧或圆：　　　　　　　　　//在图 10-15 中，拾取主视图上直径为 42 的圆
> 指定尺寸线位置或 [多行文字(M)/文字(T)/角度(A)]：　//拖动尺寸线至恰当位置后单击

(32) 执行结果如图 10-18 所示。

图 10-17　将文字对齐设为水平

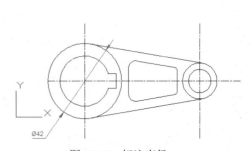

图 10-18　标注直径

(33) 用同样的方法标注其余直径尺寸，结果如图 10-19 所示。

(34) 选择"标注"|"半径"命令，即执行 DIMRADIUS 命令，AutoCAD 提示如下信息。

选择圆弧或圆:　　　　//在图 10-19 中，拾取对应的大圆弧
指定尺寸线位置或 [多行文字(M)/文字(T)/角度(A)]:　　//拖动尺寸线至恰当位置后单击

(35) 用同样的方法，标注小圆弧的半径尺寸，结果如图 10-20 所示。

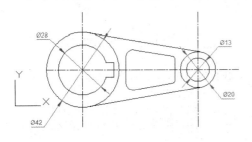 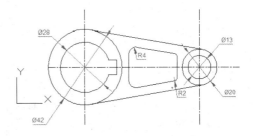

图 10-19　标注所有圆的直径　　　　　　　　　图 10-20　标注半径

(36) 选择"标注"|"线性"命令，即执行 DIMLINEAR 命令，AutoCAD 提示如下信息。

指定第一条尺寸界线原点或 <选择对象>: >　　//捕捉图 10-20 中左垂直中心线的下端点
指定第二条尺寸界线原点:　　　　//捕捉图 10-20 中右垂直中心线的下端点
指定尺寸线位置或　　[多行文字(M)/文字(T)/角度(A)/水平(H)/垂直(V)/旋转(R)]:M

(37) 在弹出的文字编辑器中，在默认尺寸文字 66 的后面输入"+0.010^ 0"，如图 10-21 所示(注意，要在符号"^"与数字 0 之间输入一个空格，以保持公差沿垂直方向的对齐)。然后，选中"+0.010^ 0"并右击，在弹出的快捷菜单中选择"堆叠"命令，结果如图 10-22 所示。

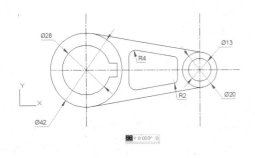 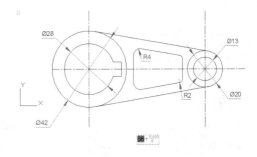

图 10-21　输入公差文字　　　　　　　　　　　图 10-22　设置堆叠

(38) 用同样的方法，标注其他水平尺寸，并标注垂直尺寸 8，结果如图 10-23 所示。

(39) 执行 LINE 命令，绘制与斜线垂直的辅助线，如图 10-24 所示。

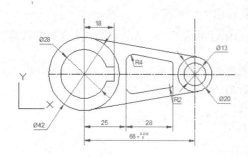

图 10-23　标注水平和垂直尺寸

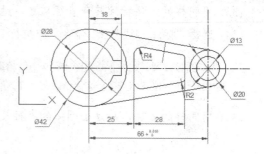

图 10-24　绘制辅助线

(40) 选择"标注"|"对齐"命令，即执行 DIMALIGNED 命令，AutoCAD 提示如下信息。

指定第一条尺寸界线原点或 <选择对象>:	//在图 10-24 中，捕捉辅助线与一条斜线的交点
指定第二条尺寸界线原点:	//在图 10-24 中，捕捉辅助线与另一条斜线的交点
指定尺寸线位置或	
[多行文字(M)/文字(T)/角度(A)]:	//拖动尺寸线至合适位置后单击

(41) 执行结果如图 10-25 所示。至此，完成连杆图形的绘制。

(42) 使用 ERASE 命令删除步骤(39)绘制的辅助直线，执行 BREAK 命令，将与文字重合的中心线部分打断，将图形命名并进行保存，如图 10-26 所示。

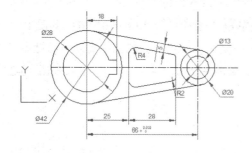

图 10-25　标注结果

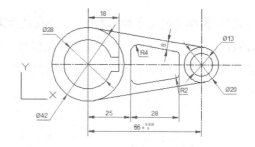

图 10-26　连杆效果

提示:

用户可以编辑已标注的尺寸与公差。编辑方法是: 选择"修改"|"对象"|"文字"|"编辑"命令，在"选择注释对象或 [放弃(U)]:"提示下，选择已标注的尺寸，AutoCAD 弹出文字编辑器，并将对应的尺寸值显示在编辑器中，此时可以对其进行编辑，如修改尺寸值、修改公差以及添加或删除公差等。

10.2　绘 制 吊 钩

吊钩主要是由一系列圆或圆弧组成。本节将利用这一特点在 AutoCAD 2016 中绘制吊钩图形。

（1）将"中心线"图层设为当前图层。分别执行 LINE 命令绘制各对应中心线，如图 10-27 所示，确定 O1、O2 点。

（2）利用绘制平行线和圆的方法绘制如图 10-28 所示的图形，确定 O3、O4、O5 点。

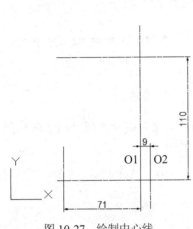

图 10-27　绘制中心线

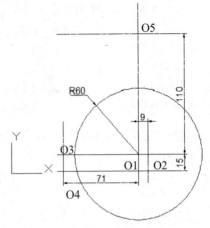

图 10-28　绘制圆

（3）将"粗实线"图层设为当前图层。

● 执行 CIRCLE 命令，以 O1 点为圆心，绘制半径为 20 的圆。

● 执行 CIRCLE 命令，以 O2 点为圆心，绘制半径为 48 的圆。

（4）执行结果如图 10-29 所示。

● 执行 CIRCLE 命令，以 O3 点为圆心，绘制半径为 21 的圆。

● 执行 CIRCLE 命令，以 O4 点为圆心，绘制半径为 40 的圆。

● 执行 CIRCLE 命令，以 O5 点为圆心，绘制半径为 10 的圆。

● 执行 CIRCLE 命令，以 O5 点为圆心，绘制半径为 20 的圆。

（5）执行结果如图 10-30 所示。

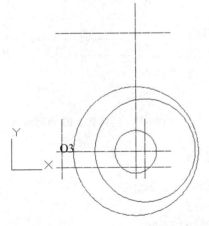

图 10-29　以 O1、O2 点绘制圆

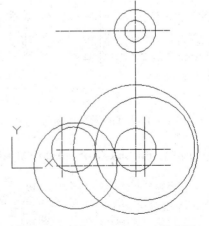

图 10-30　以 O3、O4、O5 点绘制圆

(6) 选择"修改"|"偏移"命令，即执行 OFFSET 命令，AutoCAD 提示如下信息。

指定偏移距离或 [通过(T)/删除(E)/图层(L)] <通过>: 15
选择要偏移的对象，或 [退出(E)/放弃(U)] <退出>:　　//拾取图 10-30 中的长垂直中心线
指定要偏移的那一侧上的点，或 [退出(E)/多个(M)/放弃(U)] <退出>:
//在所拾取直线的右侧任意位置拾取一点
选择要偏移的对象，或 [退出(E)/放弃(U)] <退出>:　　//拾取图 10-30 中的长垂直中心线
指定要偏移的那一侧上的点，或 [退出(E)/多个(M)/放弃(U)] <退出>:
//在所拾取中心线的左侧任意位置拾取一点
选择要偏移的对象，或 [退出(E)/放弃(U)] <退出>:　　//按 Enter 键

(7) 利用"图层"工具栏，将在步骤(6)中得到的两条平行线更改到"粗实线"图层，
如图 10-31 所示。

(8) 选择"修改"|"圆角"命令，即执行 FILLET 命令，AutoCAD 提示如下信息。

选择第一个对象或 [放弃(U)/多段线(P)/半径(R)/修剪(T)/多个(M)]:R
指定圆角半径: 40
选择第一个对象或 [放弃(U)/多段线(P)/半径(R)/修剪(T)/多个(M)]:
//在图 10-31 中，在 P2 点附近拾取对应的直线
选择第二个对象，或按住 Shift 键选择要应用角点的对象:
//在图 10-31 中，在 P3 点附近拾取对应的圆

(9) 执行结果如图 10-32 所示。

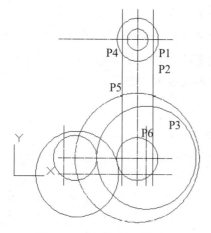

图 10-31　绘制两条平行线

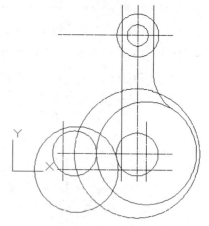

图 10-32　创建 P2、P3 点圆角

(10) 执行 FILLET 命令，AutoCAD 提示如下信息。

选择第一个对象或 [放弃(U)/多段线(P)/半径(R)/修剪(T)/多个(M)]: R
指定圆角半径: 60
选择第一个对象或 [放弃(U)/多段线(P)/半径(R)/修剪(T)/多个(M)]:
//在图 10-31 中，在 P5 点附近拾取对应的直线
选择第二个对象，或按住 Shift 键选择要应用角点的对象:
//在图 10-31 中，在 P6 点附近拾取对应的圆

(11) 执行结果如图 10-33 所示。

(12) 继续执行 FILLET 命令，AutoCAD 提示如下信息。

> 选择第一个对象或 [放弃(U)/多段线(P)/半径(R)/修剪(T)/多个(M)]: R
> 指定圆角半径: 20
> 选择第一个对象或 [放弃(U)/多段线(P)/半径(R)/修剪(T)/多个(M)]:
> //在图 10-31 中，在 P1 点附近拾取对应的圆
> 选择第二个对象，或按住 Shift 键选择要应用角点的对象:
> //在图 10-31 中，在 P2 点附近拾取对应的直线

(13) 执行结果如图 10-34 所示。

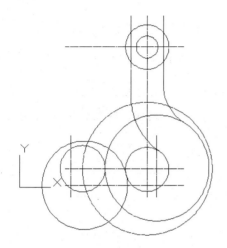 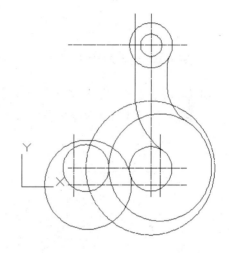

图 10-33　创建 P5、P6 点圆角　　　　　图 10-34　创建 P1、P2 点圆角

(14) 继续执行 FILLET 命令，AutoCAD 提示如下信息。

> 选择第一个对象或 [放弃(U)/多段线(P)/半径(R)/修剪(T)/多个(M)]:
> //在图 10-31 中，在 P4 点附近拾取对应的圆
> 选择第二个对象，或按住 Shift 键选择要应用角点的对象:
> //在图 10-31 中，在 P5 点附近拾取对应的直线

(15) 执行结果如图 10-35 所示。

(16) 选择"绘图"|"圆"|"相切、相切、半径"命令，AutoCAD 提示如下信息。

> 指定对象与圆的第一个切点:　　//在图 10-35 中，在 P7 点处拾取对应圆
> 指定对象与圆的第二个切点:　　//在图 10-35 中，在 P8 点处拾取对应圆
> 指定圆的半径: 4

(17) 执行结果如图 10-36 所示。

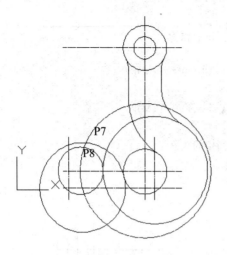

图 10-35　创建 P4、P5 点圆角

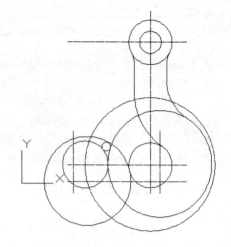

图 10-36　绘制半径为 4 的圆

(18) 选择"修改" | "修剪"命令修剪图形，结果如图 10-37 所示。

(19) 再次执行 TRIM 命令修剪图形，并删除不需要的辅助线，结果如图 10-38 所示。

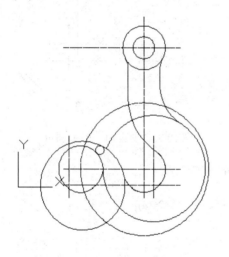

图 10-37　修剪图形

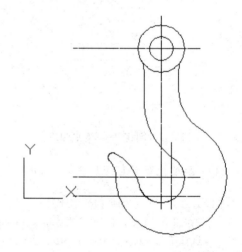

图 10-38　再次修剪图形

(20) 将"尺寸线"图层设置为当前图层，选择"标注"|"半径"命令，即执行 DIMRADIUS 命令，AutoCAD 提示如下信息。

> 选择圆弧或圆：　　//在图 10-38 中，拾取半径为 40 的圆弧
> 指定尺寸线位置或 [多行文字(M)/文字(T)/角度(A)]：　//拖动尺寸线至恰当位置后单击

(21) 执行结果如图 10-39 所示。

(22) 用同样的方法，标注其他圆弧的半径，结果如图 10-40 所示。

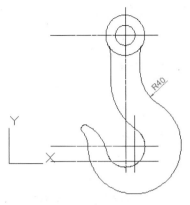

图 10-39　标注半径为 40 的圆弧

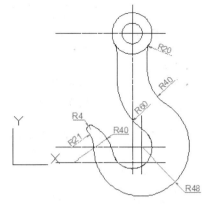

图 10-40　标注其他圆弧半径

(23) 执行 DIMDIAMETER 命令，标注图 10-40 中对应圆的直径，如图 10-41 所示。

(24) 选择"标注"|"线性"命令，即执行 DIMLINEAR 命令，AutoCAD 提示如下信息。

> 指定第一条尺寸界线原点或 <选择对象>:>
> //捕捉图 10-41 中位于最上方的水平中心线的左端点
> 指定第二条尺寸界线原点:　　//捕捉图 10-41 中位于中间位置的水平中心线的左端点
> 指定尺寸线位置或
> [多行文字(M)/文字(T)/角度(A)/水平(H)/垂直(V)/旋转(R)]:
> //向左拖动尺寸线到合适位置后单击

(25) 用同样的方法，标注图 10-41 中的另一垂直尺寸 15、水平尺寸 9 和 30。调整相应中心线的长度、绘制位于左下角位置的半径尺寸 R40 的垂直中心线等，如图 10-42 所示。

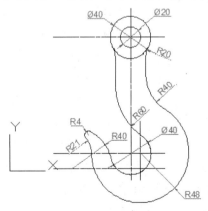

图 10-41　标注圆的直径

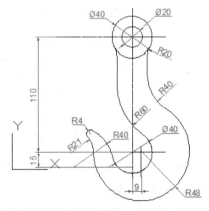

图 10-42　吊钩图形效果

10.3　绘　制　轴

轴主要是由一些平行线组成，本例将根据这一特点介绍在 AutoCAD 2016 中绘制此齿轮轴的方法。

(1) 将"中心线"图层设为当前图层。选择"绘图"|"直线"命令，即执行 LINE 命令，AutoCAD 提示如下信息。

```
指定第一点:                              //在绘图屏幕的恰当位置拾取一点
指定下一点或 [放弃(U)]: @230,0
指定下一点或 [放弃(U)]:                    //按 Enter 键
```

(2) 将"粗实线"图层设为当前图层。执行 LINE 命令，AutoCAD 提示如下信息。

```
指定第一点:
```

(3) 在以上提示下，从"对象捕捉"快捷菜单中(按住 Shift 键后，右击可打开该菜单)，选择"自"命令，AutoCAD 提示如下信息。

```
_from 基点:                            //捕捉已绘水平中心线的左端点
<偏移>: @5,0                           //从基点向右偏移 5，得到直线的起始点
指定下一点或 [放弃(U)]: @0,20
指定下一点或 [放弃(U)]:                   //按 Enter 键
```

(4) 执行结果如图 10-43 所示。

(5) 选择"修改"|"偏移"命令，即执行 OFFSET 命令，AutoCAD 提示如下信息。

```
指定偏移距离或 [通过(T)/删除(E)/图层(L)]: 62
选择要偏移的对象，或 [退出(E)/放弃(U)] <退出>:         //拾取图 10-43 中的垂直线
指定要偏移的那一侧上的点，或 [退出(E)/多个(M)/放弃(U)] <退出>:
//在所拾取直线的右侧任意位置拾取一点
选择要偏移的对象，或 [退出(E)/放弃(U)] <退出>:          //按 Enter 键
```

(6) 执行结果如图 10-44 所示。

图 10-43　绘制中心线和垂直线　　　　　　　图 10-44　绘制平行线

(7) 通过 OFFSET 命令，可以利用新得到的垂直线绘制与其距离是 17(220−62−105−18×2=17)的平行线。与此类似，再得到其他各平行线，如图 10-45 所示。

(8) 继续执行 OFFSET 命令，通过水平中心线绘制对应的平行线，如图 10-46 所示。

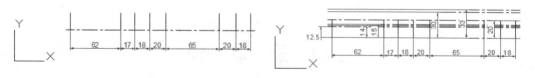

图 10-45　绘制平行线　　　　　　　　　图 10-46　绘制水平平行线

(9) 选择"修改"|"修剪"命令，即执行 TRIM 命令，AutoCAD 提示如下信息。

选择剪切边…
选择对象或 <全部选择>:　　//选择作为剪切边的对象，如图 10-47 所示，虚线对象为被选中对象
选择对象:　　//按 Enter 键
选择要修剪的对象，或按住 Shift 键选择要延伸的对象，或
[栏选(F)/窗交(C)/投影(P)/边(E)/删除(R)/放弃(U)]:
//参照图 10-48，在需要修剪掉的部位拾取对应对象
选择要修剪的对象，或按住 Shift 键选择要延伸的对象，或
[栏选(F)/窗交(C)/投影(P)/边(E)/删除(R)/放弃(U)]:　　//按 Enter 键

(10) 执行结果如图 10-48 所示。

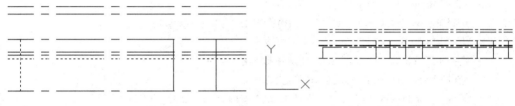

图 10-47　确定剪切边　　　　　　　　　　　　　　图 10-48　修剪结果

(11) 执行 TRIM 命令，AutoCAD 提示如下信息。

选择剪切边…
选择对象或 <全部选择>:
//选择作为剪切边的对象，即在图 10-48 中，选择从左向右排列的第 5 条垂直线
选择对象:　　　　　　　　　　//按 Enter 键
选择要修剪的对象，或按住 Shift 键选择要延伸的对象，或
[栏选(F)/窗交(C)/投影(P)/边(E)/删除(R)/放弃(U)]: E
输入隐含边延伸模式 [延伸(E)/不延伸(N)] <不延伸>: E
选择要修剪的对象，或按住 Shift 键选择要延伸的对象，或
[栏选(F)/窗交(C)/投影(P)/边(E)/删除(R)/放弃(U)]:
//参照图 10-49，在第 5 条垂直线的左侧拾取位于最上方的水平线
选择要修剪的对象，或按住 Shift 键选择要延伸的对象，或
[栏选(F)/窗交(C)/投影(P)/边(E)/删除(R)/放弃(U)]:　　//按 Enter 键

(12) 执行结果如图 10-49 所示。

(13) 继续执行 TRIM 命令修剪图形，效果如图 10-50 所示。

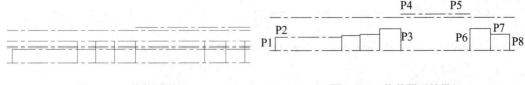

图 10-49　修剪结果　　　　　　　　　　　　　　图 10-50　修剪图形效果

(14) 选择"修改"|"倒角"命令，即执行 CHAMFER 命令，AutoCAD 提示如下信息。

选择第一条直线或 [放弃(U)/多段线(P)/距离(D)/角度(A)/修剪(T)/方式(E)/多个(M)]: D

指定第一个倒角距离 : 2

指定第二个倒角距离 <2.0>:　　　//按 Enter 键

选择第一条直线或 [放弃(U)/多段线(P)/距离(D)/角度(A)/修剪(T)/方式(E)/多个(M)]:M

选择第一条直线或 [放弃(U)/多段线(P)/距离(D)/角度(A)/修剪(T)/方式(E)/多个(M)]:

//在图 10-50 中，在 P1 点处拾取对应直线

选择第二条直线，或按住 Shift 键选择要应用角点的直线:

//在图 10-50 中，在 P2 点处拾取对应直线

选择第一条直线或 [放弃(U)/多段线(P)/距离(D)/角度(A)/修剪(T)/方式(E)/多个(M)]:

//在图 10-50 中，在 P3 点处拾取对应直线

选择第二条直线，或按住 Shift 键选择要应用角点的直线:

//在图 10-50 中，在 P4 点处拾取对应直线

选择第一条直线或 [放弃(U)/多段线(P)/距离(D)/角度(A)/修剪(T)/方式(E)/多个(M)]:

//在图 10-50 中，在 P5 点处拾取对应直线

选择第二条直线，或按住 Shift 键选择要应用角点的直线:

//在图 10-50 中，在 P6 点处拾取对应直线

选择第一条直线或 [放弃(U)/多段线(P)/距离(D)/角度(A)/修剪(T)/方式(E)/多个(M)]:

//在图 10-50 中，在 P7 点处拾取对应直线

选择第二条直线，或按住 Shift 键选择要应用角点的直线:

//在图 10-50 中，在 P8 点处拾取对应直线

(15) 执行结果如图 10-51 所示。

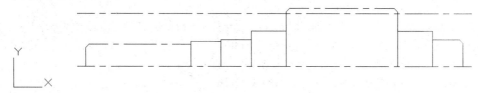

图 10-51　倒角结果

(16) 在图 10-51 的对应倒角处绘制直线，结果如图 10-52 所示。

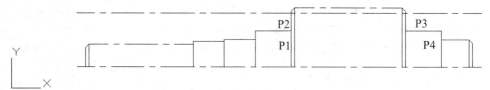

图 10-52　绘制直线

(17) 选择“修改”|“圆角”命令，即执行 FILLET 命令，AutoCAD 提示如下信息。

选择第一个对象或 [放弃(U)/多段线(P)/半径(R)/修剪(T)/多个(M)]: R

指定圆角半径: 5

选择第一个对象或 [放弃(U)/多段线(P)/半径(R)/修剪(T)/多个(M)]: T

输入修剪模式选项 [修剪(T)/不修剪(N)] <修剪>: N

选择第一个对象或 [放弃(U)/多段线(P)/半径(R)/修剪(T)/多个(M)]:M

选择第一个对象或 [放弃(U)/多段线(P)/半径(R)/修剪(T)/多个(M)]:

//在图 10-52 中，在点 P1 处拾取对应直线

选择第二个对象，或按住 Shift 键选择要应用角点的对象：
//在图 10-52 中，在点 P2 处拾取对应直线
选择第一个对象或 [放弃(U)/多段线(P)/半径(R)/修剪(T)/多个(M)]:
//在图 10-52 中，在点 P3 处拾取对应直线
选择第二个对象，或按住 Shift 键选择要应用角点的对象：
//在图 10-52 中，在点 P4 处拾取对应直线

(18) 执行结果如图 10-53 所示。

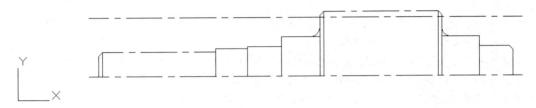

图 10-53　创建圆角

(19) 在图 10-53 中，以通过创建圆角得到的圆弧为剪切边进行修剪，得到的结果如图 10-54 所示。

(20) 在命令行中执行 BREAK 命令更改中心线的长度，如图 10-55 所示。

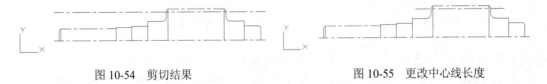

图 10-54　剪切结果　　　　　　　　　　图 10-55　更改中心线长度

(21) 选中需要更改图层的各对象，在"图层"面板中的图层列表中选择"粗实线"选项，更改图层，结果如图 10-56 所示。

(22) 选择"修改"|"镜像"命令，即执行 MIRROR 命令，AutoCAD 提示如下信息。

选择对象：　　//在图 10-56 中，拾取除长中心线之外的全部对象
选择对象：　　//按 Enter 键
指定镜像线的第一点：　　//在图 10-56 中，捕捉长水平中心线的一端点
指定镜像线的第二点：　　//在图 10-56 中，捕捉长水平中心线的另一端点
是否删除源对象？[是(Y)/否(N)] <N>:　　//按 Enter 键

(23) 执行结果如图 10-57 所示。

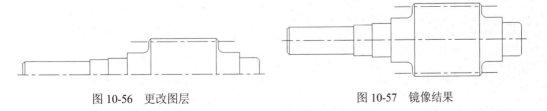

图 10-56　更改图层　　　　　　　　　　图 10-57　镜像结果

(24) 选择"绘图"|"圆"|"圆心、半径"命令，即执行 CIRCLE 命令，AutoCAD 提示如下信息。

指定圆的圆心或 [三点(3P)/两点(2P)/相切、相切、半径(T)]:
//从对象捕捉快捷菜单中(按住 Shift 键后右击，可打开该菜单)，选择"自"命令
_from 基点:　　　　　//在图 10-57 中，捕捉水平中心线与位于最左端的垂直线的交点
<偏移>: @14,0
指定圆的半径或 [直径(D)]: 4

(25) 执行结果如图 10-58 所示。

(26) 选择"修改"|"复制"命令，即执行 COPY 命令，AutoCAD 提示如下信息。

选择对象:　　　//在图 10-58 中，选择圆
选择对象:　　　//按 Enter 键
指定基点或 [位移(D)/模式(O)] <位移>:　　　//在绘图屏幕上任意位置拾取一点
指定第二个点或 <使用第一个点作为位移>: @37,0
指定第二个点或 <使用第一个点作为位移>:　//按 Enter 键

(27) 执行结果如图 10-59 所示。

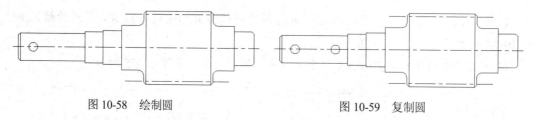

图 10-58　绘制圆　　　　　　　　　　　　图 10-59　复制圆

(28) 执行 LINE 命令，绘制与两个圆相切的直线，结果如图 10-60 所示。

(29) 选择"修改"|"修剪"命令，即执行 TRIM 命令，修剪图形如图 10-61 所示。

图 10-60　绘制直线　　　　　　　　　　图 10-61　修剪结果

(30) 在"中心线"图层绘制十字中心线，并在"粗实线"图层绘制直径为 25 的圆，如图 10-62 所示。

(31) 选择"修改"|"偏移"命令，即执行 OFFSET 命令至如图 10-63 所示的平行线。

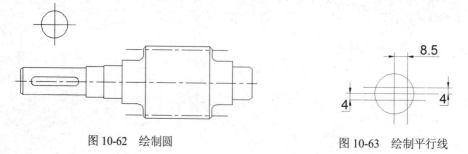

图 10-62　绘制圆　　　　　　　　　　图 10-63　绘制平行线

(32) 选择"修改"|"修剪"命令，即执行 TRIM 命令，修剪图形如图 10-64 所示。

(33) 将表示键槽的直线更改到"粗实线"图层，将"剖面线"图层设为当前图层。选

择"绘图"|"图案填充"命令，即执行 BHATCH 命令，在图形中设置如图 10-65 所示的图案填充(ANSI31)。

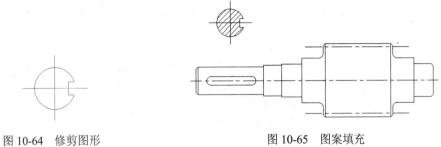

图 10-64　修剪图形　　　　　　　　　　图 10-65　图案填充

(34) 将"尺寸线"图层设为当前图层。选择"标注"|"线性"命令标注图形，如图 10-66 所示。

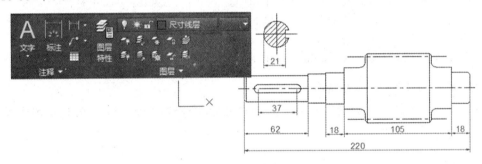

图 10-66　标注图形

10.4　绘 制 齿 轮

本节将介绍使用 AutoCAD 绘制圆柱直齿轮的方法。

(1) 将"中心线"图层设置为当前图层，执行 LINE 命令，分别绘制长为 340 的水平中心线和长为 216 的垂直中心线，如图 10-67 所示(或绘制出近似长度的中心线)。

(2) 以两条中心线的交点为圆心，在"中心线"图层绘制直径为 198 的分度圆，然后分别在"粗实线"图层绘制直径为 40、44(表示倒角的圆)、61(表示倒角的圆)、65、80(辅助圆)、160(辅助圆)、175、179(表示倒角的圆)和 204 的圆，如图 10-68 所示。

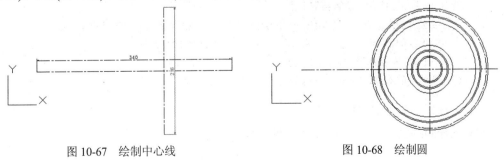

图 10-67　绘制中心线　　　　　　　　　图 10-68　绘制圆

(3) 选择"修改"|"偏移"命令，即执行 OFFSET 命令，AutoCAD 提示如下信息。

指定偏移距离或 [通过(T)/删除(E)/图层(L)]: 6
选择要偏移的对象，或 [退出(E)/放弃(U)] <退出>:　　//拾取图 10-68 中的垂直中心线
指定要偏移的那一侧上的点，或 [退出(E)/多个(M)/放弃(U)] <退出>:
//在拾取直线右侧任意位置拾取一点
选择要偏移的对象，或 [退出(E)/放弃(U)] <退出>:　　//拾取图 10-68 中的垂直中心线
指定要偏移的那一侧上的点，或 [退出(E)/多个(M)/放弃(U)] <退出>:
//在拾取直线左侧任意位置拾取一点
选择要偏移的对象，或 [退出(E)/放弃(U)] <退出>:　　//按 Enter 键

(4) 继续执行 OFFSET 命令，AutoCAD 提示如下信息。

指定偏移距离或 [通过(T)/删除(E)/图层(L)]<6.0>: 23.3　　//因为 43.3-20=23.3
选择要偏移的对象，或 [退出(E)/放弃(U)] <退出>:　　　　//拾取图 10-68 中的水平中心线
指定要偏移的那一侧上的点，或 [退出(E)/多个(M)/放弃(U)] <退出>:　　//在所拾取直线的上方
任意位置拾取一点
选择要偏移的对象，或 [退出(E)/放弃(U)] <退出>:　　　　//按 Enter 键

(5) 执行结果如图 10-69 所示。

(6) 选择"修改"|"修剪"命令，执行 TRIM 命令修剪图形，结果如图 10-70 所示。

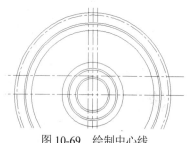

图 10-69　绘制中心线

图 10-70　绘制圆

(7) 将表示键槽的线段从"中心线"图层更改到"粗实线"图层。执行 OFFSET 命令，AutoCAD 提示如下信息。

指定偏移距离或 [通过(T)/删除(E)/图层(L)]:3
选择要偏移的对象，或 [退出(E)/放弃(U)] <退出>:　　//拾取左视图中的垂直中心线
指定要偏移的那一侧上的点，或 [退出(E)/多个(M)/放弃(U)] <退出>:
//在拾取直线右侧任意位置拾取一点
选择要偏移的对象，或 [退出(E)/放弃(U)] <退出>:　　//拾取左视图中的垂直中心线
指定要偏移的那一侧上的点，或 [退出(E)/多个(M)/放弃(U)] <退出>:
//在拾取直线左侧任意位置拾取一点
选择要偏移的对象，或 [退出(E)/放弃(U)] <退出>:　　//按 Enter 键

(8) 执行结果如图 10-71 所示。

(9) 执行 OFFSET 命令，AutoCAD 提示如下信息。

指定偏移距离或 [通过(T)/删除(E)/图层(L)]: 12.5
选择要偏移的对象，或 [退出(E)/放弃(U)] <退出>:　　//拾取左视图中的垂直中心线
指定要偏移的那一侧上的点，或 [退出(E)/多个(M)/放弃(U)] <退出>:
//在拾取直线左侧任意位置拾取一点
选择要偏移的对象，或 [退出(E)/放弃(U)] <退出>:　　//按 Enter 键

(10) 继续执行 OFFSET 命令，AutoCAD 提示如下信息。

指定偏移距离或 [通过(T)/删除(E)/图层(L)]: 15
选择要偏移的对象，或 [退出(E)/放弃(U)] <退出>:　　//拾取左视图中的垂直中心线
指定要偏移的那一侧上的点，或 [退出(E)/多个(M)/放弃(U)] <退出>:
//在拾取直线左侧任意位置拾取一点
选择要偏移的对象，或 [退出(E)/放弃(U)] <退出>:　　//按 Enter 键

(11) 执行结果如图 10-72 所示。

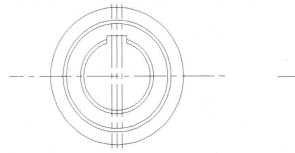

图 10-71　偏移垂直中心线

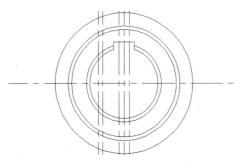

图 10-72　偏移结果

(12) 执行 TRIM 命令，用直径为 65 和 175 的圆对与垂直中心线距离为 3 的两条垂直平行线进行修剪，结果如图 10-73 所示。

(13) 执行 LINE 命令，在垂直中心线左侧（如图 10-73 所示 A、B 点之间）绘制直线，然后删除辅助直线，结果如图 10-74 所示。

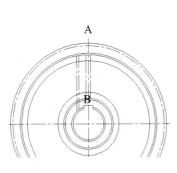

图 10-73　修剪结果

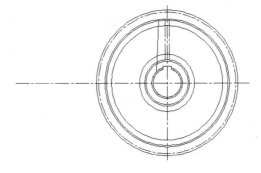

图 10-74　绘制直线

(14) 选择"修改"|"镜像"命令，即执行 MIRROR 命令，AutoCAD 提示如下信息。

选择对象:　　//选择图 10-74 中的斜线
选择对象:　　//按 Enter 键

指定镜像线的第一点：   //捕捉图 10-74 中的圆心
指定镜像线的第二点：@20<120
是否删除源对象？[是(Y)/否(N)] <N>:   //按 Enter 键

(15) 执行结果如图 10-75 所示。

(16) 选择"修改"|"圆角"命令，即执行 FILLET 命令，AutoCAD 提示如下信息。

选择第一个对象或 [放弃(U)/多段线(P)/半径(R)/修剪(T)/多个(M)]: R
指定圆角半径: 5
选择第一个对象或 [放弃(U)/多段线(P)/半径(R)/修剪(T)/多个(M)]:
//在图 10-75 中 P1 点处拾取对应直线
选择第二个对象，或按住 Shift 键选择要应用角点的对象:
//在图 10-75 中 P2 点处拾取对应圆

(17) 重复执行 FILLET 命令，在图形中创建半径为 5 的圆角，结果如图 10-76 所示。

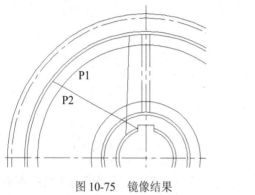

图 10-75　镜像结果

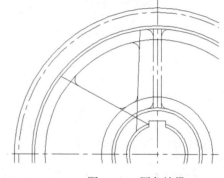

图 10-76　圆角结果

(18) 执行 FILLET 命令修剪图形，结果如图 10-77 所示。

(19) 继续执行 TRIM 命令修剪图形，结果如图 10-78 所示。

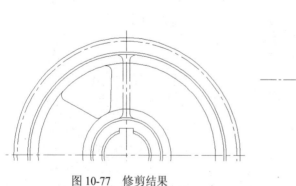

图 10-77　修剪结果

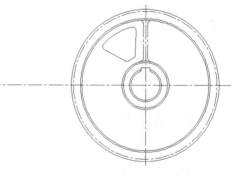

图 10-78　图形效果

(20) 将图 10-78 中对称于垂直中心线的两条平行线从"中心线"图层更改到"粗实线"图层。执行 ARRAYCLASSIC 命令打开"阵列"对话框，参考图 10-79 所示进行设置。

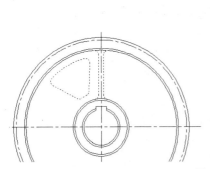
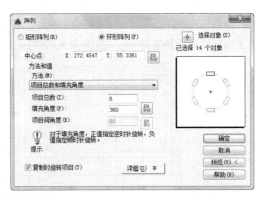

图 10-79　阵列设置

(21) 单击对话框中的"确定"按钮，完成阵列操作，结果如图 10-80 所示。

(22) 分别在"中心线"图层和"粗实线"图层从左视图向主视图绘制对应的辅助线，绘制与顶线距离为 6.75 的平行线，结果如图 10-81 所示。

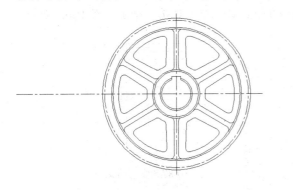
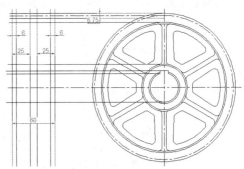

图 10-80　阵列结果　　　　　　　　　　　　图 10-81　绘制直线

(23) 执行 TRIM 命令修剪图形，然后执行 BREAK 命令将水平中心线打断，结果如图 10-82 所示。

(24) 放大主视图中的对应局部图形，选择"修改"|"倒角"命令，对图形设置距离为 2 的倒角，结果如图 10-83 所示。

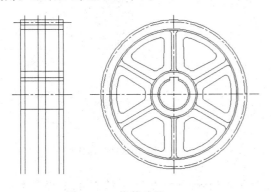
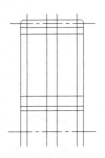

图 10-82　修剪结果　　　　　　　　　　　　图 10-83　倒角结果

(25) 继续执行 CHAMFER 命令，对图形修倒角，并执行 TRIM 命令修剪图形，结果如图 10-84 所示。

(26) 执行 LINE 命令，在倒角处绘制直线，得到如图 10-85 所示的结果。

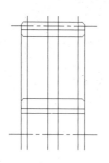

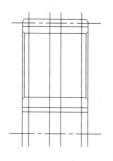

图 10-84　倒角并修剪图形　　　　　　　　图 10-85　绘制直线

(27) 选择"修改"|"圆角"命令，即执行 FILLET 命令，在图形中创建半径为 5 的圆角，结果如图 10-86 所示。

(28) 选择"修改"|"修剪"命令，执行 TRIM 命令修剪图形，结果如图 10-87 所示。

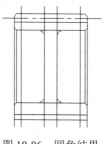

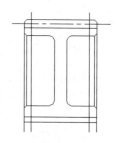

图 10-86　圆角结果　　　　　　　　　　图 10-87　修剪结果

(29) 执行 FILLET 命令，在图 10-87 中对应位置创建半径为 3 的圆角，结果如图 10-88 所示。

(30) 对图 10-88 进一步修剪，得到如图 10-89 所示的图形结果。

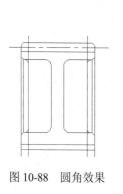

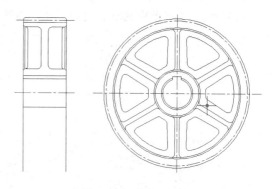

图 10-88　圆角效果　　　　　　　　　　图 10-89　修剪图形

(31) 对主视图中表示内孔的直线进行倒角处理(距离为 2)，并绘制直线，结果如图 10-90 所示。

(32) 在主视图中绘制表示圆的直线，首先在左视图中绘制辅助圆，然后再绘制对应的辅助直线，执行结果如图 10-91 所示。

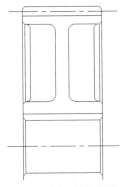

图 10-90　倒角并绘制直线

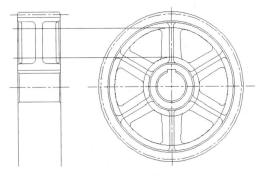

图 10-91　绘制辅助线

(33) 执行 TRIM 命令，对图 10-91 进行修剪，而后再删除图中的辅助圆，得到的结果如图 10-92 所示。

(34) 选择"修改"｜"镜像"命令执行 MIRROR 命令，得到如图 10-93 所示图形。

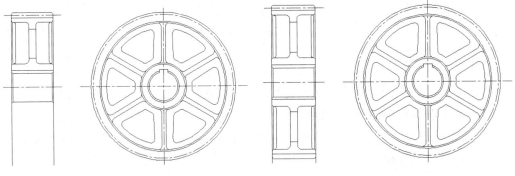

图 10-92　修剪效果

图 10-93　镜像效果

(35) 执行 TRIM 命令对主视图的下方进行修剪，然后选择"绘图"｜"图案填充"命令，即执行 BHATCH 命令对图形填充图案，结果如图 10-94 所示。

(36) 将"尺寸标注"图层设为当前图层。对图形进行标注，结果如图 10-95 所示。

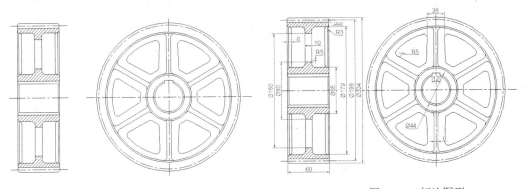

图 10-94　修剪并填充图形

图 10-95　标注图形

10.5 绘 制 箱 体

箱体零件是常用零件之一。本节将介绍箱体零件的绘制过程。

(1) 将"中心线"图层设为当前图层。执行 LINE 命令，在各视图位置绘制对应的中心线，如图 10-96 所示。

(2) 分别在"粗实线"和"中心线"图层执行 CIRCLE 命令绘制各对应圆，并绘制已有中心线的各平行线，如图 10-97 所示。

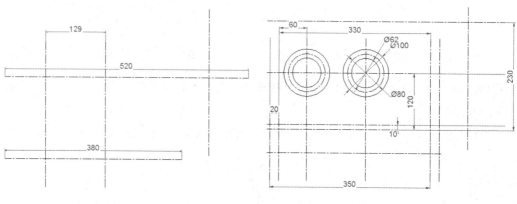

图 10-96 绘制中心线

图 10-97 绘制圆与平行线

(3) 将主视图中新得到的各平行线更改到"粗实线"图层，然后对中心线和平行线进行对应的延伸与修剪，结果如图 10-98 所示。

(4) 在左视图和俯视图绘制相应的平行线，并从主视图向这两个视图绘制对应的辅助线，结果如图 10-99 所示。

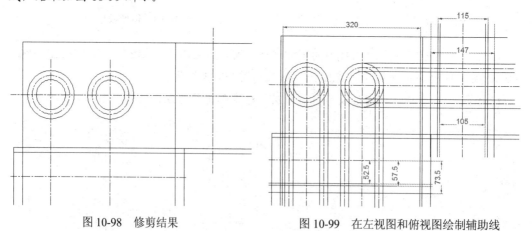

图 10-98 修剪结果

图 10-99 在左视图和俯视图绘制辅助线

(5) 执行 TRIM 命令，对图形进行修剪，结果如图 10-100 所示。

(6) 对图 10-100 中的相关中心线进行打断等操作，得到的结果如图 10-101 所示。

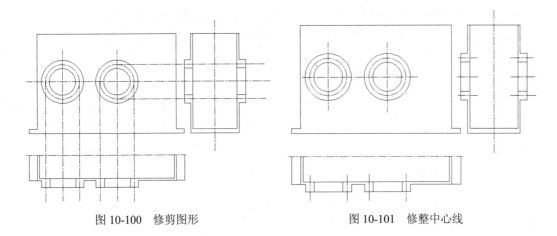

图 10-100　修剪图形　　　　　　　　　　图 10-101　修整中心线

(7) 执行 FILLET 命令，在对应位置绘制半径为 5 的圆角，结果如图 10-102 所示。

(8) 执行 CIRCLE 和 BREAK 命令，在位于左侧的中心线圆与垂直中心线的交点处绘制一个 M6 螺纹孔(先绘制一个圆，然后将其打断)，如图 10-103 所示。

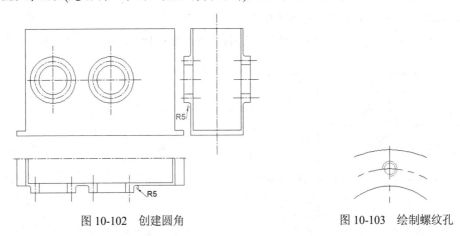

图 10-102　创建圆角　　　　　　　　　　图 10-103　绘制螺纹孔

(9) 在命令行中执行 ARRAYCLASSIC 命令，打开"阵列"对话框，然后参考图 10-104 进行相关设置。

(10) 单击"确定"按钮后，图形阵列效果如图 10-105 所示。

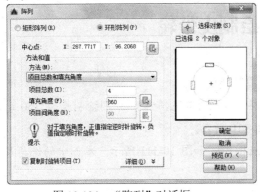

图 10-104　"阵列"对话框

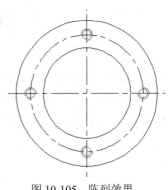

图 10-105　阵列效果

(11) 选择"修改"|"复制"命令，复制图 10-105 中的螺纹孔，如图 10-106 所示。

(12) 在图形中对应位置绘制直径为 11 的圆及其中心线，如图 10-107 所示。

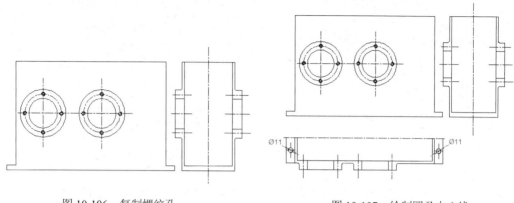

图 10-106　复制螺纹孔　　　　　　　　　图 10-107　绘制圆及中心线

(13) 将"剖面线"图层设置为当前图层，单击"绘图"面板中的"图案填充"按钮▨，为图形设置如图 10-108 所示的图案填充效果。

(14) 选择"注释"选项卡，对绘制的箱体图形进行标注，结构如图 10-109 所示。

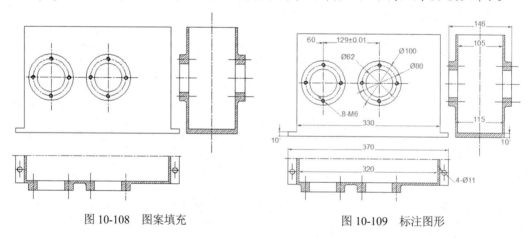

图 10-108　图案填充　　　　　　　　　图 10-109　标注图形

10.6　绘制皮带轮

本节将介绍使用 AutoCAD 绘制 V 型皮带轮的方法。

(1) 将"中心线"图层设置为当前图层。执行 LINE 命令，分别绘制长为 350 的水平中心线和长为 210 的垂直中心线，如图 10-110 所示。

(2) 在对应图层绘制左视图中的各对应图形，如图 10-111 所示。本例中的倒角尺寸均为 $2 \times 45°$。

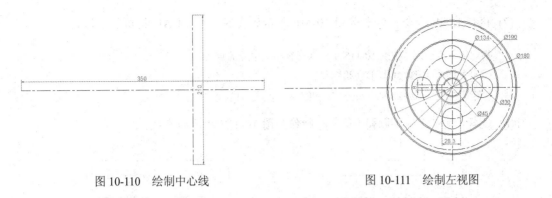

图 10-110　绘制中心线　　　　　　　　　　图 10-111　绘制左视图

(3) 在主视图位置绘制对应的垂直线，从左视图向主视图绘制辅助线，结果如图 10-112 所示(由于主视图中的图形对称于水平中心线，可以先绘制出位于水平线之上的一半，然后通过镜像得到另一半。但这里绘出了全部图形，以便读者比较两种绘图方法)。

(4) 执行 TRIM 命令对主视图进行修剪，得到的结果如图 10-113 所示。

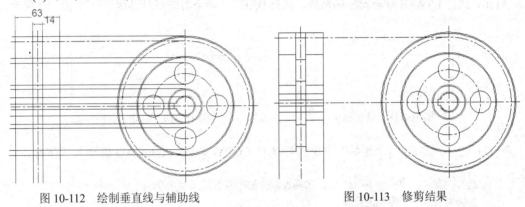

图 10-112　绘制垂直线与辅助线　　　　　　图 10-113　修剪结果

(5) 对主视图进行倒角(倒角尺寸均为 2×45°、圆角操作，并利用夹点功能修改位于上方的中心线的长度，利用打断功能打断水平中心线，结果如图 10-114 所示。

(6) 绘制对应的中心线或辅助线，如图 10-115 所示。

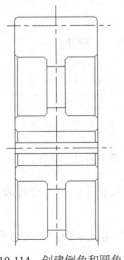

图 10-114　创建倒角和圆角　　　　　　　　图 10-115　绘制中心线和辅助线

(7) 执行 LINE 命令，绘制如图 10-116 所示的直线，AutoCAD 提示如下信息。

> 指定第一点：　　//在图 10-115 中，捕捉有小叉位置的点 A
> 指定下一点或 [放弃(U)]: @20<-73
> 指定下一点或 [放弃(U)]:　　//按 Enter 键

(8) 选择"修改"|"镜像"命令，制作如图 10-117 所示的直线。

图 10-116　绘制直线　　　　　　　　　　　图 10-117　镜像结果

(9) 执行 TRIM 命令，对图形进行修剪并延伸，结果如图 10-118 所示。

(10) 执行 ERASE 命令删除辅助线，执行 BREAK 命令打断槽对称线，如图 10-119 所示。

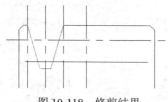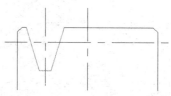

图 10-118　修剪结果　　　　　　　　　　　图 10-119　删除、打断结果

(11) 选择"修改"|"复制"命令，即执行 COPY 命令，AutoCAD 提示如下信息。

> 选择对象：　　//在图 10-119 中，选择表示轮槽的两条斜线和水平线
> 选择对象：　　//按 Enter 键
> 指定基点或 [位移(D)] <位移>：　　//在绘图屏幕上任意拾取一点
> 指定第二个点或 <使用第一个点作为位移>: @19,0
> 指定第二个点或 [退出(E)/放弃(U)] <退出>: @38,0
> 指定第二个点或 [退出(E)/放弃(U)] <退出>:　　//按 Enter 键

(12) 执行结果如图 10-120 所示。

(13) 执行 TRIM 命令，对图形进行修剪，结果如图 10-121 所示。

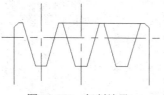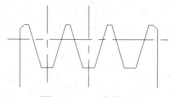

图 10-120　复制结果　　　　　　　　　　　图 10-121　修剪结果

(14) 对主视图中表示轮槽的轮廓相对于其水平中心线做镜像，而后进行必要的修剪，得到的结果如图 10-122 所示。

(15) 将"剖面线"图层设置为当前图层。单击"绘图"面板中的"图案填充"按钮，在图片中设置如图 10-123 所示的图案填充，完成图形的绘制。

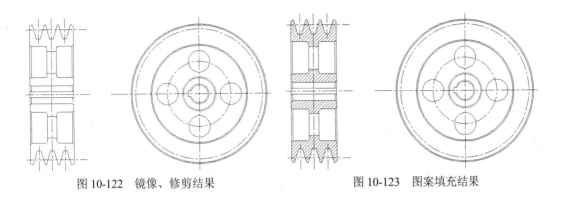

图 10-122　镜像、修剪结果　　　　　　　　　　图 10-123　图案填充结果

10.7　思 考 练 习

1. 绘制如图 10-124 所示的快换钻套，并标注尺寸(图中给出了主要尺寸，其余尺寸由读者自行确定)。

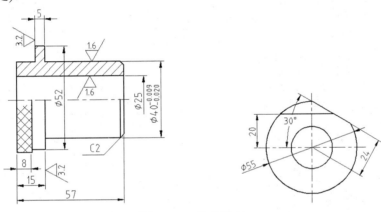

图 10-124　快换钻套

2. 绘制如图 10-125 所示的法兰盘，并标注尺寸(图中给出了主要尺寸，其余尺寸由读者自行确定)。

3. 绘制如图 10-126 所示的轴，并标注尺寸(图中给出了主要尺寸，其余尺寸由读者自行确定)。

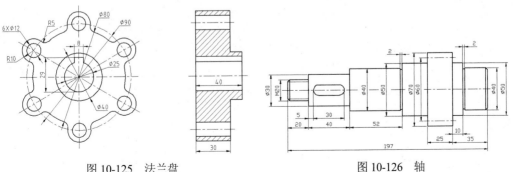

图 10-125　法兰盘　　　　　　　　　　　　　　图 10-126　轴

4. 绘制如图 10-127 所示的铰链压板，并标注尺寸(图中给出了主要尺寸，其余尺寸由读者自行确定)。

5. 绘制如图 10-128 所示的踏板，并标注尺寸(图中给出了主要尺寸，其余尺寸由读者自行确定)。

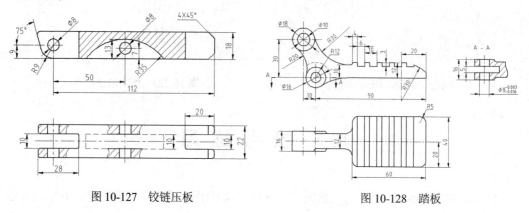

图 10-127　铰链压板　　　　　　　　　　图 10-128　踏板

第11章　绘制装配图

装配图绘制是机械设计的重要内容之一。基于计算机及 AutoCAD 本身的特点，当利用 AutoCAD 绘制出某一部件和设备的装配图后，用户可以方便地进行拆零件图等操作；如果有了部件或设备的全部零件图，利用复制、粘贴或插入图形等操作，可以方便地将已有零件图拼装成装配图，也可以将全部零件组装在一起，准确地检验设计中存在的问题，如检验是否存在干涉、无法装配以及间隙太大等问题，这些也是手工绘图无法比拟的特点。本章重点介绍如何根据已有零件图绘制装配图、如何绘制装配图以及如何根据已有装配图拆零件图等内容。

11.1　根据零件图绘制装配图

当绘制完成一台设备或一个部件的零件图后，利用 AutoCAD，用户可以方便地将它们拼装成装配图。即便是已经有了装配图，将绘制好的零件图重新装配，可以验证设计的正确性，例如验证零件尺寸是否合适，零件之间是否出现干涉等，这也正是传统手工绘图无法比拟的优点之一。

(1) 首先，以文件 ACADISO.DWG 为样板创建新图形，并创建图层绘制图框。

(2) 打开本书第 10 章绘制的"箱体"图形，选择"窗口"|"垂直平铺"命令，在 AutoCAD 中同时显示打开的图形，如图 11-1 所示。

(3) 使箱体零件所在的窗口为活动窗口，选择"编辑"|"复制"命令，选中箱体零件图中的 3 个视图，然后切换至新绘图形窗口，选择"编辑"|"粘贴"命令，将箱体零件图中的视图复制到新绘图形窗口中，如图 11-2 所示。

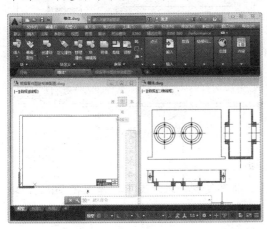

图 11-1　以垂直平铺形式显示各窗口

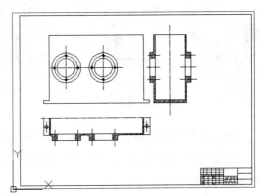

图 11-2　复制结果

(4) 关闭箱体零件图形。调整各视图的位置；同时对俯视图进行删除剖面线、将俯视图相对于其水平对称线镜像以及填充剖面线等操作，得到的结果如图 11-3 所示。

(5) 打开本书第 10 章绘制的轴图形文件，然后重复以上方法，将其复制到新绘的图形中，结果如图 11-4 所示。

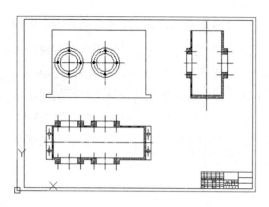 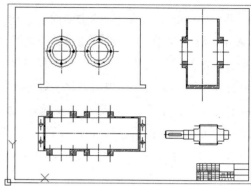

图 11-3　整理结果　　　　　　　　　　图 11-4　复制轴图形

(6) 执行 ROTATE 命令，将轴旋转-90°，以便将其装配到箱体，如图 11-5 所示。

(7) 执行 MOVE 命令，AutoCAD 提示如下信息。

选择对象:	//选择图 11-5 中的轴
选择对象:	//按 Enter 键
指定基点或 [位移(D)] <位移>:	//在图 11-5 中，在轴上有小叉标记处捕捉对应点
指定第二个点或 <使用第一个点作为位移>:	//在图 11-5 中，在俯视图有小叉标记处捕捉对应点

(8) 执行结果如图 11-6 所示。

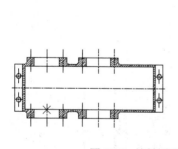 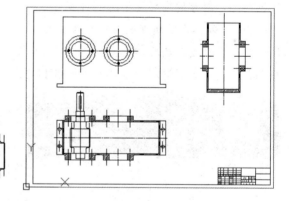

图 11-5　旋转图形　　　　　　　　　　图 11-6　移动结果

(9) 用类似的方法，装配如图 11-7 所示的轴。

(10) 打开本书第 9 章绘制的向心轴承文件，将其复制到装配图中，并旋转 90 度，结果如图 11-8 所示。

(11) 利用复制或移动命令，将图 11-8 中的轴承装到轴的对应位置，如图 11-9 所示。

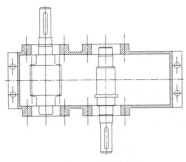

图 11-7　装配轴

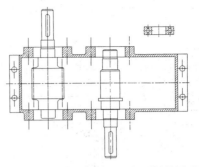

图 11-8　将轴承图形添加到新绘图形

(12) 打开如图 11-10 所示的端盖图形，并将窗口垂直平铺排列。

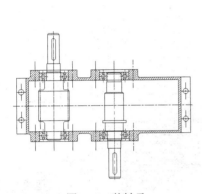

图 11-9　装轴承

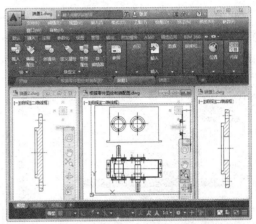

图 11-10　以垂直平铺形式显示各窗口

(13) 通过复制、粘贴、旋转等方式，将端盖装配到如图 11-11 所示的位置。

(14) 根据装配图的规定画法，对图 11-11 进行删除、修剪和重新填充剖面线等操作，得到如图 11-12 所示的结果。

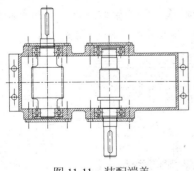

图 11-11　装配端盖

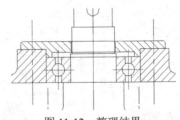

图 11-12　整理结果

(15) 对其他端盖处进行同样的处理，得到的结果如图 11-13 所示。

(16) 用类似的方法，在图 11-13 所示的俯视图中装配图 11-14 所示的齿轮和皮带轮。

(17) 双击图中的标题栏，打开 "增强属性编辑器" 对话框填写对应内容，如图 11-15 所示。

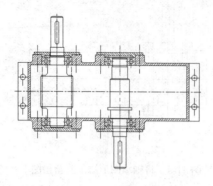

图 11-13　整理其他端盖

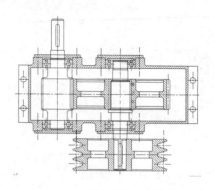

图 11-14　装皮带轮、齿轮和套

(18) 根据装配关系，在主视图绘制对应投影皮带轮和端盖，并进行整理，如图 11-16 所示。

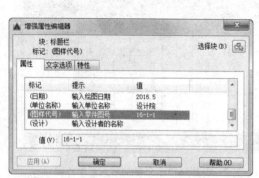

图 11-15　"增强属性编辑器"对话框

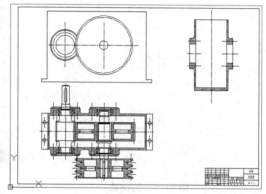

图 11-16　绘制主视图

(19) 执行 COPY 命令，将俯视图中对应的皮带轮、端盖以及部分轴复制到图形的空白部位，执行 ROTATE 命令，将复制得到的图形旋转 90 度，如图 11-17 所示。

(20) 对通过复制得到的图形进行删除和延伸等操作，并删除右侧视图中的剖面线，如图 11-18 所示(图中的小叉只是用于后续操作说明)。

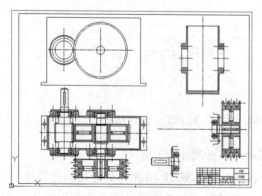

图 11-17　复制、旋转部分图形

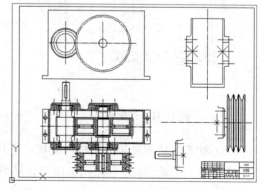

图 11-18　整理结果

(21) 执行 MOVE 命令，AutoCAD 提示如下信息。

> 选择对象：　　　　　　//在图 11-18 中的左下角位置，选择皮带轮及相关各图形
> 选择对象：　　　　　　//按 Enter 键
> 指定基点或 [位移(D)] <位移>：　//在有小叉处拾取对应点
> 指定第二个点或 <使用第一个点作为位移>：
> //在图 11-18 所示的右侧视图中，在右侧小叉处拾取对应点

(22) 对表示左轴头的图形进行类似的处理，得到的结果如图 11-19 所示。

(23) 对图 11-19 中的右侧视图做进一步整理，绘制表示顶板的线等，并标注图形尺寸，得到的结果如图 11-20 所示。

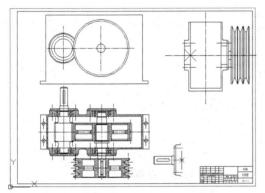

图 11-19　移动结果

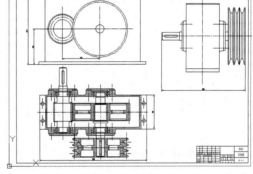

图 11-20　整理及标注结果

11.2　绘制装配图

本章 11.1 节介绍了如何根据零件图绘制装配图，此过程是在已有零件图的基础上进行的。但通常的做法是先绘制装配图，然后再拆零件图。本节将介绍几个绘制装配图的示例。

11.2.1　绘制手柄部装配图

本小节将介绍绘制最简单的装配图——手柄部装配图的方法。

(1) 将"中心线"图层设为当前图层。执行 LINE 命令绘制对应的中心线，如图 11-21 所示(图中给出了参考尺寸)。

(2) 在"粗实线"图层绘制表示手柄球的圆和手柄杆的各条平行直线，如图 11-22 所示。

图 11-21　绘制中心线

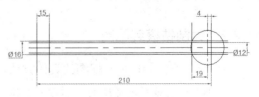

图 11-22　绘制圆和平行线

(3) 对图 11-22 进行修剪，得到的结果如图 11-23 所示。

(4) 分别在"细实线"图层绘制表示螺纹内径的细实线，在"粗实线"图层绘制辅助线，如图 11-24 所示。

图 11-23　修剪结果   图 11-24　绘制直线

(5) 对图 11-24 进行修剪，得到的结果如图 11-25 所示。

(6) 在手柄杆右端手柄球的部位螺纹孔处，分别在"粗实线"图层和"细实线"图层绘制对应的表示螺纹孔的直线，如图 11-26 所示。

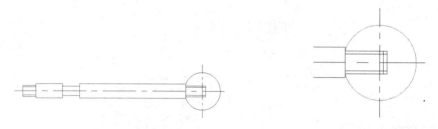

图 11-25　修剪图形   图 11-26　绘制辅助线

(7) 将"剖面线"图层设为当前图层。执行 BHATCH 命令，AutoCAD 打开"图案填充和渐变色"对话框，利用对话框进行图案填充设置，如图 11-27 所示。

(8) 将"尺寸线"图层设为当前图层，标注图形，结果如图 11-28 所示。

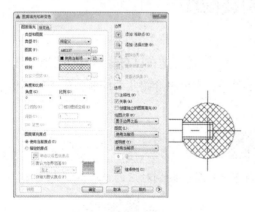

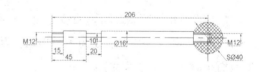

图 11-27　图案填充   图 11-28　标注图形

11.2.2　绘制钻模装配图

下面将介绍绘制钻模装配图的具体方法。

(1) 将"中心线"图层设为当前图层。执行 LINE 命令，绘制对应的中心线，如图 11-29 所示(图中给出了参考尺寸)。

(2) 将"粗实线"图层设为当前图层。绘制俯视图中的各圆与六边形，结果如图 11-30 所示。

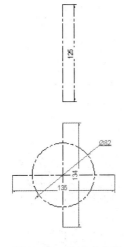

图 11-29　绘制中心线

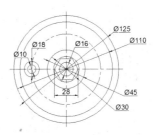

图 11-30　绘制俯视图

(3) 执行 ARRAY 命令，将直径为 18 和 10 的圆相对于水平与垂直中心线的交点做环形阵列，如图 11-31 所示。

(4) 在"中心线"图层为图 11-31 中通过阵列得到的圆绘制对应的中心线，分别利用"绘图"和"打断"命令，在"细实线"图层绘制表示螺纹内径的四分之一圆，如图 11-32 所示。

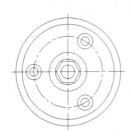

图 11-31　环形阵列

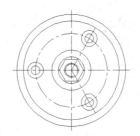

图 11-32　绘制中心线及螺纹内径

(5) 绘制如图 11-33 所示的两条平行线(可通过对水平中心线平行复制，然后将平行线更改到"粗实线"图层的方式得到)，然后进行修剪，结果如图 11-34 所示。

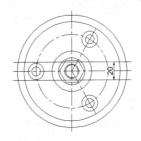

图 11-33　绘制平行线

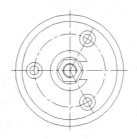

图 11-34　修剪结果

(6) 绘制对应的水平平行线，并从俯视图向主视图绘制辅助线，如图 11-35 所示。

(7) 对图 11-35 进行修剪，得到的结果如图 11-36 所示。

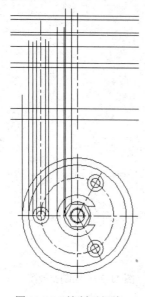

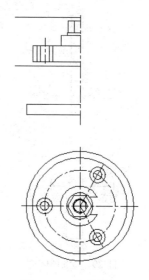

图 11-35　绘制平行线　　　　　　　　　图 11-36　修剪结果

(8) 对图 11-36 绘制对应的平行线与辅助线，如图 11-37 所示。

(9) 对图 11-37 进行修剪和创建圆角等操作，得到的图形如图 11-38 所示。

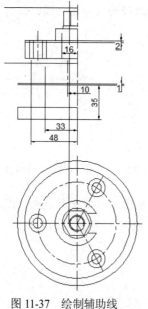

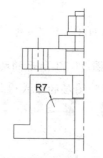

图 11-37　绘制辅助线　　　　　　　　　图 11-38　修剪图形

(10) 对图 11-38 中主视图中的相关图形相对于垂直中心线镜像，结果如图 11-39 所示。

(11) 将主视图中位于上方的六角螺母复制到下方对应位置，并进行绘制直线和修剪等操作，同时在螺栓部位绘制对应表示螺纹内径的细实线，得到的结果如图 11-40 所示。

图 11-39 镜像结果

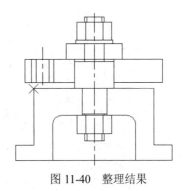

图 11-40 整理结果

(12) 执行 CIRCLE 命令，AutoCAD 提示如下信息。

> 指定圆的圆心或 [三点(3P)/两点(2P)/相切、相切、半径(T)]:
> //在对象捕捉快捷菜单中选择"自"命令
> 基点: <偏移>:   //在图 11-40 中，在有小叉标记处捕捉对应点
> <偏移>: @-15,0
> 指定圆的半径或 [直径(D)]:28

(13) 执行结果如图 11-41 所示。

(14) 对图 11-41 执行 TRIM 命令进行修剪，得到如图 11-42 所示的结果。

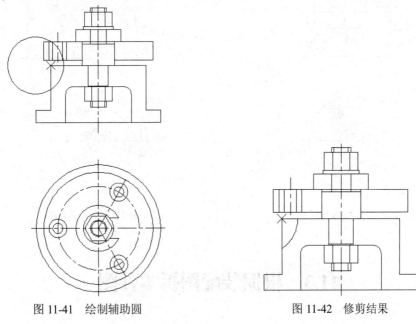

图 11-41 绘制辅助圆

图 11-42 修剪结果

　　(15) 对图形做进一步整理，如在新绘圆弧处按投影关系处理或在俯视图的开口垫圈处绘制投影圆等，结果如图 11-43 所示。

　　(16) 执行 BHATCH 命令，对主视图填充剖面线，如图 11-44 所示。

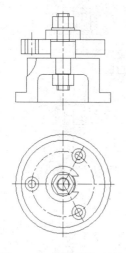

图 11-43 　按投影关系绘图

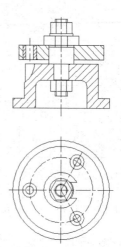

图 11-44 　填充剖面线

(17) 绘制所加工零件的轮廓，如图 11-45 所示。

(18) 对图 11-45 标注尺寸，得到的结果如图 11-46 所示。

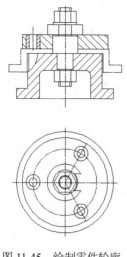

图 11-45 　绘制零件轮廓

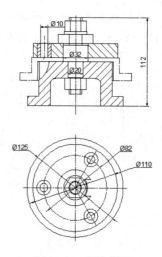

图 11-46 　标注图形

11.3 　根据装配图拆零件图

利用 AutoCAD，用户可以方便地从装配图中拆零件图。本节通过几个实例介绍从装配图中拆零件图的具体方法。

11.3.1 　绘制手柄杆

下面将根据手柄部装配图绘制手柄杆零件图。

(1) 打开手柄部装配图，手柄杆零件图中的主要图形与装配图中的对应图形一致，故在装配图中，可以利用复制操作提取出这一部分。执行 COPY 命令，AutoCAD 提示如下信息。

选择对象：　　　　//选择装配图中表示手柄杆的图形对象，包括其中心线、相关尺寸等
选择对象：　　　　　　　　　　　//按 Enter 键
指定基点或 [位移(D)] <位移>：　　　　　//在绘图屏幕确定一点
指定第二个点或 <使用第一个点作为位移>：
//向下拖动所选图形到另一位置后单击
指定第二个点或 [退出(E)/放弃(U)] <退出>：　　//按 Enter 键

(2) 执行结果如图 11-47 所示。

(3) 在两端的螺纹根部绘制退刀槽，如图 11-48 所示。

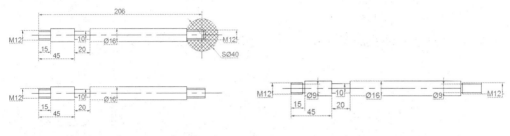

图 11-47　复制结果　　　　　　　　　　图 11-48　绘制退刀槽

(4) 在对应位置绘制剖面图，如图 11-49 所示。

(5) 以文件 ACADISO.DWG 为样板建立新图形。激活图 11-49 所示图形所在的窗口，选择"编辑"|"剪切"命令，即执行 CUTCLIP 命令，AutoCAD 提示如下信息。

选择对象：　　　　//选择图 11-49 中的手柄杆及对应尺寸
选择对象：　　　　//按 Enter 键

(6) 激活新创建的图形。选择"编辑"|"粘贴"命令，即执行 PASTECLIP 命令，AutoCAD 提示如下信息。

指定插入点：

(7) 在以上提示下确定插入点位置，AutoCAD 将剪贴板上的图形粘贴到新建图形中，如图 11-50 所示。

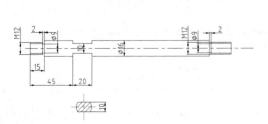

图 11-49　绘制剖面图

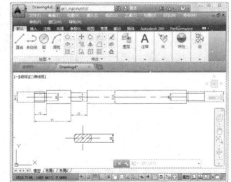

图 11-50　剪切图形

11.3.2　绘制轴

下面将根据钻模装配图绘制竖轴。

(1)　打开本章绘制的钻模装配图，执行 COPY 命令，AutoCAD 提示如下信息。

选择对象:　　　　//选择图中的轴图形。如果只选择轴时有困难，可以选择相邻的其他图形

选择对象:　　　　　　　　　　　　　　//按 Enter 键

指定基点或 [位移(D)] <位移>:　　　　　　//在绘图屏幕中确定一点

指定第二个点或 <使用第一个点作为位移>:

//向右拖动所选择图形到对应位置后单击

指定第二个点或 [退出(E)/放弃(U)] <退出>:　　//按 Enter 键

(2)　执行结果如图 11-51(a)所示。

(3)　在图 11-51(a)中删除多余的线，并补绘图形、标注尺寸，如图 11-51(b)所示。

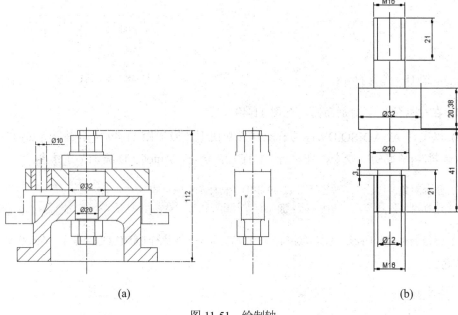

(a)　　　　　　　　　　　　　　　　(b)

图 11-51　绘制轴

(4)　以文件 Gb-a4-v.dwt 为样板建立一幅新图形。激活图 11-51(b)图形所在的窗口，选择"编辑"|"剪切"命令，即执行 CUTCLIP 命令，AutoCAD 提示如下信息。

选择对象:　　　　//选择图 11-51(b)中的轴及对应尺寸

选择对象:　　　　//按 Enter 键

(5)　激活新创建的图形。选择"编辑"|"粘贴"命令，即执行 PASTECLIP 命令，AutoCAD 提示如下信息。

指定插入点:

(6)　在该提示下确定插入点位置后，AutoCAD 将剪贴板上的图形粘贴到新建图形中。

(7)　在新建图形中填写标题栏。最后，将图形命名保存，完成图形的绘制。

11.4　思　考　练　习

1. 分别绘制如图 11-52(a)所示的两个装配图(图中只给出了主要尺寸,其余尺寸由读者自行确定)。

2. 根据图 11-52(b)所示装配图绘制联轴器的各个零件图。

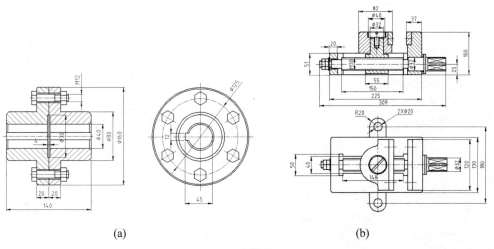

(a)　　　　　　　　　　　　　　　　(b)

图 11-52　绘制装配图

第12章 创建常用图块、图库与表格

实际绘图中，经常需要绘制大量重复的图形，如螺栓、螺母、垫圈及轴承这样的标准件图形以及常用外构件等。为提高绘图效率，AutoCAD 允许将这样的图形定义成块，当需要绘制它们时，将对应块按指定的比例和角度插入即可。此外，AutoCAD 还允许用户定义由多个块构成的图形库，而且利用 AutoCAD 的设计中心，可以方便地将图形库中的图形插入当前所绘图形中。

此外，利用 AutoCAD 2016，还可以方便地创建不同样式的表格，而且还可以对表格进行编辑，如合并单元格、改变行高与列宽等。

12.1 使用粗糙度符号块

粗糙度是机械设计中必不可少的标注内容，由于要频繁地标注粗糙度，因此可以将粗糙度符号定义成块，需要时直接插入即可。

12.1.1 定义粗糙度符号块

在菜单栏中选择"绘图"|"块"|"创建"(BLOCK)命令，或在功能区选项板中选择"默认"选项卡，然后在"块"面板中单击"创建"按钮，打开"块定义"对话框，即可将已绘制的对象创建为块。

【例 12-1】在 AutoCAD 中定义粗糙度符号块。

(1) 执行 LINE 命令，绘制 3 条距离为 4.9 的水平辅助线，如图 12-1 所示。

(2) 再次执行 LINE 命令，在命令行中执行以下操作。

指定第一点:	//在图 12-1 中，捕捉位于中间位置的水平直线的左端点 A
指定下一点或 [放弃(U)]: @10<-60	
指定下一点或 [放弃(U)]:	//Enter 键

(3) 执行结果如图 12-2 所示。

图 12-1　绘制水平辅助线

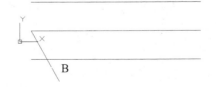

图 12-2　绘制斜线

(4) 继续执行 LINE 命令，AutoCAD 提示如下信息。

```
指定第一点:                              //在图 12-2 中捕捉已有斜线与位于最下方的水平直线的交点 B
指定下一点或 [放弃(U)]: @15<60
指定下一点或 [放弃(U)]:                   //按 Enter 键
```

(5) 执行结果如图 12-3 所示。

(6) 选择"修改"|"修剪"命令，即执行 TRIM 命令，在命令行中执行以下操作。

```
选择剪切边…
选择对象或 <全部选择>:                           //选择作为剪切边的对象
选择对象:                                      //按 Enter 键
选择要修剪的对象，或按住 Shift 键选择要延伸的对象，或
[栏选(F)/窗交(C)/投影(P)/边(E)/删除(R)/放弃(U)]:
//参照图 12-4，在需要修剪掉的部位拾取对应对象
选择要修剪的对象，或按住 Shift 键选择要延伸的对象，或
[栏选(F)/窗交(C)/投影(P)/边(E)/删除(R)/放弃(U)]:    //按 Enter 键
```

(7) 执行结果如图 12-4 所示。

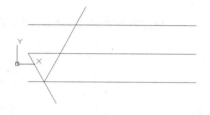
图 12-3 绘制第二条斜线

图 12-4 剪裁图形

(8) 执行 ERASE 命令，删除图 12-4 中的上、下两条水平线，得到的粗糙度符号如图 12-5 所示。

(9) 选择"绘图"|"块"|"创建"命令，即执行 BLOCK 命令，打开"块定义"对话框。在该对话框中将块名设为 ROUGHNESS；通过"拾取点"按钮将图 12-5 中两条斜线的交点 C 选作基点；通过"选择对象"按钮选择图 12-5 中表示粗糙度符号的 3 条线；通过选择"转换为块"单选按钮，使得定义块后，自动将所选择对象转换成块，如图 12-6 所示。

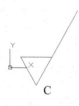
图 12-5 绘制粗糙度符号

图 12-6 "块定义"对话框

(10) 单击对话框中的"确定"按钮，完成块的定义，并将原图形自动转换成块。

在此之后，即可利用插入命令在图形中插入该块，即插入粗糙度符号。标注粗糙度时还应有文字信息，即粗糙度的值。

12.1.2　定义有属性的粗糙度符号块

已绘制好如图 12-5 所示的粗糙度符号，下面将为其定义表示粗糙度值的属性。

1. 定义属性

将"文字标注"图层置为当前层，选择"绘图"|"块"|"定义属性"命令，即执行 ATTDEF 命令，打开"属性定义"对话框，在该对话框中设置对应的属性，如图 12-7 所示。单击"确定"按钮，AutoCAD 提示如下信息。

指定起点:

在以上提示下指定属性的位置，完成标记为 ROU 的属性定义，且 AutoCAD 将该标记按指定的文字样式、对正方式显示在对应的位置，如图 12-8 所示。

图 12-7　"属性定义"对话框　　　　　　图 12-8　粗糙度符号块

2. 定义块

单击"绘图"面板中的"创建块"按钮，或选择"绘图"|"块"|"创建"命令，即执行 BLOCK 命令，打开"块定义"对话框，在该对话框中进行相关设置，如图 12-9 所示。

图 12-9　"块定义"对话框

单击对话框中的"确定"按钮，打开"编辑属性"对话框，输入粗糙度值(如 6.4)，然后单击"确定"按钮，即可在原块标记位置显示对应的属性值，如图 12-10 所示。

图 12-10　有属性值的块

最后，在命令行执行 WBLOCK 命令，将定义的块以 ROUGHNESS-1 为名称保存。

3. 用 INSERT 命令插入块

在 AutoCAD 中打开图形文件后，选择"插入"|"块"命令，即执行 INSERT 命令，打开"插入"对话框，在该对话框中进行相关设置，如图 12-11 所示。

从图 12-11 可以看出，在"名称"下拉列表框中选择块 ROUGHNESS-1；选中"在屏幕上指定"复选框，表示将在屏幕上通过指定的方式确定块的插入位置；块的缩放比例设为 1；块的旋转角度设为 0。单击对话框中的"确定"按钮，AutoCAD 关闭对话框，同时提示如下信息。

```
指定插入点或 [基点(B)/比例(S)/X/Y/Z/旋转(R)]:        //在图形中的尺寸界线处确定一点
输入属性值
请输入粗糙度值: 0.8
```

执行结果如图 12-12 所示。

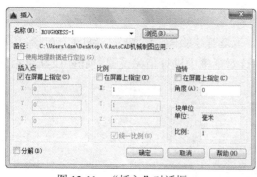

图 12-11　"插入"对话框

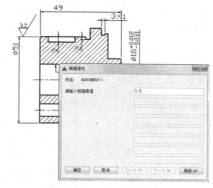

图 12-12　标注粗糙度

选择"文件"|"保存"命令，将插入图块的图形保存。

4. 利用设计中心插入块

打开一个图形文件后，选择"工具"|"选项板"|"设计中心"命令，即执行 ADCENTER 命令，弹出"设计中心"选项板，在位于左侧的文件夹列表中查找并选择图形文件，AutoCAD

会在右侧显示出对应的命名对象，即标注样式、块和图层等，如图 12-13 所示。

双击图 12-13 中位于右侧栏内的"块"选项，AutoCAD 设计中心将显示出图形中含有的块，如图 12-14 所示。

图 12-13　设计中心

图 12-14　显示块

从图 12-14 所示的设计中心向当前图形添加粗糙度符号块时，可以采用如下 3 种方法。

- 将设计中心的粗糙度图标拖动到当前图形内需要标注粗糙度的位置，释放拾取键，打开"编辑属性"对话框，在该对话框中输入对应的粗糙度值。
- 将光标定位在图 12-14 内所示的粗糙度图标处并右击，在弹出的快捷菜单中选择"插入块"命令。打开"插入"对话框，在该对话框中进行相关设置，单击"确定"按钮，即可实现块的插入。
- 将图 12-14 中的粗糙度图标向右拖动到当前图形中并右击，在弹出的快捷菜单中选择"插入块"命令，打开"插入"对话框，在该对话框中进行相关设置，并单击"确定"按钮即可。

12.2　提　取　数　据

在 AutoCAD 设计中，经常需要提取块中的数据信息，以进行统计、采购等工作。例如，定义标题栏块时，为所填写的内容定义了对应属性，这些属性包括图样代号、设计单位名称、图形比例和零件材料等。如果一个产品有许多图纸，用户往往希望将各图纸的标题栏信息提取出来，存放到专门的文件中，便于对图纸的管理。

AutoCAD 提供有数据提取向导。利用该向导，用户可以按不同的格式将数据信息提取到文件中。下面将介绍利用数据提取向导提取此标题栏数据的方法。

【例 12-2】利用数据提取向导提取标题栏数据。

(1) 在 AutoCAD 中打开如图 12-15 所示的图形，选择"工具"|"数据提取"命令，即执行 DATAEXTRACTION 命令，打开"数据提取-开始"对话框。

(2) 在"数据提取-开始"对话框中选择 "创建新数据提取"单选按钮，单击"下一步"按钮，打开"将数据提取另存为"对话框，如图 12-16 所示。

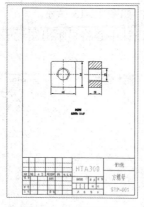

图 12-15　打开图形

图 12-16　"将数据提取另存为"对话框

(3) 通过对话框确定保存位置和文件名后(如 MYDATAEXTRACTION),单击"保存"按钮,打开"数据提取-定义数据源"对话框,如图 12-17 所示。

(4) 单击"下一步"按钮,打开"数据提取-选择对象"对话框,如图 12-18 所示。

图 12-17　"数据提取-定义数据源"对话框

图 12-18　"数据提取-选择对象"对话框

(5) 选中"标题栏"复选框,单击对话框中的"下一步"按钮,打开"数据提取-选择特性"对话框,如图 12-19 所示。

(6) 在对话框中的"类别过滤器"列表框选中"属性"复选框,单击"下一步"按钮,打开"数据提取-优化数据"对话框,如图 12-20 所示。

图 12-19　"数据提取-选择特性"对话框

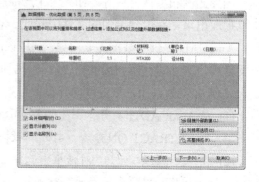

图 12-20　"数据提取-优化数据"对话框

(7) 单击"下一步"按钮，打开"数据提取-选择输出"对话框，如图 12-21 所示。

(8) 通过图 12-21 所示对话框确定数据文件的类型(如.xls)和保存位置后，单击"下一步"按钮，打开"数据提取-完成"对话框，如图 12-22 所示。

　　图 12-21　"数据提取-选择输出"对话框　　　　　图 12-22　"数据提取-完成"对话框

(9) 单击对话框中的"完成"按钮，完成数据提取操作。

12.3　定义符号库

在实际设计中，有许多频繁使用的同类图形，如各种螺栓、螺母以及轴承等。对于这些图形，可以将它们定义到图形库中，需要时直接插入，以提高绘图的效率。

有多种定义符号库的方法，其中最简单的方法是通过块来实现。

【例 12-3】在 AutoCAD 2016 中通过如图 12-23 所示的图块定义符号库。

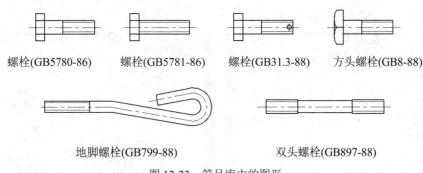

螺栓(GB5780-86)　　螺栓(GB5781-86)　　螺栓(GB31.3-88)　　方头螺栓(GB8-88)

地脚螺栓(GB799-88)　　　　　　　双头螺栓(GB897-88)

图 12-23　符号库中的图形

(1) 在 AutoCAD 中绘制如图 12-23 所示的图形，执行 BLOCK 命令，打开"块定义"对话框，在对话框中进行相关设置，如图 12-24 所示。

(2) 单击对话框中的"确定"按钮，完成"地脚螺栓(GB799-88)"块的定义。

(3) 重复以上操作，继续执行 BLOCK 命令，对图 12-23 中的其他各图形定义块，其中，块中的主要设置如表 12-1 所示，其余设置与图 12-24 类似。

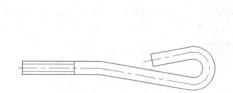

图 12-24　定义图块

表 12-1　块设置要求(包括已定义的块)

序　号	块　名　称	块　基　点	说　明
1	螺栓(GB5780-86)	螺栓头右端面与中心线的交点	螺栓(GB5780-86)
2	螺栓(GB5781-86)	螺栓头右端面与中心线的交点	螺栓(GB5781-86)
3	螺栓(GB31.3-88)	螺栓头右端面与中心线的交点	螺栓(GB31.3-88)
4	方头螺栓(GB8-88)	螺栓头右端面与中心线的交点	方头螺栓(GB8-88)
5	地脚螺栓(GB799-88)	螺纹底线与中心线的交点	地脚螺栓(GB799-88)
6	双头螺栓(GB897-88)	左螺纹底线与中心线的交点	双头螺栓(GB897-88)

(4) 选择"文件"|"另存为"命令,打开"图形另存为"对话框,将图形保存。

(5) 选择"工具"|"选项板"|"设计中心"命令,打开"设计中心"选项板,在"文件夹列表"列表框中双击步骤 4 保存的图形文件,如图 12-25 所示。

(6) 在展开的列表中双击"块"选项,在"设计中心"面板右侧即可显示出图形文件中的所有块符号,如图 12-26 所示。

图 12-25　"设计中心"选项板　　　　图 12-26　显示图库中的块符号

12.4　定义表格块

在机械设计中,对于某些形状相同但尺寸有差异的图形,有时需要通过表格来说明零件的具体尺寸。

【例 12-4】通过利用直线绘制表格，以标注文字的方式定义图 12-27 所示的表格块。

(1) 打开图形文件后，将"细实线"图层设为当前图层，在零件图的下方绘制表格，具体尺寸如图 12-28 所示。

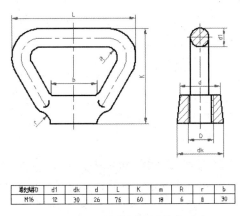

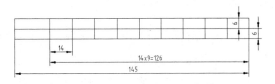

螺纹规格D	d1	dk	d	L	K	m	R	r	b
M16	12	30	26	76	60	18	6	8	30

图 12-27　用表格说明零件的尺寸　　　　　　　图 12-28　表格尺寸

(2) 将"文字标注"图层设为当前图层。标注标题行中的文字时，可以先标注出一个文字，如标注 d1，如图 12-29 所示。

(3) 利用复制命令，将已标注的 d1 复制到其他需要标注的位置，如图 12-30 所示。

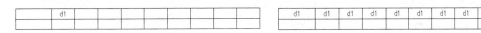

图 12-29　标注 d1　　　　　　　　　　　　图 12-30　表格尺寸

(4) 修改各文字的内容。双击文字，打开文字编辑器，输入新的内容，如图 12-31 所示。

(5) 同样的方法，更改其他文字，得到的结果如图 12-32 所示。

图 12-31　输入新内容　　　　　　　　　　图 12-32　表格效果

(6) 选择"绘图"|"块"|"定义属性"命令，即执行 ATTDEF 命令，打开"属性定义"对话框，在该对话框中输入对应的属性设置，如图 12-33 所示。

(7) 单击"属性定义"对话框中的"确定"按钮，AutoCAD 提示如下信息。

指定起点:

(8) 在以上提示下指定属性的位置点，完成标记为 D 的属性定义，且 AutoCAD 将该标记按指定的文字样式及对正方式显示在对应位置，如图 12-34 所示。

图 12-33　"属性定义"对话框

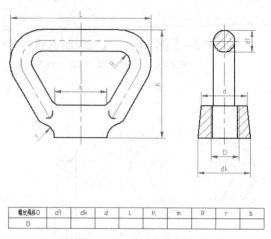

图 12-34　定义属性

(9) 以同样的方法定义其他属性，结果如图 12-35 所示。由于 AutoCAD 将属性标记以大写字母显示，因此与 R、r 对应的属性标记分别用 R1、R2 表示。另外，各对应属性的提示为：输入××(其中××是与标题对应的字母)。

(10) 选择"绘图"|"块"|"创建"命令，即执行 BLOCK 命令，打开"块定义"对话框，在该对话框中进行相关设置，如图 12-36 所示(块的名称为 MyPicture；通过"拾取点"按钮，将图形中的某一点作为块基点；选择"转换为块"单选按钮，使得定义块后，自动将所选择对象转换成块；通过"选择对象"按钮，选择图形中的各图形对象、表格以及表示属性的各标记文字)。

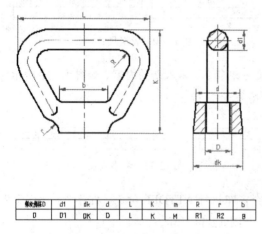

图 12-35　定义全部属性

图 12-36　"块定义"对话框

(11) 单击对话框中的"确定"按钮，打开如图 12-37 所示的"编辑属性"对话框，单击"确定"按钮完成块的定义，结果如图 12-38 所示。

(12) 将图形以 DWG 文件格式进行保存。选择"文件"|"另存为"命令，打开"图形另存为"对话框，将图形另存为样板，如图 12-39 所示。

图 12-37　"编辑属性"对话框

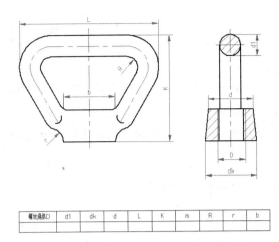

图 12-38　定义块

图 12-39　将图形保存为样板

(13) 选择"文件"|"新建"命令，使用步骤(12)保存的样板文件，创建一个新图形，如图 12-40 所示。

(14) 双击图形中的表格，AutoCAD 打开如图 12-41 所示的"增强属性编辑器"对话框，参考图 12-27 所示输入各属性值。

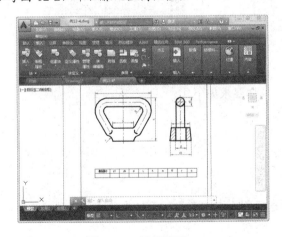

图 12-40　新建图形

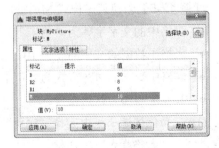

图 12-41　"增强属性编辑器"对话框

(15) 单击对话框中的"确定"按钮，即可完成图形的绘制，结果如图 12-27 所示。

12.5　使用表格

在 AutoCAD 2016 中，用户可以使用"创建表格"命令创建表格，还可以从 Microsoft Excel 中直接复制表格，并将其作为 AutoCAD 表格对象粘贴到图形中，也可以从外部直接导入表格对象。此外，还可以输出来自 AutoCAD 的表格数据，以供在其他应用程序中使用。

12.5.1　新建表格样式

表格样式控制一个表格的外观，用于保证标准的字体、颜色、文本、高度和行距。可以使用默认的表格样式，也可以根据需要自定义表格样式。

在快捷工具栏中选择"显示菜单栏"命令，在弹出的菜单栏中选择"格式" | "表格样式"命令，或在功能区选项板中选择"注释"选项卡，在"表格"面板中单击右下角的▼按钮，打开"表格样式"对话框。单击"新建"按钮，可以使用打开的"创建新的表格样式"对话框创建新表格样式，如图 12-42 所示。

在"新样式名"文本框中输入新的表格样式名，在"基础样式"下拉列表框中选择默认的表格样式、标准的或者任何已经创建的样式，新样式将在该样式的基础上进行修改。然后单击"继续"按钮，将打开"新建表格样式"对话框，可以通过它指定表格的行格式、表格方向、边框特性和文本样式等内容，如图 12-43 所示。

图 12-42　创建新的表格样式

图 12-43　"新建表格样式"对话框

【例 12-5】创建表格样式 MyTable，具体要求如下。
- 表格中的文字字体为"仿宋"。
- 表格中数据的文字高度为 10。
- 表格中数据的对齐方式为"正中"。
- 其他选项都为默认设置。

(1) 在功能区选项板中选择"注释"选项卡，在"表格"面板中单击"表格样式"按钮▼，打开"表格样式"对话框。

(2) 单击"新建"按钮，打开"创建新的表格样式"对话框，并在"新样式名"文本框中输入表格样式名 MyTable。

(3) 单击"继续"按钮，打开"新建表格样式"对话框，然后在"单元样式"选项组的下拉列表框中选择"数据"选项。

(4) 在"单元样式"选项组中选择"文字"选项卡，如图 12-44 所示。单击"文字样式"下拉列表框后面的 ... 按钮，打开"文字样式"对话框，在"字体"选项组的"字体名"下拉列表框中选择"仿宋"选项，在"高度"文本框中输入 10，如图 12-45 所示。

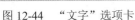

图 12-44　"文字"选项卡

图 12-45　"文字样式"对话框

(5) 单击"应用"按钮再单击"关闭"按钮，返回"新建表格样式"对话框。

(6) 在"单元样式"选项组中选择"常规"选项卡，在"特性"选项组的"对齐"下拉列表框中选择"正中"选项。

(7) 单击"确定"按钮，关闭"新建表格样式"对话框，然后单击"关闭"按钮，关闭"表格样式"对话框。

12.5.2　创建与编辑表格

与 Word 等其他字处理软件类似，用户可以通过 AutoCAD 方便地创建表格并编辑已有的表格，如进行改变列宽、行高及合并单元格等操作。

【例 12-6】在 AutoCAD 中创建并编辑表格。

(1) 选择"绘图"|"表格"命令，打开"插入表格"对话框。在"插入方式"选项组中选择"指定插入点"单选按钮；在"列和行设置"选项组中分别设置"列数"和"数据行数"文本框中的数值为 6 和 3；在"设置单元样式"选项组中设置所有的单元样式都为"数据"，单击"表格样式"下拉按钮，在弹出的下拉列表框中选择【例 12-5】定义的MyTable 样式，如图 12-46 所示。

(2) 单击"确定"按钮，在绘图文档中插入一个 5 行 6 列的表格，如图 12-47 所示。

图 12-46　"插入表格"选项卡

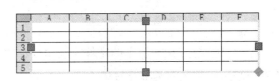

图 12-47　插入 5 行 6 列表格

(3) 按住 Shift 键单击 A1 和 B2 单元格，选中如图 12-48 所示的单元格区域。

(4) 在功能区选项板中选择"表格单元"选项卡，在"合并"面板中单击"合并单元"下拉按钮，在弹出的下拉列表框中选择"合并全部"命令，如图 12-49 所示。

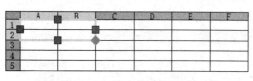

图 12-48　选中单元格区域

图 12-49　合并全部

(5) 使用同样方法，按照图 12-50 所示编辑表格。

(6) 选中表格，在要调整大小的单元格上单击控制点进行拉伸操作，设置单元格的行高或列宽，如图 12-51 所示。

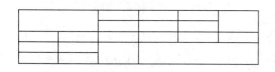

图 12-50　编辑表格

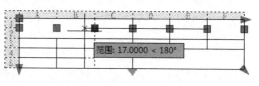

图 12-51　拉伸表格

(7) 完成以上操作后依次填写表格中各个单元格的内容即可。

12.6　思考练习

1. 定义如图 12-52 所示的表示位置公差基准的符号块，要求如下。

- 如图 12-52(a)所示符号块的块名为 BASE-1，用于图 12-53(a)所示形式的基准。
- 如图 12-52(b)所示符号块的块名为 BASE-2，用于图 12-53(b)所示形式的基准。
- 两个块的属性标记均为 A，属性提示为"请输入基准符号"；属性默认值均为 A；以圆的圆心作为属性插入点；属性文字对齐方式采用"中间"；以两条直线的交点作为块的基点。

(a) 符号块　(b) 符号块　　　(a) 插入块 BASE-1 得到的符号　(b) 插入块 BASE-2 得到的符号

图 12-52　基准的符号块　　　　　　　　图 12-53　基准示例

2. 绘制如图 12-54 所示的零件，利用设计中心插入在 6.1 节定义的粗糙度符号；并插入在习题 1 中定义的基准符号块。

3. 创建如图 12-55 所示的标题栏及明细栏表头。

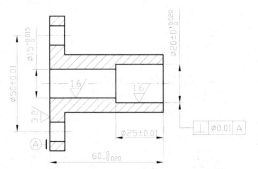

图 12-54　绘图并插入粗糙度符号和基准符号

图 12-55　标题栏与明细栏

第13章　三维图形的绘制与编辑

三维模型有线框模型、曲面模型和实体模型之分。线框模型用顶点和边表示形体，通过修改点和边来改变构造形体的形状，模型是一个简单的线框图。曲面模型是用有向棱边围成的部分定义形体表面，由面的集合来定义形体。曲面模型在线框模型的基础上增加了面的信息以及面的连接信息。实体模型则在曲面模型的基础上明确定义了在曲面的哪一侧存在实体，增加了给定点与形体之间的关系信息。

13.1　三维绘图基础

在 AutoCAD 中，若要创建和观察三维图形，就必须使用三维坐标系和三维坐标。因此，了解并掌握三维坐标系，树立正确的空间观念，是学习三维图形绘制的基础。

13.1.1　三维绘图的基本术语

三维实体模型需要在三维实体坐标系下进行描述。在三维坐标系下，可以使用直角坐标或极坐标方法定义点。此外，在绘制三维图形时，还可以使用柱坐标和球坐标定义点。在创建三维实体模型前，用户应先了解下面的一些基本术语。

- XY 平面：XY 平面是 X 轴垂直于 Y 轴组成的一个平面，此时 Z 轴的坐标是 0。
- Z 轴：Z 轴是一个三维坐标系的第三轴，而且总是垂直于 XY 平面。
- 高度：高度主要是 Z 轴上的坐标值。
- 厚度：厚度主要是 Z 轴的长度。
- 相机位置：在观察三维模型时，相机的位置相当于视点。
- 目标点：当用户眼睛通过照相机观看某物体时，用户聚焦将在一个清晰点上，该点即是所谓的目标点。
- 视线：即假想的线，是将视点和目标点连接起来的线。
- 和 XY 平面的夹角：即视线与其在 XY 平面的投影线之间的夹角。
- XY 平面角度：即视线在 XY 平面的投影线与 X 轴之间的夹角。

13.1.2　建立三维绘图坐标系

本书前面的章节已经详细介绍了平面坐标系的使用方法，其所有变换和使用方法同样适用于三维坐标系。例如，在三维坐标系下，同样可以使用直角坐标或极坐标方法来定义点。此外，在绘制三维图形时，还可以使用柱坐标和球坐标来定义点。

1．柱坐标

柱坐标使用 XY 平面角度和沿 Z 轴的距离表示，如图 13-1 所示，其格式描述如下。

- XY 平面距离<XY 平面角度，Z 坐标(绝对坐标)。
- @XY 平面距离<XY 平面角度，Z 坐标(相对坐标)。

2．球坐标

球坐标系具有 3 个参数，即点到原点的距离、在 XY 平面上的角度以及和 XY 平面的夹角，如图 13-2 所示，其格式描述如下。

- XYZ 距离<XY 平面角度<和 XY 平面的夹角(绝对坐标)。
- @XYZ 距离<XY 平面角度<和 XY 平面的夹角(相对坐标)。

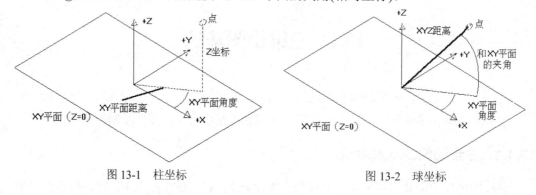

图 13-1　柱坐标　　　　　　　　图 13-2　球坐标

13.2　设置三维视点

视点是指观察图形的方向。例如，绘制三维球体时，如果使用平面坐标系，即 Z 轴垂直于屏幕，此时仅能看到该球体在 XY 平面上的投影；如果调整视点至东南等轴测视图，将看到的是三维球体。在 AutoCAD 2016 中，可以使用"视点预设"，"视点命令"等多种方法设置视点。

13.2.1　使用"视点预设"对话框

在菜单栏中选择"视图"|"三维视图"|"视点预设"(DDVPOINT)命令，打开"视点预设"对话框，如图 13-3 所示，可以为当前视口设置视点。

默认情况下，观察角度是绝对于 WCS 坐标系的。选择"相对于 UCS"单选按钮，则可以设置相对于 UCS 坐标系的观察角度。

无论是相对于哪种坐标系，用户都可以直接单击对话框中的坐标图获取观察角度，或是在"X 轴""XY 平面"文本框中输入角度值。其中，对话框中的左图用于设置原点和视点之间的连线、在 XY 平面的投影以及与 X 轴正向的夹角；右面的半圆形图用于设置该连线与投影线之间的夹角。

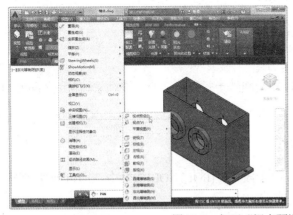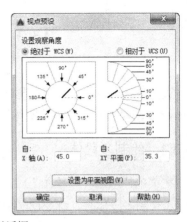

图 13-3　打开"视点预设"对话框

此外，若单击"设置为平面视图"按钮，则可以将坐标系设置为平面视图。

13.2.2　使用罗盘确定视点

在菜单栏中选择"视图"|"三维视图"|"视点"(VPOINT)命令，即可为当前视口设置视点。该视点均是相对于 WCS 坐标系的，可以通过屏幕上显示的罗盘定义视点，如图 13-4 所示。

在图 13-4 所示的坐标球和三轴架中，三轴架的 3 个轴分别代表 X、Y 和 Z 轴的正方向。当光标在坐标球范围内移动时，三维坐标系通过绕 Z 轴旋转可以调整 X、Y 轴的方向。坐标球中心及两个同心圆可以定义视点和目标点连线与 X、Y、Z 平面的角度。例如在球体中，使用罗盘定义视点后的效果如图 13-5 所示。

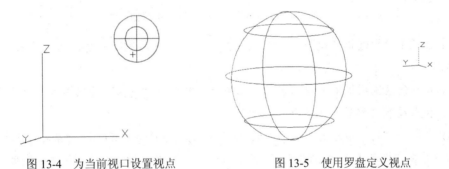

图 13-4　为当前视口设置视点　　　　图 13-5　使用罗盘定义视点

13.2.3　使用"三维视图"确定视点

在 AutoCAD 菜单栏中选择"视图"|"三维视图"子菜单中的"俯视""仰视""左视""右视""前视""后视""西南等轴测""东南等轴测""东北等轴测"和"西北等轴测"命令，用户可以从多个方向观察图形。

13.3　绘制基本实体模型

实体是具有质量、体积、重心、惯性矩和回转半径等特征的三维对象。利用 AutoCAD 2016 可以创建出各种类型的实体模型。

13.3.1　绘制多段体

在菜单栏中选择"绘图" | "建模" | "多段体"(POLYSOLID)命令，即可创建三维多段体。绘制多段体时，命令行显示如下提示信息。

> 指定起点或 [对象(O)/高度(H)/宽度(W)/对正(J)] <对象>:

选择"高度"选项，可以设置多段体的高度；选择"宽度"选项，可以设置多段体的宽度；选择"对正"选项，可以设置多段体的对正方式，如左对正、居中和右对正，系统默认为居中对正。当设置了高度、宽度和对正方式后，可以通过指定点绘制多段体，也可以选择"对象"选项将图形转换为多段体。

【例 13-1】在 AutoCAD 中绘制如图 13-6 所示的 U 型多段体。

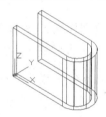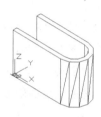

图 13-6　U 型多段体及其消隐后的效果

(1) 在菜单栏中选择"视图" | "三维视图" | "东南等轴测"命令，切换至三维东南等轴测视图。

(2) 在功能区选项板中选择"常用"选项卡，然后在"建模"面板中单击"多段体"按钮，执行绘制三维多段体命令。

(3) 在命令行的"指定起点或 [对象(O)/高度(H)/宽度(W)/对正(J)] <对象>:"提示信息下输入 H，并在"指定高度 <10.0000>:"提示信息下输入 80，指定三维多段体的高度为 80。

(4) 在命令行的"指定起点或 [对象(O)/高度(H)/宽度(W)/对正(J)] <对象>:"提示信息下输入 W，并在"指定宽度 <2.0000>:"提示信息下输入 8，指定三维多段体的宽度为 8。

(5) 在命令行的"指定起点或 [对象(O)/高度(H)/宽度(W)/对正(J)] <对象>:"提示信息下输入 J，并在"输入对正方式 [左对正(L)/居中(C)/右对正(R)] <居中>:"提示信息下输入 C，设置对正方式为居中。

(6) 在命令行的"指定起点或 [对象(O)/高度(H)/宽度(W)/对正(J)] <对象>:"提示信息下指定起点坐标为(0,0)。

(7) 在命令行的"指定下一个点或 [圆弧(A)/放弃(U)]:"提示信息下指定下一点的坐标为(100,0)。

(8) 在"指定下一个点或 [圆弧(A)/放弃(U)]:"提示信息下输入 A，绘制圆弧。

(9) 在命令行的"指定圆弧的端点或 [闭合(C)/方向(D)/直线(L)/第二个点(S)/放弃(U)]:"提示信息下，输入圆弧端点(@0,50) 。

(10) 在命令行的"指定下一个点或[圆弧(A)/闭合(C)/放弃(U)]:指定圆弧的端点或[闭合(C)/方向(D)/直线(L)/第二个点(S)/放弃(U)]:"提示信息下，输入 1，绘制直线。

(11) 在命令行的"指定下一个点或 [圆弧(A)/闭合(C)/放弃(U)]:"提示信息下输入坐标(@-100,0) 。

(12) 按 Enter 键，结束多段体绘制命令，效果如图 13-16 所示。

13.3.2　绘制长方体与楔体

在菜单栏中选择"绘图"|"建模"|"长方体"(BOX)命令，即可绘制长方体，此时命令行显示如下提示信息。

> 指定第一个角点或 [中心(C)]:

在创建长方体时，其底面应与当前坐标系的 XY 平面平行，方法主要有指定长方体角点和中心两种。

默认情况下，可以根据长方体的某个角点位置创建长方体。当在绘图窗口中指定了一角点后，命令行将显示如下提示。

> 指定其他角点或 [立方体(C)/长度(L)]:

如果在该命令提示下直接指定另一角点，可以根据另一角点位置创建长方体。当在绘图窗口中指定角点后，如果该角点与第一个角点的 Z 坐标不一样，系统将以这两个角点作为长方体的对角点创建出长方体。如果第二个角点与第一个角点位于同一高度，系统则需要用户在"指定高度:"提示下指定长方体的高度。

在命令行提示下，选择"立方体(C)"选项，可以创建立方体。创建时需要在"指定长度:"提示下指定立方体的边长；选择"长度(L)"选项，可以根据长、宽、高创建长方体，此时，用户需要在命令提示行下，依次指定长方体的长度、宽度和高度值。

在创建长方体时，如果在命令的"指定第一个角点或 [中心(C)]:"提示下，选择"中心(C)"选项，则可以根据长方体的中心点位置创建长方体。在命令行的"指定中心:"提示信息下指定中心点的位置后，将显示如下提示信息，用户可以参照"指定角点"的方法创建长方体。

> 指定角点或 [立方体(C)/长度(L)]:

提示:

创建长方体的各边应分别与当前 UCS 的 X 轴、Y 轴和 Z 轴平行。在根据长度、宽度和高度创建长方体时，长、宽、高的方向分别与当前 UCS 的 X 轴、Y 轴和 Z 轴方向平行。在系统提示中输入长度、宽度及高度时，输入的值可以是正或者是负，正值表示沿相应坐标轴的正方向创建长方体，反之沿坐标轴的负方向创建长方体。

【例 13-2】在 AutoCAD 中绘制一个 200×100×150 的长方体,如图 13-7 所示。

(1) 在菜单栏中选择"视图"|"三维视图"|"东南等轴测"命令,切换至三维东南等轴测视图。

(2) 在功能区选项板中选择"常用"选项卡,然后在"建模"面板中单击"长方体"按钮⬜,执行长方体绘制命令。

(3) 在命令行的"指定第一个角点或 [中心(C)]:"提示信息下输入(0,0,0),通过指定角点绘制长方体。

(4) 在命令行的"指定其他角点或 [立方体(C)/长度(L)]:"提示信息下输入 L,根据长、宽、高绘制长方体。

(5) 在命令行的"指定长度:"提示信息下输入 200,指定长方体的长度。

(6) 在命令行的"指定宽度:"提示信息下输入 100,指定长方体的宽度。

(7) 在命令行的"指定高度:"提示信息下输入 150,指定长方体的高度,此时绘制的长方体效果如图 13-7 所示。

在菜单栏中选择"绘图"|"建模"|"楔体"(WEDGE)命令,即可绘制楔体。

创建"长方体"和"楔体"的命令不同,但创建方法却相同,因为楔体是长方体沿对角线切成两半后的结果。因此,可以使用与绘制长方体同样的方法绘制楔体。

例如,可以使用与【例 13-2】中绘制长方体完全相同的方法,绘制楔体,如图 13-8 所示。

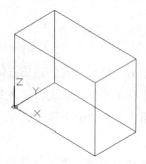　　　　　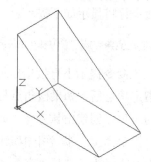

图 13-7　绘制长方体　　　　　　　图 13-8　绘制楔体

13.3.3　绘制圆柱体与圆锥体

在功能区选项板中选择"常用"选项卡,然后在"建模"面板中单击"圆柱体"按钮⬜,或在菜单栏中选择"绘图"|"建模"|"圆柱体"(CYLINDER)命令,即可绘制圆柱体或椭圆柱体,如图 13-9 所示。

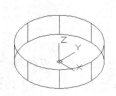　　　　　　　　　　　　

图 13-9　绘制圆柱体或椭圆柱体

绘制圆柱体或椭圆柱体时，命令行将显示如下提示信息。

指定底面的中心点或 [三点(3P)/两点(2P)/相切、相切、半径(T)/椭圆(E)]

默认情况下，可以通过指定圆柱体底面的中心点位置绘制圆柱体。在命令行的"指定底面半径或[直径(D)]:"提示下指定圆柱体基面的半径或直径后，命令行显示如下提示信息。

指定高度或 [两点(2P)/轴端点(A)]:

可以直接指定圆柱体的高度，根据高度创建圆柱体；也可以选择"轴端点(A)"选项，根据圆柱体另一底面的中心位置创建圆柱体。此时，两中心点位置的连线方向为圆柱体的轴线方向。

当执行 CYLINDER 命令时，如果在命令行提示下，选择"椭圆(E)"选项，可以绘制椭圆柱体。此时，用户首先需要在命令行的"指定第一个轴的端点或 [中心(C)]:"提示下指定基面上的椭圆形状(其操作方法与绘制椭圆相似)，然后在命令行的"指定高度或 [两点(2P)/轴端点(A)]:"提示下指定圆柱体的高度或另一个圆心位置即可。

在功能区选项板中选择"常用"选项卡，然后在"建模"面板中单击"圆锥体"按钮 △，或在菜单栏中选择"绘图"|"建模"|"圆锥体"(CONE)命令，即可绘制圆锥体或椭圆形锥体，如图 13-10 所示。

图 13-10　绘制圆锥体或椭圆形锥体

绘制圆锥体或椭圆形锥体时，命令行显示如下提示信息。

指定底面的中心点或 [三点(3P)/两点(2P)/相切、相切、半径(T)/椭圆(E)] :

在该提示信息下，如果直接指定点即可绘制圆锥体。此时，需要在命令行的"指定底面半径或[直径(D)]:"提示信息下指定圆锥体底面的半径或直径，以及在命令行的"指定高度或 [两点(2P)/轴端点(A)/顶面半径(T)]:"提示下，指定圆锥体的高度或圆锥体的锥顶点位置。如果选择"椭圆(E)"选项，则可以绘制椭圆锥体。此时，需要先确定椭圆的形状(方法与绘制椭圆的方法相同)，然后在命令行的"指定高度或 [两点(2P)/轴端点(A)/顶面半径(T)]:"提示信息下，指定圆锥体的高度或顶点位置即可。

13.3.4　绘制球体与圆环体

在功能区选项板中选择"常用"选项卡，然后在"建模"面板中单击"球体"按钮 ○，或在菜单栏中选择"绘图"|"建模"|"球体"(SPHERE)命令，即可绘制球体。此时，只需要在命令行的"指定中心点或[三点(3P)/两点(2P)/相切、相切、半径(T)]:"提示信息下指

定球体的球心位置，在命令行的"指定半径或 [直径(D)]:"提示信息下指定球体的半径或直径即可。绘制球体时可以通过改变 ISOLINES 变量来确定每个面上的线框密度，如图 13-11 所示。

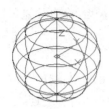 

图 13-11　球体实体示例图

在功能区选项板中选择"常用"选项卡，然后在"建模"面板中单击"圆环体"按钮◎，或在菜单栏中选择"绘图"|"建模"|"圆环体"(TORUS)命令，即可绘制圆环实体。此时，需要指定圆环的中心位置、圆环的半径或直径，以及圆管的半径或直径。

【例 13-3】在 AutoCAD 中绘制一个圆环半径为 150、圆管半径为 50 的圆环体，如图 13-12 所示。

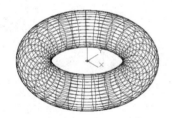 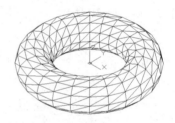

图 13-12　绘制圆环体以及消隐后的效果

(1) 在菜单栏中选择"视图"|"三维视图"|"东南等轴测"命令，切换至三维东南等轴测视图。

(2) 在功能区选项板中选择"常用"选项卡，然后在"建模"面板中单击"圆环体"按钮◎，执行圆环体绘制命令。

(3) 在命令行的"指定中心点或 [三点(3P)/两点(2P)/切点、切点、半径(T)]:"提示信息下，指定圆环的中心位置(0,0,0)。

(4) 在命令行的"指定半径或 [直径(D)]:"提示信息下输入 150，指定圆环的半径。

(5) 在命令行的"指定圆管半径或 [两点(2P)/直径(D)]:"提示信息下输入 50，指定圆管的半径。此时，绘制的圆环体效果如图 13-12 所示。

13.3.5　绘制棱锥体

在功能区选项板中选择"常用"选项卡，然后在"建模"面板中单击"棱锥体"按钮△，或在菜单栏中选择"绘图"|"建模"|"棱锥体"(PYRAMID)命令，即可绘制棱锥面，如图 13-13 所示。

图 13-13　棱锥面

绘制棱锥面时，命令行显示如下提示信息。

指定底面的中心点或 [边(E)/侧面(S)]:

在该提示信息下，如果直接指定点即可绘制棱锥面。此时，需要在命令行的"指定底面半径或 [内接(I)]:"提示信息下指定棱锥面底面的半径，以及在命令行的"指定高度或 [两点(2P)/轴端点(A)/顶面半径(T)]:"提示下指定棱锥面的高度或棱锥面的锥顶点位置。如果选择"顶面半径(T)"选项，可以绘制有顶面的棱锥面，在命令行"指定顶面半径:"提示下输入顶面的半径，然后在"指定高度或[两点(2P)/轴端点(A)]:"提示下指定棱锥面的高度或棱锥面的锥顶点位置即可。

13.3.6　绘制三维点和线

在 AutoCAD 中，用户可以使用点、直线、样条曲线、三维多段线及三维网格等命令绘制简单的三维图形。

1. 绘制三维点

在功能区选项板中选择"常用"选项卡，然后在"绘图"面板中单击"单点"按钮，或在菜单栏中选择"绘图"|"点"|"单点"命令，即可在命令行中直接输入三维坐标来绘制三维点。

由于三维图形对象上的一些特殊点(如交点、中点等)不能通过输入坐标的方法实现，用户可以使用三维坐标下的目标捕捉法来拾取点。

二维图形方式下的所有目标捕捉方式，在三维图形环境中都可以继续使用。不同之处在于，在三维环境下只能捕捉三维对象的顶面和底面(即平行于 XY 平面的面)的一些特殊点，而不能捕捉柱体等实体侧面的特殊点(即在柱状体侧面竖线上无法捕捉目标点)，因为柱体侧面上的竖线只是帮助模拟曲线显示的。在三维对象的平面视图中也不能捕捉目标点，因为在顶面上的任意一点都对应着底面上的一点，此时的系统无法辨别所选的点在图形的哪个面上。

2. 绘制三维直线和多段线

在二维平面绘图中，两点决定一条直线。同样，在三维空间中，也是通过指定两个点来绘制三维直线。

例如，若要在视图方向 VIEWDIR 为(3,-2,1) 的视图中，绘制过点(0,0,0)和点(1,1,1)的三维直线，可以在功能区选项板中选择"常用"选项卡，然后在"绘图"面板中单击"直线"按钮，最后输入这两个点坐标即可，如图 13-14 所示。

在二维坐标系下，通过使用功能区选项板中的"常用"选项卡，并在"绘图"面板中单击"多段线"按钮囗，可以绘制多段线，此时可以设置各段线条的宽度和厚度，但其必须是共面。在三维坐标系下，多段线的绘制过程和二维多段线基本相同，但其使用的命令不同，并且在三维多段线中只有直线段，没有圆弧段。用户在功能区选项板中选择"常用"选项卡，然后在"绘图"面板中单击"三维多段线"按钮圖，或在菜单栏中选择"绘图" | "三维多段线" (3DPOLY)命令，此时命令行提示依次输入不同的三维空间点，以得到一个三维多段线。例如，经过点(40,0,0)、(0,0,0)、(0,60,0)和(0,60,30)绘制的三维多段线如图 13-15 所示。

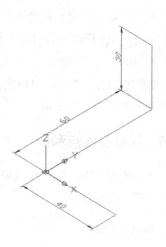

图 13-14　绘制三维直线　　　　　　　　　图 13-15　绘制三维多段线

3. 绘制三维样条曲线和弹簧

在三维坐标系下，通过使用功能区选项板中的"常用"选项卡，然后在"绘图"面板中单击"样条曲线"按钮～，或在菜单栏中选择"绘图" | "样条曲线" | "拟合点"或"控制点"命令，即可绘制三维样条曲线，此时定义样条曲线的点不是共面点，而是三维空间点。例如，经过点(0,0,0)、(10,10,10)、(0,0,20)、(-10, -10,30)、(0,0,40)、(10,10,50)和(0,0,60)绘制的三维样条曲线如图 13-16 所示。

同样，在功能区选项板中选择"常用"选项卡，然后在"绘图"面板中单击"螺旋"按钮毫，或在菜单栏中选择"绘图" | "螺旋"命令，即可绘制三维螺旋线，如图 13-17 所示。当分别指定了螺旋线底面的中心点、底面半径(或直径)和顶面半径(或直径)后，命令行显示如下提示信息。

指定螺旋高度或 [轴端点(A)/圈数(T)/圈高(H)/扭曲(W)] <2.0000>:

图 13-16　绘制样条曲线

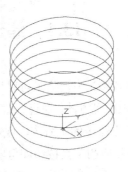

图 13-17　绘制螺旋线

在该命令提示下，可以直接输入螺旋线的高度绘制螺旋线。也可以选择"轴端点(A)"选项，通过指定轴的端点，绘制出以底面中心点到该轴端点的距离为高度的螺旋线；选择"圈数(T)"选项，可以指定螺旋线的螺旋圈数，默认情况下，螺旋圈数为 3，当指定了螺旋圈数后，仍将显示上述提示信息，此时可以进行其他参数设置；选择"圈高(H)"选项，可以指定螺旋线各圈之间的间距；选择"扭曲(W)"选项，可以指定螺旋线的扭曲方式是"顺时针(CW)"还是"逆时针(CCW)"。

【例13-4】绘制如图 13-17 所示的螺旋线，其中，底面中心为(0,0,0)，底面半径为 100，顶面半径为 100，高度为 200，顺时针旋转 8 圈。

(1) 在快捷工具栏中选择"显示菜单栏"命令，在弹出的菜单中选择"视图"|"三维视图"|"东南等轴测"命令，切换至三维东南等轴测视图。

(2) 在功能区选项板中选择"常用"选项卡，然后在"绘图"面板中单击"螺旋"按钮，绘制螺旋线。

(3) 在命令行的"指定底面的中心点:"提示信息下输入(0,0,0)，指定螺旋线底面的中心点坐标。

(4) 在命令行的"指定底面半径或 [直径(D)] <1.0000>:"提示信息下输入 100，指定螺旋线底面的半径。

(5) 在命令行的"指定顶面半径或 [直径(D)] <100.0000>:"提示信息下输入 100，指定螺旋线顶面的半径。

(6) 在命令行的"指定螺旋高度或 [轴端点(A)/圈数(T)/圈高(H)/扭曲(W)] <1.0000>:"提示信息下输入 T，以设置螺旋线的圈数。

(7) 在命令行的"输入圈数 <3.0000>:"提示信息下输入 8，指定螺旋线的圈数为 8。

(8) 在命令行的"指定螺旋高度或 [轴端点(A)/圈数(T)/圈高(H)/扭曲(W)] <1.0000>:"提示信息下输入 W，以设置螺旋线的扭曲方向。

(9) 在命令行的"输入螺旋的扭曲方向 [顺时针(CW)/逆时针(CCW)] <CCW>:"提示信息下输入 CW，指定螺旋线的扭曲方向为顺时针。

(10) 在命令行的"指定螺旋高度或 [轴端点(A)/圈数(T)/圈高(H)/扭曲(W)] <1.0000>:"提示信息下输入 200，指定螺旋线的高度。此时绘制的螺旋线效果如图 13-17 所示。

13.4　通过二维对象创建三维对象

在 AutoCAD 中，除了可以通过实体绘制命令绘制三维实体外，还可以使用拉伸、旋转、扫掠、放样等方法，通过二维对象创建三维实体或曲面。用户可以在菜单栏中选择"绘图" | "建模"命令的子命令，或在功能区选项板中选择"常用"选项卡，然后在"建模"面板中单击相应的工具按钮即可实现。

13.4.1　拉伸

在功能区选项板中选择"常用"选项卡，然后在"建模"面板中单击"拉伸"按钮，或在菜单栏中选择"绘图" | "建模" | "拉伸"(EXTRUDE)命令，即可通过拉伸二维对象来创建三维实体或曲面。拉伸对象被称为断面，在创建实体时，断面可以是任何二维封闭多段线、圆、椭圆、封闭样条曲线和面域。其中，多段线对象的顶点数不能超过 500 个且不小于 3 个。若创建三维曲面，则断面是不封闭的二维对象。

默认情况下，可以沿 Z 轴方向拉伸对象，此时需要指定拉伸的高度和倾斜角度。

其中，拉伸高度值可以为正或为负，表示拉伸的方向。拉伸角度也可以为正或为负，其绝对值不大于 90°，默认值为 0°，表示生成的实体的侧面垂直于 XY 平面，没有锥度。如果为正，将产生内锥度，生成的侧面向内；如果为负，将产生外锥度，生成的侧面向外，如图 13-18 所示。

拉伸倾斜角为 0°　　　　　　拉伸倾斜角为 15°　　　　　　拉伸倾斜角为－10°

图 13-18　拉伸锥角效果

通过指定一个拉伸路径，也可以将对象拉伸为三维实体，拉伸路径可以是开放的，也可以是封闭的。

【例13-5】在 AutoCAD 2016 中绘制 S 型轨道。

(1) 在菜单栏中选择"视图" | "三维视图" | "东南等轴测"命令，切换至三维东南等轴测视图。

(2) 在功能区选项板中选择"可视化"选项卡，然后在"坐标"面板中单击 X 按钮，将当前坐标系绕 X 轴旋转 90°。

(3) 在功能区选项板中选择"常用"选项卡，然后在"绘图"面板中单击"多段线"按钮，依次指定多段线的起点和经过点，即(0,0)、(18,0)、(18,5)、(23,5)、(23,9)、(20,9)、(20,13)、(14,13)、(14,9)、(6,9)、(6,13)和(0,13)，绘制闭合多段线，效果如图 13-19 所示。

（4）在功能区选项板中选择"常用"选项卡，然后在"修改"面板中单击"圆角"按钮，设置圆角半径为 2，然后对绘制的多段线修圆角。

（5）在功能区选项板中选择"常用"选项卡，然后在"修改"面板中单击"倒角"按钮，设置倒角距离为 1，然后对绘制的多段线修倒角。

（6）在功能区选项板中选择"常用"选项卡，然后在"坐标"面板中单击"世界"按钮，恢复到世界坐标系，如图 13-20 所示。

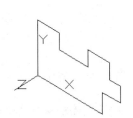

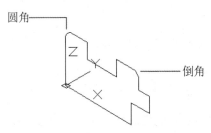

图 13-19　绘制闭合多段线　　　　　　　　图 13-20　恢复世界坐标系

（7）在功能区选项板中选择"常用"选项卡，然后在"绘图"面板中单击"多段线"按钮，以点(18,0)为起点、点(68,0)为圆心、角度为 180° 和以点(118,0)为起点、点(168,0)为圆心、角度为-180°，绘制两个半圆弧，效果如图 13-21 所示。

（8）在功能区选项板中选择"常用"选项卡，然后在"建模"面板中单击"拉伸"按钮，将绘制的多段线沿圆弧路径拉伸。

（9）在菜单栏中选择"视图"｜"消隐"命令，消隐图形，效果如图 13-22 所示。

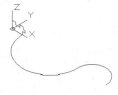

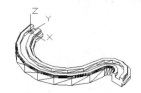

图 13-21　绘制圆弧　　　　　　　　　　图 13-22　拉伸图形

13.4.2　旋转

在功能区选项板中选择"常用"选项卡，然后在"建模"面板中单击"旋转"按钮，或在菜单栏中选择"绘图"｜"建模"｜"旋转"(REVOLVE)命令，即可通过绕轴旋转二维对象创建三维实体或曲面。在创建实体时，用于旋转的二维对象可以是封闭多段线、多边形、圆、椭圆、封闭样条曲线、圆环及封闭区域。三维对象包含在块中的对象，有交叉或自干涉的多段线不能被旋转，而且每次只能旋转一个对象。若创建三维曲面，则用于旋转的二维对象是不封闭的。

【例 13-6】在 AutoCAD 中通过旋转的方法，绘制实体模型。

（1）在功能区选项板中选择"常用"选项卡，然后在"绘图"面板中综合运用多种绘图命令，绘制如图 13-23 所示的直线和图形，其中尺寸可由用户自行确定。

（2）在菜单栏中选择"视图"｜"三维视图"｜"视点"命令，并在命令行"指定视点或

[旋转(R)] <显示坐标球和三轴架>:" 提示下输入(1,1,1)，指定视点，如图 13-24 所示。

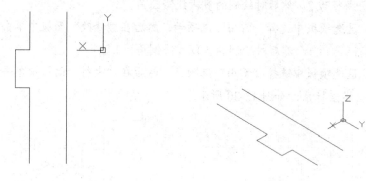

图 13-23　绘制多段线　　　　　　　　　　　图 13-24　调整视点

(3) 在功能区选项板中选择"常用"选项卡，然后在"建模"面板中单击"旋转"按钮，执行 REVOLVE 命令。

(4) 在命令行的"选择对象:"提示下，选择多段线作为旋转二维对象，并按 Enter 键。

(5) 在命令行的"指定轴起点或根据以下选项之一定义轴 [对象(O)/X /Y /Z]"提示下，输入 O，绕指定的对象旋转。

(6) 在命令行的"选择对象:"提示下，选择直线作为旋转轴对象。

(7) 在命令行的"指定旋转角度<360>:"提示下输入 360，指定旋转角度，如图 13-25 所示。

(8) 在菜单栏中选择"视图"|"消隐"命令，消隐图形，效果将如图 13-26 所示。

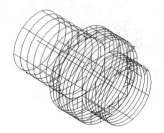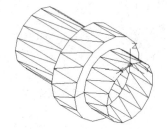

图 13-25　将二维图形旋转成实体　　　　　　图 13-26　图形消隐效果

13.4.3　扫掠

在功能区选项板中选择"常用"选项卡，然后在"建模"面板中单击"扫掠"按钮，或在菜单栏中选择"绘图"|"建模"|"扫掠"(SWEEP)命令，即可通过沿路径扫掠二维对象创建三维实体和曲面。如果扫掠的对象不是封闭的图形，那么使用"扫掠"命令后得到的将是网格面，否则得到的是三维实体。

使用"扫掠"命令绘制三维对象时，当用户指定了封闭图形作为扫掠对象后，命令行显示如下提示信息。

　选择扫掠路径或 [对齐(A)/基点(B)/比例(S)/扭曲(T)]:

在该命令提示下，可以直接指定扫掠路径创建三维对象，也可以设置扫掠时的对齐方式、基点、比例和扭曲参数。其中，"对齐"选项用于设置扫掠前是否对齐垂直于路径的扫掠对象；"基点"选项用于设置扫掠的基点；"比例"选项用于设置扫掠的比例因子，当指定了该参数后，扫掠效果与单击扫掠路径的位置有关；"扭曲"选项用于设置扭曲角度或允许非平面扫掠路径倾斜。图 13-27 所示为对圆形进行螺旋路径扫掠成实体的效果。

图 13-27　通过扫掠绘制实体

13.4.4　放样

在功能区选项板中选择"常用"选项卡，然后在"建模"面板中单击"放样"按钮，或在菜单栏中选择"绘图"|"建模"|"放样"(LOFT)命令，即可在多个横截面之间的空间中创建三维实体或曲面，如果需要放样的对象不是封闭的图形，那么使用"放样"命令后得到的将是网格面，否则得到的是三维实体。图 13-28 所示即是三维空间中 3 个圆放样后得到的实体。

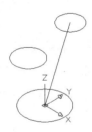

图 13-28　放样并消隐图形

在放样时，当依次指定放样截面后(至少两个)，命令行显示如下提示信息。

输入选项 [导向(G)/路径(P)/仅横截面(C)/设置(S)] <仅横截面>:

在该命令提示下，需要选择放样方式。其中，"导向"选项用于使用导向曲线控制放样，每条导向曲线必须与每一个截面相交，并且起始于第 1 个截面，结束于最后一个截面；"路径"选项用于使用一条简单的路径控制放样，该路径必须与全部或部分截面相交；"仅横截面"选项用于只使用截面进行放样，选择"设置"选项可打开"放样设置"对话框，可以设置放样横截面上的曲面控制选项。

【例 13-7】在(0,0,0)、(0,0,20)、(0,0,50)、(0,0,70)、(0,0,90)5 个点处绘制半径分别为 30、10、50、20 和 10 的圆，然后以绘制的圆为截面进行放样创建放样实体。

(1) 在菜单栏中选择"视图"|"三维视图"|"东南等轴测"命令，切换至三维东南等轴测视图。

(2) 在功能区选项板中选择"常用"选项卡，然后在"建模"面板中单击"圆心，半径"按钮，分别在点(0,0,0)、(0,0,20)、(0,0,50)、(0,0,70)、(0,0,90)5 个点处绘制半径分别为30、10、50、20 和 10 的圆，如图 13-29 所示。

(3) 在功能区选项板中选择"常用"选项卡，然后在"建模"面板中单击"放样"按钮，执行放样命令。

(4) 在命令行的"按放样次序选择横截面:"提示下，从下向上依次单击绘制的圆作为放样截面。

(5) 在命令行的"输入选项 [导向(G)/路径(P)/仅横截面(C)] <路径>:"提示下，输入 C，仅通过横截面进行放样。

(6) 在菜单栏中选择"视图"|"消隐"命令，消隐图形，效果如图 13-30 所示。

图 13-29　绘制圆

图 13-30　图形消隐效果

13.5　编辑三维对象

在二维图形编辑中的许多修改命令，如移动、复制、删除等，同样适用于三维对象。另外，用户可以在菜单栏中选择"修改"|"三维操作"菜单中的子命令，对三维空间中的对象进行三维阵列、三维镜像、三维旋转以及对齐位置等操作，如图 13-31 所示。

13.5.1　三维移动

在功能区选项板中选择"常用"选项卡，然后在"修改"面板中单击"三维移动"按钮，或在菜单栏中选择"修改"|"三维操作"|"三维移动"(3DMOVE)命令，可以移动三维对象。执行"三维移动"命令时，命令行显示如下提示。

指定基点或 [位移(D)] <位移>:

默认情况下，当指定一个基点后，再指定第二点，即可以第一点为基点，以第二点和第一点之间的距离为位移，移动三维对象，如图 13-32 所示。如果选择"位移"选项，则可以直接移动三维对象。

图 13-31　"修改"面板

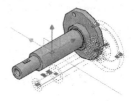

图 13-32　在三维空间中移动对象

13.5.2　三维旋转

在功能区选项板中选择"常用"选项卡，然后在"修改"面板中单击"三维旋转"按钮，或在菜单栏中选择"修改"|"三维操作"|"三维旋转"(ROTATE3D)命令，即可使对象绕三维空间中任意轴(X 轴、Y 轴或 Z 轴)、视图、对象或两点旋转。

【例 13-8】在 AutoCAD 中将图形绕 X 轴旋转 90°，然后再绕 Z 轴旋转 45°。

(1) 在功能区选项板中选择"常用"选项卡，然后在"修改"面板中单击"三维旋转"按钮，最后在"选择对象:"提示下选择需要旋转的对象，如图 13-33 所示。

(2) 在命令行的"指定基点:"提示信息下，确定旋转的基点(0,0)。

(3) 此时，在绘图窗口中出现一个球形坐标，红色代表 X 轴，绿色代表 Y 轴，蓝色代表 Z 轴，单击"红色环型线"确认绕 X 轴旋转，如图 13-34 所示。

图 13-33　选中图形　　　　　　　　　图 13-34　确认旋转轴

(4) 在命令行的"指定角的起点或键入角度:"提示信息下输入 90，并按 Enter 键，此时图形将绕 X 轴选择 90°，效果如图 13-35 所示。

(5) 使用同样的方法，将图形绕 Z 轴旋转 45°，效果如图 13-36 所示。

图 13-35　绕 X 轴旋转 90°后的图形　　　图 13-36　绕 Z 轴旋转 45°后的图形

13.5.3　三维镜像

在功能区选项板中选择"常用"选项卡，然后在"修改"面板中单击"三维镜像"按钮，或在菜单栏中选择"修改"|"三维操作"|"三维镜像"(MIRROR3D)命令，即可在三维空间中将指定对象相对于某一平面镜像。

执行三维镜像命令，并选择需要进行镜像的对象，然后指定镜像面。镜像面可以通过3 点确定，也可以是对象、最近定义的面、Z 轴、视图、XY 平面、YZ 平面和 ZX 平面。

【例 13-9】在 AutoCAD 中，用三维镜像功能对图形进行镜像复制。

(1) 在功能区选项板中选择"常用"选项卡，然后在"修改"面板中单击"三维镜像"按钮，并选择如图 13-37 中的圆柱体。

(2) 在命令行的"指定镜像平面(三点)的第一个点或[对象(O)/最近的(L)/Z 轴(Z)/视图(V)/XY 平面(XY)/YZ 平面(YZ)/ZX 平面(ZX)/三点(3)]<三点>:"提示信息下，输入 XY，以 XY 平面作为镜像面。

(3) 在命令行的"指定 XY 平面上的点 <0,0,0>:"提示信息下，指定 XY 平面经过的点(0,0,100)。

(4) 在命令行的"是否删除源对象? [是(Y)/否(N)]:"提示信息下，输入 N，表示镜像的同时不删除源对象，如图 13-38 所示。

图 13-37　镜像复制图形

图 13-38　镜像复制效果

13.5.4　三维阵列

在功能区选项板中选择"常用"选项卡，然后在"修改"面板中单击"三维阵列"按钮，或在菜单栏中选择"修改"|"三维操作"|"三维阵列"(3DARRAY)命令，即可在三维空间中使用环形阵列或矩形阵列方式复制对象。

1. 矩形阵列

在命令行的"矩形(R)/路径(PA)/极轴(PO <矩形>:"提示信息下，选择"矩形"选项或者直接按 Enter 键，即可以矩形阵列方式复制对象，此时需要依次指定阵列的行数、列数、阵列的层数、行间距、列间距及层间距。

其中，矩形阵列的行、列、层分别沿着当前 UCS 的 X 轴、Y 轴和 Z 轴的方向；输入某方向的间距值为正值时，表示将沿相应坐标轴的正方向阵列，否则沿反方向阵列。

2. 环形阵列

在命令行的"输入阵列类型 [矩形(R)/路径(PA)/极轴(PO] <矩形>:"提示信息下。

- 选择"极轴(PO)"选项，然后输入阵列中心点，即可以极轴方式创建环形阵列。此时命令行提示如下。

　选择夹点以编辑阵列或 [关联(AS)/基点(B)/项目(I)/项目间角度(A)/填充角度(F)/行(ROW)/层(L)/旋转项目(ROT)/退出(X)]

- 选择"路径(PA)"选项，然后选择一条路径曲线，即可以路径方式创建环形阵列。此时命令行提示如下。

　选择夹点以编辑阵列或 [关联(AS)/方法(M)/基点(B)/切向(T)/项目(I)/行(R)/层(L)/对齐项目(A)/Z方向(Z)/退出(X)]

13.6　编辑三维实体

在 AutoCAD 2016 的菜单栏中选择"修改"|"实体编辑"菜单中的子命令，或在功能

区选项板中选择"常用"选项卡，然后在"实体编辑"面板中，单击实体编辑工具按钮，即可对三维实体进行编辑。

13.6.1　并集运算

在功能区选项板中选择"常用"选项卡，然后在"实体编辑"面板中单击"实体，并集"按钮，或在菜单栏中选择"修改"|"实体编辑"|"并集"(UNION)命令，即可合并选定的三维实体，生成一个新实体。该命令主要用于将多个相交或相接触的对象组合在一起。当组合一些不相交的实体时，其显示效果将还是多个实体，但实际上却被当作一个合并的对象。在使用该命令时，只需要依次选择待合并的对象即可。

例如，对如图 13-39 所示的球体和长方体并集运算，可在功能区选项板中选择"常用"选项卡，然后在"实体编辑"面板中单击"实体，并集"按钮，再分别选择两个实体，按 Enter 键，即可完成并集运算，效果如图 13-40 所示。

图 13-39　用作并集运算的实体　　　　　　　图 13-40　并集运算效果

13.6.2　差集运算

在功能区选项板中选择"常用"选项卡，然后在"实体编辑"面板中单击"实体，差集"按钮，或在菜单栏中选择"修改"|"实体编辑"|"差集"命令(SUBTRACT)，即可从该实体中删除部分实体，从而得到一个新的实体。

例如，若要从如图 13-41 所示的球体中减去长方体，可以在功能区选项板中选择"常用"选项卡，然后在"实体编辑"面板中单击"实体，差集"按钮，再单击球体，将其作为被减实体，按 Enter 键，最后单击长方体后按 Enter 键确认，即可完成差集运算，效果如图 13-42 所示。

图 13-41　用作差集运算的实体　　　　　　　图 13-42　差集运算效果

13.6.3　交集运算

在功能区选项板中选择"常用"选项卡，然后在"实体编辑"面板中单击"实体，交集"按钮，或在菜单栏中选择"修改"|"实体编辑"|"交集"(INTERSECT)命令，即可利用各实体的公共部分创建新实体。

例如，若要对如图 13-43 所示的长方体和球体求交集，可以在功能区选项板中选择"常用"选项卡，然后在"实体编辑"面板中单击"交集"按钮，再单击所有需要求交集的实体，按 Enter 键，即可完成交集运算，效果如图 13-44 示。

图 13-43　用作交集运算的实体

图 13-44　交集运算效果

13.6.4　对实体修圆角和倒角

在 AutoCAD 的功能区选项板中选择"常用"选项卡，然后在"修改"面板中单击"倒角"按钮，或在菜单栏中选择"修改" | "倒角"(CHAMFER)命令，即可对实体的棱边修倒角，从而在两相邻曲面间生成一个平坦的过渡面。

在功能区选项板中选择"常用"选项卡，然后在"修改"面板中单击"圆角"按钮，或在菜单栏中选择"修改" | "圆角"命令(FILLET)，即可为实体的棱边修圆角，从而在两个相邻面间生成一个圆滑过渡的曲面。当为几条交于同一个点的棱边修圆角时，如果圆角半径相同，则会在该公共点上生成球面的一部分。

【例 13-10】对如图 13-45 所示图形中的 A 处的棱边修倒角，倒角距离都为 5；对 B 和 C 处的棱边修圆角，圆角半径为 15。

(1) 在功能区选项板中选择"常用"选项卡，然后在"修改"面板中单击"倒角"按钮，再在"选择第一条直线或 [放弃(U)/多段线(P)/距离(D)/角度(A)/修剪(T)/方式(E)/多个(M)]:"提示信息下，单击 A 处作为待选择的边。

(2) 在命令行的"输入曲面选择选项 [下一个(N)/当前(OK)] <当前(OK)>:"提示信息下按 Enter 键，指定曲面为当前面。

(3) 在命令行的"指定基面的倒角距离:"提示信息下输入 5，指定基面的倒角距离为 5。

(4) 在命令行的"指定基面的倒角距离<5.000>:"提示信息下按 Enter 键，指定其他曲面的倒角距离也为 5。

(5) 在命令行的"选择边或 [环(L)]:"提示信息下，单击 A 处的棱边，效果如图 13-46 所示。

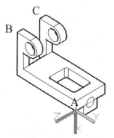

图 13-45　对实体修圆角和倒角

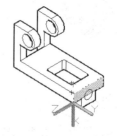

图 13-46　对 A 处的棱边修倒角

(6) 在功能区选项板中选择"常用"选项卡，然后在"修改"面板中单击"圆角"按钮，再在命令行的"选择第一个对象或 [放弃(U)/多段线(P)/半径(R)/修剪(T)/多个(M)]:"提示信息下，单击 B 处的棱边。

(7) 在命令行的"输入圆角半径:"提示信息下输入 15，指定圆角半径，按 Enter 键，效果如图 13-47 所示。

(8) 使用同样的方法，对 D 处的棱边修圆角，完成后效果如图 13-48 所示。

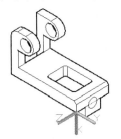

图 13-47　对 B 处的棱边修圆角

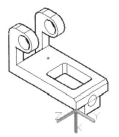

图 13-48　图形效果

13.7　思 考 练 习

1. 在 AutoCAD 2016 中，如何对三维基本实体进行并集、差集、交集和干涉 4 种布尔运算？

2. 绘制一个底面中心为(0,0)、底面半径为 10、顶面半径为 10、高度为 20、顺时针旋转 10 圈的弹簧，如图 13-49 所示。

3. 绘制如图 13-50 所示的轮廓图，然后使用 EXTRUDE 命令创建与其对应的拉伸实体，拉伸高度为 50。

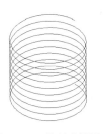

图 13-49　绘制弹簧图

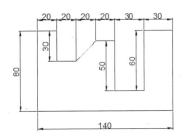

图 13-50　拉伸实体

第14章 绘制三维零件图

三维模型分为线框模型、曲面模型和实体模型。线框模型用顶点和邻边表示形体；曲面模型使用有向棱边围成的部分定义形体表面，由面的几何来定义形体，曲面模型在线框模型的基础上增加了有关面边(环边)信息以及表面特征、棱边的连接方向等内容；实体模型则在曲面模型的基础上明确定义了在曲面的哪一侧存在实体，从而增加了给定点与实体之间的关系信息。

本章将介绍利用 AutoCAD 2016 绘制三维实体零件的方法和技巧。首先通过实例操作讲解常用实体模型的创建过程，然后介绍模型的显示方式和利用三维实体模型生成二维图形的方法。

14.1 创建简单三维实体

本节将介绍在 AutoCAD 2016 中创建例如手柄、阀门、轴、轴承、定位块、皮带轮等三维实体零件的具体操作方法。

14.1.1 创建手柄

手柄一般是回转型零件，基于这一特点，当创建手柄的三维图形时，通常先绘制它的一半二维轮廓，然后将其绕轴线旋转而成。

(1) 选择"视图"|"三维视图"|"平面视图"|"当前 UCS"命令，切换到平面视图。平面视图是指使当前 UCS 的 XY 面与绘图屏幕平行，以便绘制二维轮廓图。

(2) 在 AutoCAD 中绘制如图 14-1 所示的手柄轮廓图，然后选择"绘图"|"建模"|"旋转"命令，即执行 REVOLVE 命令，AutoCAD 提示如下信息。

选择要旋转的对象：	//选择已得到的封闭轮廓多段线
选择要旋转的对象：	//按 Enter 键
指定轴起点或根据以下选项之一定义轴 [对象(O)/X/Y/Z] <对象>：	
//捕捉手柄轮廓图形的左侧点 A	
指定轴端点：	//捕捉手柄轮廓图形的右侧点 B
指定旋转角度或 [起点角度(ST)] <360>：	//按 Enter 键

(3) 执行结果如图 14-2 所示。

(4) 选择"视图"|"三维视图"|"西南等轴测"命令，此时，手柄实体模型的效果如图 14-3 所示。

(5) 选择"视图"|"消隐"命令，图形效果如图 14-4 所示。

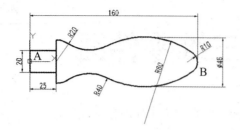

图 14-1　绘制手柄

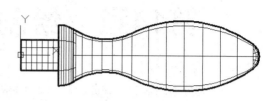

图 14-2　旋转建模

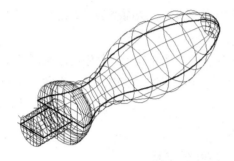

图 14-3　以"西南等轴测"视点观看实体

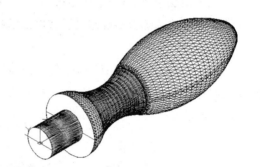

图 14-4　消隐效果

14.1.2　创建阀门

本节将介绍阀门实体的创建方法，该实体要通过建立不同的 UCS 来绘制。

(1) 选择"绘图"|"建模"|"球体"命令，即执行 SPHERE 命令，AutoCAD 提示如下信息。

> 指定中心点或 [三点(3P)/两点(2P)/相切、相切、半径(T)]:0,0,0
> 指定半径或 [直径(D)]: 35

(2) 选择"视图"|"三维视图"|"东北等轴测"命令改变视点，结果如图 14-5 所示。

(3) 选择"工具"|"新建 UCS"|X 命令，AutoCAD 提示如下信息。

> 指定绕 X 轴的旋转角度 <90>:

(4) 执行结果如图 14-6 所示。

图 14-5　球体

图 14-6　建立 UCS

(5) 选择"绘图"|"建模"|"圆柱体"命令，即执行 CYLINDER 命令，AutoCAD 提示如下信息。

　　　　指定底面的中心点或 [三点(3P)/两点(2P)/相切、相切、半径(T)/椭圆(E)]: 0,0,-50
　　　　指定底面半径或 [直径(D)]:14
　　　　指定高度或 [两点(2P)/轴端点(A)]:100

(6) 执行结果如图 14-7 所示。

(7) 选择"修改"|"实体编辑"|"差集"命令，即执行 SUBTRACT 命令，AutoCAD 提示如下信息。

　　　　选择要从中减去的实体或面域···
　　　　选择对象:　　　　　　　　　　//选择图 14-7 中的球体
　　　　选择对象:　　　　　　　　　　//按 Enter 键
　　　　选择要减去的实体或面域···
　　　　选择对象:　　　　　　　　　　//选择图 14-7 中的圆柱体
　　　　选择对象:　　　　　　　　　　//按 Enter 键

(8) 执行结果如图 14-8 所示。

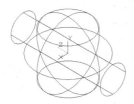

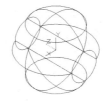

　　　　图 14-7　绘制圆柱体　　　　　　　　　　　　图 14-8　差集结果

(9) 将 UCS 绕 X 轴旋转-90 度，然后沿 Y 轴方向移动 22，选择"绘图"|"建模"|"长方体"命令，即执行 BOX 命令，AutoCAD 提示如下信息。

　　　　指定第一个角点或 [中心(C)]:6,40
　　　　指定其他角点或 [立方体(C)/长度(L)]:@-12,-80,15

(10) 执行结果如图 14-9 所示。

(11) 对球体和长方体执行差集操作，然后选择"视图"|"消隐"命令，得到的结果如图 14-10 所示。

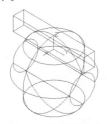

　　　　图 14-9　绘制长方体　　　　　　　　　　　图 14-10　阀门效果

14.1.3　创建轴承

本节将介绍在 AutoCAD 2016 中创建轴承三维实体的操作步骤。

(1) 打开本书第 9 章绘制的轴承图形，如图 14-11 所示。

(2) 对图形进行修剪, 删除不要的线, 留下中心线作为旋转轴线, 效果如图 14-12 所示。

图 14-11　轴承图形　　　　　　　　　　图 14-12　绘制封闭轮廓线

(3) 执行 PEDIT 命令, 将图 14-12 中的两条封闭曲线合并成一条多段线。合并后, 得到的图形与图 14-12 相同, 但图中的两条封闭曲线均成为封闭多段线, 如图 14-13 所示。

(4) 选择 "绘图" | "建模" | "旋转" 命令, 即执行 REVOLVE 命令, AutoCAD 提示如下信息。

> 选择要旋转的对象:　　　　　　　　　　　//按 Enter 键
> 指定旋转轴的起点或定义轴依照 [对象(O)/X 轴(X)/Y 轴(Y)]:
> //在图 14-13 中, 捕捉水平旋转轴线的左端点
> 指定轴端点:　　　　　　　　　　　//在图 14-13 中, 捕捉水平旋转轴线的右端点
> 指定旋转角度 <360>:　　　　　　　　　　　//按 Enter 键

(5) 旋转完毕后, 选择 "视图" | "三维视图" | "东北等轴测" 命令改变视点, 得到的结果如图 14-14 所示。

图 14-13　转换多段线　　　　　　　　　　图 14-14　旋转结果

(6) 选择 "工具" | "新建 UCS" | "原点" 命令, AutoCAD 提示如下信息。

> 指定新原点 <0,0,0>:

(7) 在以上提示下, 在图 14-14 中捕捉左端面的圆心, 得到的结果如图 14-15 所示, 即对应圆心是新 UCS 的原点(建立新 UCS 是为了在绘制表示轴承滚珠的球体时, 可以方便地确定其球心位置)。

(8) 选择 "绘图" | "建模" | "球体" 命令, 即执行 SPHERE 命令, AutoCAD 提示如下信息。

> 指定中心点或 [三点(3P)/两点(2P)/相切、相切、半径(T)]:-8,0,23　　//确定球体的球心位置
> 指定半径或 [直径(D)]: 4　　//按 Enter 键

(9) 执行结果如图 14-16 所示。

(10) 选择"修改"|"三维操作"|"三维阵列"命令，即执行 3DARRAY 命令，AutoCAD
提示如下信息。

> 选择对象：　　　　　　　　　　　//选择图 14-16 中的球体
> 选择对象：　　　　　　　　　　　//按 Enter 键
> 输入阵列类型 [矩形(R)/环形(P)] <矩形>:P
> 输入阵列中的项目数目:16
> 指定要填充的角度 (+=逆时针, -=顺时针) <360>:　　　　　　//按 Enter 键
> 旋转阵列对象？　[是(Y)/否(N)] <是>:　　　　　　//按 Enter 键
> 指定阵列的中心点：　　//在图 14-16 中，捕捉旋转轴上的一端点
> 指定旋转轴上的第二点：　　//在图 14-16 中，捕捉旋转轴上的另一端点

图 14-15　新建 UCS

图 14-16　绘制球体

(11) 执行结果如图 14-17 所示。

(12) 最后，执行 ERASE 命令删除旋转轴直线，选择"视图"|"消隐"命令，消隐轴
承，效果如图 14-18 所示。

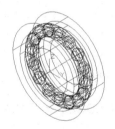

图 14-17　三维阵列

图 14-18　轴承效果

14.1.4　创建定位块

本节将介绍在 AutoCAD 2016 中创建定位块三维实体的操作步骤。

(1) 选择"视图"|"三维视图"|"东北等轴测"命令改变视点(坐标系图标为图 14-19
所示的形式)。

(2) 选择"工具"|"新建 UCS"|Z 命令，使 UCS 绕 Z 轴旋转 90 度，再选择"工具"|
"新建 UCS"|X 命令，使 UCS 绕 X 轴旋转 90 度，如图 14-20 所示。

图 14-19　改变视点

图 14-20　创建 UCS

(3) 选择"绘图"|"多段线"命令，即执行 PLINE 命令，AutoCAD 提示如下信息。

指定起点: 0,0
指定下一个点或 [圆弧(A)/半宽(H)/长度(L)/放弃(U)/宽度(W)]: 27,0
指定下一点或 [圆弧(A)/闭合(C)/半宽(H)/长度(L)/放弃(U)/宽度(W)]: @0,8
指定下一点或 [圆弧(A)/闭合(C)/半宽(H)/长度(L)/放弃(U)/宽度(W)]: @5,0
指定下一点或 [圆弧(A)/闭合(C)/半宽(H)/长度(L)/放弃(U)/宽度(W)]: @0,16
指定下一点或 [圆弧(A)/闭合(C)/半宽(H)/长度(L)/放弃(U)/宽度(W)]: @-37,0
指定下一点或 [圆弧(A)/闭合(C)/半宽(H)/长度(L)/放弃(U)/宽度(W)]: @0,-16
指定下一点或 [圆弧(A)/闭合(C)/半宽(H)/长度(L)/放弃(U)/宽度(W)]: @5,0
指定下一点或 [圆弧(A)/闭合(C)/半宽(H)/长度(L)/放弃(U)/宽度(W)]: @0,-8
指定下一点或 [圆弧(A)/闭合(C)/半宽(H)/长度(L)/放弃(U)/宽度(W)]: C

(4) 执行结果如图 14-21 所示。

(5) 选择"绘图"|"建模"|"拉伸"命令，执行 EXTRUDE 命令，AutoCAD 提示如下信息。

选择要拉伸的对象:　　　　　　　//选择图 14-21 中的封闭对象
选择要拉伸的对象:　　　　　　　//按 Enter 键
指定拉伸的高度或 [方向(D)/路径(P)/倾斜角(T)]: -60

(6) 执行结果如图 14-22 所示。

图 14-21　绘制封闭轮廓

图 14-22　拉伸结果

(7) 选择"工具"|"新建 UCS"|"原点"命令，AutoCAD 提示如下信息。

指定新原点 <0,0,0>:

(8) 在以上提示下捕捉图 14-22 中位于最右侧的角点，执行结果如图 14-23 所示。

(9) 选择"工具"|"新建 UCS"|Y 命令，AutoCAD 提示如下信息。

指定绕 Y 轴的旋转角度 <90>:　　//按 Enter 键

(10) 执行结果如图 14-24 所示。

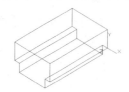

图 14-23　改变 UCS 原点

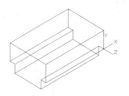

图 14-24　旋转 UCS

(11) 选择"绘图"|"多段线"命令,即执行 PLINE 命令,AutoCAD 提示如下信息。

> 指定起点: 0,16
> 指定下一个点或 [圆弧(A)/半宽(H)/长度(L)/放弃(U)/宽度(W)]: @0,16
> 指定下一点或 [圆弧(A)/闭合(C)/半宽(H)/长度(L)/放弃(U)/宽度(W)]: @-17,0
> 指定下一点或 [圆弧(A)/闭合(C)/半宽(H)/长度(L)/放弃(U)/宽度(W)]: @-21,-16
> 指定下一点或 [圆弧(A)/闭合(C)/半宽(H)/长度(L)/放弃(U)/宽度(W)]: C

(12) 执行结果如图 14-25 所示。

(13) 选择"绘图"|"建模"|"拉伸"命令,执行 EXTRUDE 命令,AutoCAD 提示如下信息。

> 选择要拉伸的对象　　　　　　　　//选择图 14-25 的封闭对象
> 选择要拉伸的对象　　　　　　　　//按 Enter 键
> 指定拉伸的高度或 [方向(D)/路径(P)/倾斜角(T)]: -37

(14) 执行结果如图 14-26 所示。

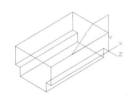

图 14-25　绘制封闭多段线

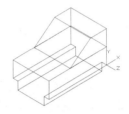

图 14-26　拉伸为实体

(15) 选择"工具"|"新建 UCS"|"原点"命令,AutoCAD 提示如下信息。

> 指定新原点 <0,0,0>: -38,16,-18.5

(16) 选择"工具"|"新建 UCS"|X 命令,AutoCAD 提示如下信息。

> 指定绕 X 轴的旋转角度 <90>:

(17) 执行结果如图 14-27 所示。

(18) 选择"绘图"|"建模"|"圆柱体"命令,即执行 CYLINDER 命令,AutoCAD 提示如下信息。

> 指定底面的中心点或 [三点(3P)/两点(2P)/相切、相切、半径(T)/椭圆(E)]:0,0,10
> 指定底面半径或 [直径(D)]: D
> 指定直径: 26
> 指定高度或 [两点(2P)/轴端点(A)]: -30

(19) 再次执行 CYLINDER 命令,AutoCAD 提示如下信息。

> 指定底面的中心点或 [三点(3P)/两点(2P)/相切、相切、半径(T)/椭圆(E)]:0,0,0
> 指定底面半径或 [直径(D)]: D
> 指定直径: 13

指定高度或 [两点(2P)/轴端点(A)]: 45

(20) 执行结果如图 14-28 所示。

选择对象：　　　　　　//选择图 14-28 中通过拉伸得到的两个实体
选择对象：　　　　　　//按 Enter 键

图 14-27　新建 UCS

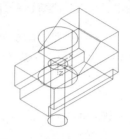

图 14-28　创建圆柱体

(21) 选择"修改"｜"实体编辑"｜"并集"命令，即执行 UNION 命令，AutoCAD 提示如下信息。

(22) 选择"修改"｜"实体编辑"｜"差集"命令，即执行 SUBTRACT 命令，AutoCAD 提示如下信息。

选择要从中减去的实体或面域…
选择对象：　　　　　　//选择通过并集操作得到的实体
选择对象：　　　　　　//按 Enter 键
选择要减去的实体或面域…
选择对象：　　　　　　//分别选择图 14-28 中的两个圆柱体

(23) 执行结果如图 14-29 所示。

(24) 选择"视图"｜"消隐"命令后，定位块图形的效果如图 14-30 所示。

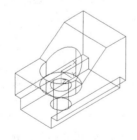

图 14-29　布尔操作结果

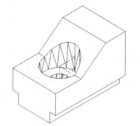

图 14-30　定位块效果

14.1.5　创建管接头

本节将介绍在 AutoCAD 2016 中创建管接头三维实体的操作步骤。

(1) 选择"绘图"｜"建模"｜"圆柱体"命令，即执行 CYLINDER 命令，AutoCAD 提示如下信息。

> 指定底面的中心点或 [三点(3P)/两点(2P)/相切、相切、半径(T)/椭圆(E)]:0,0,0
> 指定底面半径或 [直径(D)]: D
> 指定直径: 75
> 指定高度或 [两点(2P)/轴端点(A)]: 10

(2) 选择"视图"|"三维视图"|"西南等轴测"命令。

(3) 执行 CYLINDER 命令，AutoCAD 提示如下信息。

> 指定底面的中心点或 [三点(3P)/两点(2P)/相切、相切、半径(T)/椭圆(E)]:0,0,0
> 指定底面半径或 [直径(D)]: D
> 指定直径: 46
> 指定高度或 [两点(2P)/轴端点(A)]: 65

(4) 执行结果如图 14-31 所示。

(5) 执行 CYLINDER 命令，AutoCAD 提示如下信息。

> 指定底面的中心点或 [三点(3P)/两点(2P)/相切、相切、半径(T)/椭圆(E)]:0,0,0
> 指定底面半径或 [直径(D)]: D
> 指定直径: 30
> 指定高度或 [两点(2P)/轴端点(A)]: 65

(6) 执行结果如图 14-32 所示。

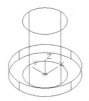

图 14-31　创建圆柱体

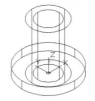

图 14-32　创建直径为 30 的圆柱体

(7) 执行 CYLINDER 命令，AutoCAD 提示如下信息。

> 指定底面的中心点或 [三点(3P)/两点(2P)/相切、相切、半径(T)/椭圆(E)]: 30.5,0
> 指定底面半径或 [直径(D)]: D
> 指定直径: 6
> 指定高度或 [两点(2P)/轴端点(A)]: 15

(8) 执行结果如图 14-33 所示。

(9) 选择"修改"|"三维操作"|"三维阵列"命令，即执行 3DARRAY 命令，AutoCAD 提示如下信息。

> 选择对象:　　　　　　　　　　　　　//选择图 14-33 中的小圆柱体
> 选择对象:　　　　　　　　　　　　　//按 Enter 键
> 输入阵列类型 [矩形(R)/环形(P)] <矩形>:P
> 输入阵列中的项目数目: 4
> 指定要填充的角度 (+=逆时针, -=顺时针) <360>:　//按 Enter 键
> 旋转阵列对象? [是(Y)/否(N)] <Y>:　　　　　　　//按 Enter 键

| 指定阵列的中心点: | //捕捉图 14-33 中大圆柱体的顶面圆心 |
| 指定旋转轴上的第二点: | //捕捉图 14-33 中大圆柱体的底面圆心 |

(10) 执行结果如图 14-34 所示。

图 14-33　创建直径为 6 的圆柱体　　　　　　　　图 14-34　阵列结果

(11) 选择"工具" | "新建 UCS" |X 命令，AutoCAD 提示如下信息。

| 指定绕 X 轴的旋转角度 <90>: | //按 Enter 键 |

(12) 执行结果如图 14-35 所示。

(13) 执行 CYLINDER 命令，AutoCAD 提示如下信息。

指定底面的中心点或 [三点(3P)/两点(2P)/相切、相切、半径(T)/椭圆(E)]: 0,42,35
指定底面半径或 [直径(D)]: D
指定直径: 24
指定高度或 [两点(2P)/轴端点(A)]: -70

(14) 执行结果如图 14-36 所示。

图 14-35　新建 UCS　　　　　　　　　　图 14-36　创建直径为 24 的圆柱体

(15) 执行 CYLINDER 命令，创建直径为 16 的圆柱体，AutoCAD 提示如下信息。

指定底面的中心点或 [三点(3P)/两点(2P)/相切、相切、半径(T)/椭圆(E)]: 0,42,35
指定底面半径或 [直径(D)]: D
指定直径: 16
指定高度或 [两点(2P)/轴端点(A)]: -80

(16) 执行结果如图 14-37 所示。

(17) 选择"修改" | "实体编辑" | "并集"命令，即执行 UNION 命令，AutoCAD 提示如下信息。

| 选择对象: | //选择直径为 76、46 和 24 的圆柱体 |
| 选择对象: | //按 Enter 键 |

(18) 执行结果如图 14-38 所示。

(19) 选择"修改" | "实体编辑" | "差集"命令，执行 SUBTRACT 命令，AutoCAD 提示如下信息。

图 14-37　创建直径为 16 的圆柱体

图 14-38　并集运算

选择要从中减去的实体或面域…

选择对象:　　　　　　　　//选择通过并集操作得到的实体

选择对象:　　　　　　　　//按 Enter 键

选择要减去的实体或面域…

选择对象:　　　　//分别选择 4 个小圆柱体和直径为 30 和 16 的圆柱体

(20) 执行结果如图 14-39 所示。

(21) 最后，选择"视图"|"消隐"命令，得到的管接头图形效果如图 14-40 所示。

图 14-39　差集运算

图 14-40　管接头效果

14.1.6　创建轴

本节将介绍在 AutoCAD 2016 中创建轴的三维实体。

(1) 打开本书第 10 章绘制的轴图形，删除多余的图形对象，并将执行 PEDIT 命令，将轮廓线合并为多段线，如图 14-41 所示。

(2) 选择"绘图"|"建模"|"旋转"命令，即执行 REVOLVE 命令，AutoCAD 提示如下信息。

选择要旋转的对象:　　　//选择图 14-41 中的多段线对象

选择要旋转的对象:　　　//按 Enter 键

指定轴起点或根据以下选项之一定义轴 [对象(O)/X/Y/Z] <对象>:

//在图 14-41 中，捕捉位于下方的水平直线的左端点

指定轴端点:　　　　　　//在图 14-41 中，捕捉位于下方的水平直线的右端点

指定旋转角度或 [起点角度(ST)] <360>:　//按 Enter 键

(3) 执行结果如图 14-42 所示。

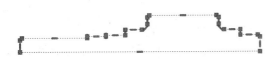

图 14-41　合并结果

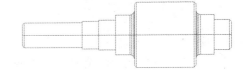

图 14-42　旋转结果

(4) 选择 "视图" | "三维视图" | "西南等轴测" 命令，得到结果如图 14-43 所示。

(5) 选择 "工具" | "新建 UCS" | "原点" 命令，然后捕捉图 14-43 中左端面的圆心，选择 "工具" | "新建 UCS" | Z 命令，将坐标旋转 180 度，得到的结果如图 14-44 所示。

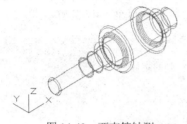

图 14-43　西南等轴测　　　　　　　　　　　　　　图 14-44　新建 UCS

(6) 继续选择 "工具" | "新建 UCS" | "原点" 命令，AutoCAD 提示如下信息。

指定新原点 <0,0,0>:-12,0,8.5

(7) 执行结果如图 14-45 所示。

(8) 选择 "视图" | "三维视图" | "平面视图" | "当前 UCS" 命令，得到的结果如图 14-46 所示。

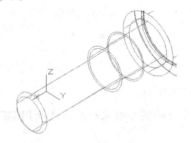

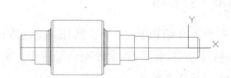

图 14-45　新建 UCS　　　　　　　　　　图 14-46　以平面视图形式显示图形

(9) 执行 CIRCLE 命令绘制直径为 8 的两个圆，执行 LINE 命令绘制对应的两条水平切线，如图 14-47 所示。

(10) 执行 TRIM 命令，对图 14-47 进行修剪，执行 PEDIT 命令将修剪后的图形转换为多段线，结果如图 14-48 所示。

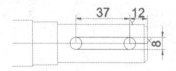

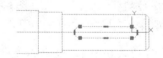

图 14-47　绘制圆与直线　　　　　　　　图 14-48　修剪并转换为多段线

(11) 选择 "视图" | "三维视图" | "西南等轴测" 命令，结果如图 14-49 所示。

(12) 选择 "绘图" | "建模" | "拉伸" 命令，执行 EXTRUDE 命令，AutoCAD 提示如下信息。

选择要拉伸的对象:　　　　　//选择图 14-49 中表示键槽轮廓的曲线

选择要拉伸的对象:　　　　　//按 Enter 键

指定拉伸的高度或 [方向(D)/路径(P)/倾斜角(T)]: 20

(13) 执行结果如图 14-50 所示。

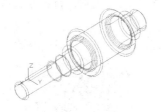

图 14-49　观察实体

图 14-50　拉伸结果

(14) 选择"修改"|"实体编辑"|"差集"命令，AutoCAD 提示如下信息。

选择要从中减去的实体或面域…

选择对象:　　//选择图 14-50 中的轴实体

选择对象:　　//按 Enter 键

选择要减去的实体或面域…

选择对象:　　//选择图 14-50 中的拉伸实体

选择对象:　　//按 Enter 键

(15) 执行结果如图 14-51 所示。

(16) 选择"视图"|"视觉样式"|"真实"命令，显示图形，效果如图 14-52 所示。

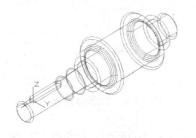

图 14-51　观察实体

图 14-52　拉伸结果

14.1.7　创建皮带轮

本节将通过实例操作介绍创建皮带轮三维实体的方法。

(1) 打开本书第 10 章绘制的皮带轮图形，删除多余的图形对象，并执行 PEDIT 命令，将轮廓线合并为多段线，如图 14-53 所示。

(2) 选择"绘图"|"建模"|"旋转"命令，即执行 REVOLVE 命令，AutoCAD 提示如下信息。

选择要旋转的对象:　　　　//选择图 14-53 中的封闭多段线对象

选择要旋转的对象:　　　　//按 Enter 键

指定旋转轴的起点或

指定轴起点或根据以下选项之一定义轴 [对象(O)/X/Y/Z] <对象>:
//在图 14-53 中捕捉旋转轴线的左端点
指定轴端点:　　　　　　　　　　　　　　//在图 14-53 中，捕捉水平旋转轴线的右端点
指定旋转角度或 [起点角度(ST)] <360>:　　//按 Enter 键

(3) 选择"视图"|"三维视图"|"西南等轴测"命令改变视点，执行结果如图 14-54 所示。

图 14-53　合并结果　　　　　　　　　　　　图 14-54　旋转结果

(4) 选择"工具"|"新建 UCS"|"原点"命令和"工具"|"新建 UCS"|Y 命令，新建 UCS，结果如图 14-55 所示。

(5) 选择"绘图"|"建模"|"圆柱体"命令，AutoCAD 提示如下信息。

指定底面的中心点或 [三点(3P)/两点(2P)/相切、相切、半径(T)/椭圆(E)]:45,0,0
指定底面半径或 [直径(D)]: 15
指定高度或 [两点(2P)/轴端点(A)]: -70

(6) 执行结果如图 14-56 所示。

图 14-55　新建 UCS　　　　　　　　　　　　图 14-56　绘制圆柱体

(7) 选择"修改"|"三维操作"|"三维阵列"命令，AutoCAD 提示如下信息。

选择对象:　　　　//选择图 14-56 中的小圆柱体
选择对象:　　　　//按 Enter 键
输入阵列类型 [矩形(R)/环形(P)] <矩形>:P
输入阵列中的项目数目: 4
指定要填充的角度 (+=逆时针, -=顺时针) <360>:　　//按 Enter 键
旋转阵列对象？ [是(Y)/否(N)] <是>:
指定阵列的中心点:　　　　//捕捉图 14-53 旋转轴上的一端点
指定旋转轴上的第二点:　　//捕捉图 14-53 旋转轴上的另一端点

(8) 执行结果如图 14-57 所示。

(9) 选择"修改"|"实体编辑"|"差集"命令，用旋转的实体减去阵列的圆柱体，然后选择"视图"|"视觉样式"|"灰度"命令，显示图形，效果如图 14-58 所示。

图 14-57　阵列结果

图 14-58　图形效果

14.2　控制视觉样式

为了创建和编辑三维图形中各部分的结构特征，需要不断地调整模型的显示方式和视图位置。控制三维视图的显示可以实现视角、视觉样式和三维模型显示平滑度的改变。如此不仅可以改变模型的真实投影效果，而且更有利于精确设计产品的模型。

14.2.1　切换视觉样式

零件的不同视觉样式呈现出不同的视觉效果。如果要形象地展示模型效果，可以切换为概念样式；如果要表达模型的内部结构，可以切换为线框样式。视觉样式用于控制视口中模型和着色的显示，用户可以在视觉样式管理器中创建和更改视觉样式的设置。

在功能区选项板中选择"视图"选项卡，然后在"视觉样式"面板中选择"视觉样式"下拉列表框中的视觉样式，或在菜单栏中选择"视图"|"视觉样式"子命令，即可对视图应用视觉样式。

视觉样式是一组设置，用于控制视口中边和着色的显示。如果应用了视觉样式或更改了其设置，就可以在视口中查看效果。在 AutoCAD 2016 中，有以下几种默认的视觉样式，各视觉样式的功能说明如下。

- 二维线框：显示使用直线和曲线表示边界的对象。光栅和 OLE 对象、线型和线宽均可见，如图 14-59 所示。
- 线框：显示使用直线和曲线表示边界的对象，如图 14-60 所示。

图 14-59　二维线框视觉样式

图 14-60　线框视觉样式

- 消隐：显示使用三维线框表示的对象并隐藏表示后向面的直线，如图 14-61 所示。
- 真实：显示着色多边形平面间的对象，并使对象的边平滑化，将显示已附着到对象的材质，如图 14-62 所示。

图 14-61　三维消隐视觉样式

图 14-62　真实视觉样式

- 概念：显示着色多边形平面间的对象，并使对象的边平滑化。着色使用古氏面样式，是一种冷色和暖色之间的过渡，而不是从深色至浅色的过渡。虽然效果缺乏真实感，但是可以更方便地查看模型的细节，如图 14-63 所示。
- 着色：在着色视觉样式中来回移动模型时，跟随视点的两个平行光源将会照亮面。该默认光源被设计为照亮模型中的所有面，以便从视觉上可以辨别这些面，如图 14-64 所示。另外，仅在其他光源(包括阳光)关闭时，才能使用默认光源。

图 14-63　概念视觉样式

图 14-64　着色视觉样式

14.2.2　管理视觉样式

在功能区选项板中选择"视图"选项卡，然后在"可视化"面板中单击"视觉样式管理器"按钮，或在菜单栏中选择"视图"|"视觉样式"|"视觉样式管理器"命令，将打开"视觉样式管理器"选项板，如图 14-65 所示。

图 14-65　打开"视觉样式管理器"选项板

在"图形中的可用视觉样式"列表框中，显示了图形中的可用视觉样式的样例图像。当选定某一视觉样式后，该视觉样式显示黄色边框，选定的视觉样式的名称将显示在选项板的底部。在"视觉样式管理器"选项板的下部，将显示该视觉样式的面设置、环境设置和边设置。

在"视觉样式管理器"选项板中，使用工具条中的工具按钮，可以创建新的视觉样式，将选定的视觉样式应用于当前视口，将选定的视觉样式输出至工具选项板以及删除选定的视觉样式。

注意：

在"图形中的可用视觉样式"列表框中选择的视觉样式不同，设置区中的参数选项也不同，用户可以根据需要在选项板中进行相关设置。

14.3　三维图形显示设置

当用户对前面介绍的示例进行消隐或以不同的视觉样式显示时，得到的图形可能不很光滑。此时，可以通过一些系统变量控制实体的显示方式。

14.3.1　消隐图形

在快捷工具栏中选择"显示菜单栏"命令，在显示的菜单栏中选择"视图"|"消隐"(HIDE)命令，可以暂时隐藏位于实体背后而被遮挡的部分，如图 14-66 所示。

图 14-66　消隐图形

执行消隐操作之后，绘图窗口将暂时无法使用"缩放"和"平移"命令，直到选择"视图"|"重生成"命令重生成图形为止。

14.3.2　改变三维图形的曲面轮廓素线

当三维图形中包含弯曲面时(如球体和圆柱体等)，曲面在线框模式下用线条的形式来显示，这些线条称为网线或轮廓素线。使用系统变量 ISOLINES 可以设置显示曲面所用的网线条数，默认值为 4，即使用 4 条网线来表达每一个曲面。该值为 0 时，表示曲面没有网线，如果增加网线的条数，则会使图形看起来更接近三维实物，如图 14-67 所示。

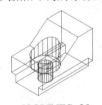 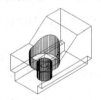

ISOLINES=20　　　　　　　　　　　　　ISOLINES=80

图 14-67　ISOLINES 设置对实体显示的影响

14.3.3　以线框形式显示实体轮廓

使用系统变量 DISPSILH 可以线框形式显示实体轮廓，此时需要将其值设置为 1，并用"消隐"命令隐藏曲面的小平面，如图 14-68 所示。

DISPSILH=0　　　　　　　　　　　　　DISPSILH=1

图 14-68　以线框形式显示实体轮廓

14.3.4　改变实体表面的平滑度

要改变实体表面的平滑度，可通过修改系统变量 FACETRES 来实现。该变量用于设置曲面的面数，取值范围为 0.01～10。其值越大，曲面越平滑，如图 14-69 所示。

FACETRES=2

FACETRES=10

图 14-69　改变实体表面的平滑度

14.4　创建复杂三维零件

本节将介绍创建较为复杂的三维实体零件的具体操作方法。

14.4.1　创建箱体

下面将介绍创建箱体三维零件的方法。

(1) 在命令行中执行 BOX 命令，AutoCAD 提示如下信息。

```
指定第一个角点或 [中心(C)]: 0,0
指定其他角点或 [立方体(C)/长度(L)]: @115,310,220
```

(2) 选择"视图"|"三维视图"|"东北等轴测"命令改变视点，如图 14-70 所示。

(3) 执行 BOX 命令，AutoCAD 提示如下信息。

```
指定第一个角点或 [中心(C)]: 5,5
指定其他角点或 [立方体(C)/长度(L)]: @300,105,240
```

(4) 执行 BOX 命令，AutoCAD 提示如下信息。

```
指定第一个角点或 [中心(C)]: -20,0,0
指定其他角点或 [立方体(C)/长度(L)]:@350,115,-10
```

(5) 执行结果如图 14-71 所示。

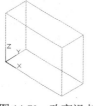

图 14-70　改变视点

图 14-71　创建长方体

(6) 对两个大长方体进行差集操作，而后与位于下面的扁平长方体进行并集操作，并

选择"工具"|"新建 UCS"|X 命令，将坐标旋转 90 度，得到的结果如图 14-72 所示。

(7) 执行 CYLINDER 命令，在中心点(60,110)创建一个直径为 50、高度为 16 的圆柱体，在中心点(60,110,-10)创建一个直径为 31、高度为 30 的圆柱体，如图 14-73 所示。

图 14-72　布尔操作结果

图 14-73　创建圆柱体

(8) 选择"视图"|"三维视图"|"平面视图"|"当前 UCS"命令，并建立新 UCS，结果如图 14-74 所示(新 UCS 的原点仍位于箱体面上，但与圆柱体同心)。

(9) 因螺栓孔尺寸很小，本例将用孔近似代替。执行 CYLINDER 命令，在中心点(0,40,-10)创建直径为 3、高度为 30 的圆柱体，如图 14-75 所示。

(10) 执行 ARRAY 命令，对新绘制的小圆柱体进行环形阵列，得到的结果如图 14-76 所示(阵列后，通过"视图"|"三维视图"|"东北等轴测"命令改变视点)。

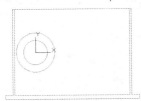

图 14-74　建立新 UCS

图 14-75　创建圆柱体

(11) 执行 COPY 命令，AutoCAD 提示如下信息。

选择对象:	//在图 14-76 中，选择各圆柱体
选择对象:	//按 Enter 键
指定基点或 [位移(D)/模式(O)] <位移>:	//在绘图屏幕任意确定一点
指定第二个点或 <使用第一个点作为位移>: @129,0	
指定第二个点或 [退出(E)/放弃(U)] <退出>:	//按 Enter 键

(12) 执行结果如图 14-77 所示。

图 14-76　环形阵列

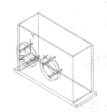

图 14-77　复制结果

(13) 选择"修改"|"三维操作"|"三维镜像"命令，AutoCAD 提示如下信息。

选择对象:	//在图 14-77 中，选择全部圆柱体
选择对象:	//按 Enter 键

> 指定镜像平面 (三点) 的第一个点或
>
> [对象(O)/最近的(L)/Z 轴(Z)/视图(V)/XY 平面(XY)/YZ 平面(YZ)/ZX 平面(ZX)/三点(3)] <三点>:XY
>
> 指定 XY 平面上的点 <0,0,0>: 0,0,−57.5
>
> 是否删除源对象? [是(Y)/否(N)] <否>:　　//按 Enter 键

(14) 执行结果如图 14-78 所示。

(15) 对长方体实体和直径为 50 的 4 个圆柱体执行并集操作，然后对并集后的图形和其余圆柱体执行差集操作，结果如图 14-79 所示。

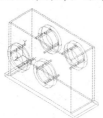

图 14-78　三维镜像结果

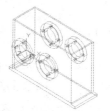

图 14-79　布尔操作结果

(16) 建立如图 14-80 中坐标系图标所示的新 UCS。

(17) 执行 CYLINDER 命令，在中心点(10,27.5)创建直径为 5.5、高度为−15 的圆柱体，结果如图 14-81 所示。

图 14-80　新建 UCS

图 14-81　创建圆柱体

(18) 在图 14-81 中对新绘制的圆柱体进行两次三维镜像，结果如图 14-82 所示。

(19) 将箱体实体与新绘制的 4 个小圆柱体进行差集操作，选择"视图"|"视觉样式"|"真实"命令，得到的结果如图 14-83 所示。

图 14-82　镜像结果

图 14-83　图形效果

14.4.2　创建底座

下面将介绍创建底座三维零件的方法。

(1) 选择"绘图"|"建模"|"长方体"命令，即执行 BOX 命令，AutoCAD 提示如下信息。

　　指定第一个角点或 [中心(C)]:　　　　　　　　//在绘图屏幕恰当位置确定一点

　　指定其他角点或 [立方体(C)/长度(L)]:@172,140,17

(2) 选择"视图"|"三维视图"|"东北等轴测"命令改变视点，如图 14-84 所示。

(3) 选择"工具"|"新建 UCS"|"三点"命令，新建 UCS，结果如图 14-85 所示。

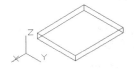

　　　　　图 14-84　创建长方体　　　　　　　　　　　　　　图 14-85　新建 UCS

(4) 选择"绘图"|"多段线"命令，即执行 PLINE 命令，AutoCAD 提示如下信息。

　　指定起点:　　　//在图 14-85 中，捕捉坐标原点所在端点

　　指定下一个点或 [圆弧(A)/半宽(H)/长度(L)/放弃(U)/宽度(W)]: @36,0

　　指定下一点或 [圆弧(A)/闭合(C)/半宽(H)/长度(L)/放弃(U)/宽度(W)]: @0,-17

　　指定下一点或 [圆弧(A)/闭合(C)/半宽(H)/长度(L)/放弃(U)/宽度(W)]: A

　　指定圆弧的端点或

　　[角度(A)/圆心(CE)/闭合(CL)/方向(D)/半宽(H)/直线(L)/半径(R)/第二个点(S)/放弃(U)/宽度(W)]:

@-36,0

　　指定圆弧的端点或

　　[角度(A)/圆心(CE)/闭合(CL)/方向(D)/半宽(H)/直线(L)/半径(R)/第二个点(S)/放弃(U)/宽度(W)]:L

　　指定下一点或 [圆弧(A)/闭合(C)/半宽(H)/长度(L)/放弃(U)/宽度(W)]: C

(5) 执行结果如图 14-86 所示。

(6) 选择"绘图"|"建模"|"拉伸"命令，即执行 EXTRUDE 命令，AutoCAD 提示如下信息。

　　选择要拉伸的对象:　　　//选择图 14-86 中的多段线

　　选择要拉伸的对象:　　　//按 Enter 键

　　指定拉伸的高度或 [方向(D)/路径(P)/倾斜角(T)]: -20

(7) 执行结果如图 14-87 所示。

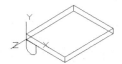
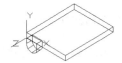

　　　　　图 14-86　绘制多段线　　　　　　　　　　　　　　图 14-87　拉伸图形

(8) 选择"绘图"|"建模"|"圆柱体"命令，AutoCAD 提示如下信息。

　　指定底面的中心点或 [三点(3P)/两点(2P)/相切、相切、半径(T)/椭圆(E)]:

　　//在图 14-87 中，在通过拉伸得到的实体上，捕捉左端面上的半圆圆心

　　指定底面半径或 [直径(D)]: 8

　　指定高度或 [两点(2P)/轴端点(A)]: -25

(9) 执行结果如图 14-88 所示。

(10) 选择"修改"|"实体编辑"|"差集"命令，对拉伸得到的实体和绘制的圆柱体执行差集操作。

(11) 选择"修改"|"三维操作"|"三维镜像"命令，AutoCAD 提示如下信息。

> 选择对象:　　　//在图 14-89 中，选择由差集操作后得到的实体
> 选择对象:　　　//按 Enter 键
> 指定镜像平面 (三点) 的第一个点或[对象(O)/最近的(L)/Z 轴(Z)/视图(V)/XY 平面(XY)/YZ 平面(YZ)/ZX 平面(ZX)/三点(3)]＜三点＞:YZ
> 指定 YZ 平面上的点 ＜0,0,0＞: 70,0,0
> 是否删除源对象? [是(Y)/否(N)] ＜否＞:　//按 Enter 键

(12) 执行结果如图 14-89 所示。

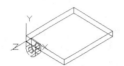

图 14-88　绘制圆柱体

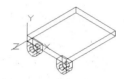

图 14-89　三维镜像结果

(13) 继续执行 MIRROR3D 命令，AutoCAD 提示如下信息。

> 选择对象:　　　//在图 14-89 中，选择除长方体外的其余 2 个实体
> 选择对象:　　　//按 Enter 键
> 指定镜像平面 (三点) 的第一个点或[对象(O)/最近的(L)/Z 轴(Z)/视图(V)/XY 平面(XY)/YZ 平面(YZ)/ZX 平面(ZX)/三点(3)]＜三点＞:XY
> 指定 XY 平面上的点: 0,0,−86
> 是否删除源对象? [是(Y)/否(N)] ＜否＞:　//按 Enter 键

(14) 建立如图 14-90 所示的 UCS。

(15) 执行 CYLINDER 命令，AutoCAD 提示如下信息。

> 指定底面的中心点或 [三点(3P)/两点(2P)/相切、相切、半径(T)/椭圆(E)]: 24,58
> 指定底面半径或 [直径(D)]: 36
> 指定高度或 [两点(2P)/轴端点(A)]: −140

(16) 执行 CYLINDER 命令，AutoCAD 提示如下信息。

> 指定底面的中心点或 [三点(3P)/两点(2P)/相切、相切、半径(T)/椭圆(E)]: 24,58
> 指定底面半径或 [直径(D)]: 19
> 指定高度或 [两点(2P)/轴端点(A)]: −140

(17) 执行结果如图 14-91 所示。

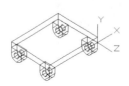

图 14-90　新建 UCS

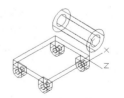

图 14-91　创建圆柱体

(18) 执行 SUBTRACT 命令，用直径 36 的圆柱体减去直径 19 的圆柱体。

(19) 执行 BOX 命令，绘制长方体 1，AutoCAD 提示如下信息。

指定第一个角点或 [中心(C)]: 0,17,0
指定其他角点或 [立方体(C)/长度(L)]:@-12,58,-140

(20) 执行 BOX 命令，绘制长方体 2，AutoCAD 提示如下信息。

指定第一个角点或 [中心(C)]: -12,58,0
指定其他角点或 [立方体(C)/长度(L)]: @80,40,-140

(21) 执行结果如图 14-92 所示。

(22) 执行 SUBTRACT 命令，用圆柱体和长方体 1 减去长方体 2，如图 14-93 所示。

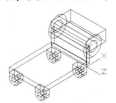

图 14-92　绘制长方体

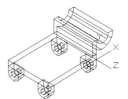

图 14-93　差集结果

(23) 执行 UNION 命令，AutoCAD 提示如下信息。

选择对象:

(24) 在该提示下，选择图 14-93 中的各实体后按 Enter 键，结果如图 14-94 所示。

(25) 选择 "修改" | "圆角" 命令，即执行 FILLET 命令，AutoCAD 提示如下信息。
选择第一个对象或 [放弃(U)/多段线(P)/半径(R)/修剪(T)/多个(M)]:

//在图 14-94 中，拾取用虚线表示的位于左侧的边
输入圆角半径: 10
选择边或 [链(C)/半径(R)]:　　　　//按 Enter 键

(26) 执行结果如图 14-95 所示。

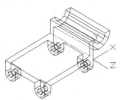

图 14-94　并集结果

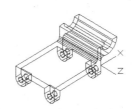

图 14-95　修圆角结果

(27) 选择 "工具" | "新建 UCS" | "原点" 命令，根据提示捕捉对应的角点，建立如图 14-96 所示的 UCS。

(28) 选择 "工具" | "新建 UCS" | "原点" 命令，AutoCAD 提示如下信息。

指定新原点: @0,0,-62

(29) 执行 PLINE 命令，AutoCAD 提示如下信息。

```
指定起点: 0,0
指定下一个点或 [圆弧(A)/半宽(H)/长度(L)/放弃(U)/宽度(W)]: @160,0
指定下一点或 [圆弧(A)/闭合(C)/半宽(H)/长度(L)/放弃(U)/宽度(W)]: @0,41
指定下一点或 [圆弧(A)/闭合(C)/半宽(H)/长度(L)/放弃(U)/宽度(W)]: C
```

(30) 执行结果如图 14-97 所示。

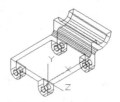

图 14-96　新建 UCS

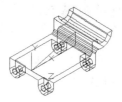

图 14-97　绘制多段线

(31) 执行 EXTRUCE 命令，AutoCAD 提示如下信息。

```
选择对象:      //选择在前一步骤中绘制的多段线
选择对象:      //按 Enter 键
指定拉伸高度或 [路径(P)]: -16
指定拉伸的倾斜角度 <0>:  //按 Enter 键
```

(32) 执行结果如图 14-98 所示。

(33) 执行 UNION 命令，在"选择对象:"提示下，选择图 14-98 中的各实体后按 Enter 键，选择"视图"|"视觉样式"|"概念"命令，得到的视图效果如图 14-99 所示。

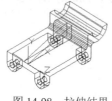

图 14-98　拉伸结果

图 14-99　概念视觉样式

14.5　由三维实体生成二维图形

本小节将创建支架的三维实体，并由其生成二维图形。

(1) 打开支架实体后，创建图 14-100 所示的 UCS(二维线框视觉样式)。

(2) 单击绘图屏幕上的"布局 1"标签，打开"布局 1"选项卡，AutoCAD 切换到"布局"窗口。

(3) 执行 ERASE 命令删除布局中的已有视口(即图形，删除时应在"选择对象:"提示下拾取方框边界)。

(4) 在命令行中执行 SOLVIEW 命令，AutoCAD 提示如下信息。

输入选项 [UCS(U)/正交(O)/辅助(A)/截面(S)]: U
输入选项 [命名(N)/世界(W)/?/当前(C)] <当前>:　　　　//按 Enter 键
输入视图比例 <1>: 0.5
指定视图中心:　　　　　　　　　　　　　　　　　//确定视图的中心位置
指定视图中心 <指定视口>:　　　　　　　　　　　//按 Enter 键
指定视口的第一个角点:　　　　　　　　　　　　　//确定视口的一个角点位置
指定视口的对角点:　　　　　　　　　　　　　　　//确定视口的另一个角点位置
输入视图名: View1

(5) 执行结果如图 14-101 所示。

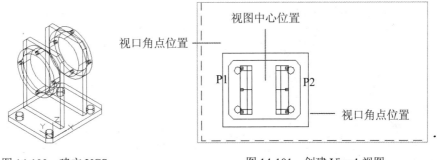

图 14-100　建立 UCS　　　　　　　　图 14-101　创建 View1 视图

(6) 通过 SOLVIEW 命令创建视口后，AutoCAD 自动创建一些图层，用来控制每个视口中的可见线和不可见线。这些图层的默认名称及其可控制的对象类型如表 14-1 所示。

表 14-1　图层名称及对象类型

图 层 名 称	对 象 类 型
视图名-VIS	可见线
视图名-HID	隐藏线
视图名-DIM	尺寸
视图名-HAT	填充的图案(如果创建了截面的话)
VPORTS	视口边界

(7) 继续执行 SOLVIEW 命令，从提示"输入选项 [UCS(U)/正交(O)/辅助(A)/截面(S)]:"中执行"截面(S)"选项，AutoCAD 提示如下信息。

指定剪切平面的第一个点:　　　　　　//捕捉图 14-101 中左垂直线上的中点 P1
指定剪切平面的第二个点:　　　　　　//捕捉图 14-101 中右垂直线上的中点 P2
指定要从哪侧查看:　　　　　　　　　//在图 14-101 中的 P1、P2 点的下方任意拾取一点
输入视图比例 <0.5>:　　　　　　　　//按 Enter 键
指定视图中心:　　　　　　　　　　　//在主视图位置确定视图的中心位置
指定视图中心 <指定视口>:　　　　　//按 Enter 键

指定视口的第一个角点: //确定视口的一个角点位置
指定视口的对角点: //确定视口的另一个角点位置
输入视图名: View2

(8) 创建 View2 视图后,在提示"输入选项 [UCS(U)/正交(O)/辅助(A)/截面(S)]:"中执行"正交(O)"选项,AutoCAD 提示如下信息。

指定视口要投影的那一侧: //在与 View2 视图对应的视口左边界上拾取一点 A
指定视图中心: //确定视图的中心位置
指定视图中心 <指定视口>:   //按 Enter 键
指定视口的第一个角点: //确定视口的一个角点位置
指定视口的对角点: //确定视口的另一个角点位置
输入视图名: View3
输入选项 [UCS(U)/正交(O)/辅助(A)/截面(S)]:   //按 Enter 键

(9) 执行结果如图 14-102 所示。

图 14-102   创建 View2 和 View3 视图

(10) 执行 MVSETUP 命令,AutoCAD 提示如下信息。

输入选项 [对齐(A)/创建(C)/缩放视口(S)/选项(O)/标题栏(T)/放弃(U)]: A
输入选项 [角度(A)/水平(H)/垂直对齐(V)/旋转视图(R)/放弃(U)]: H
指定基点: //在主视图中捕捉 A 点
指定视口中平移的目标点: //在左视图中捕捉 B 点

(11) 执行 SOLDRAW 命令,AutoCAD 提示如下信息

选择要绘图的视口…
选择对象:

(12) 在以上提示下选择视口边界,如果视口中的视图是由 SOLVIEW 命令的"UCS(U)""正交(O)"或"辅助(A)"选项创建的投影视图,AutoCAD 为该投影视图创建轮廓线;如果视口中的视图是由 SOLVIEW 命令的"截面(S)"选项创建的截面图,则 AutoCAD 用当前的填充图案填充截面,如图 14-103 所示。

(13) 选择"格式"|"图层"命令,打开"图层"面板,冻结图层 VPORTS,得到的结果如图 14-104 所示。

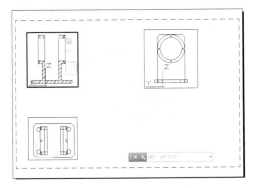

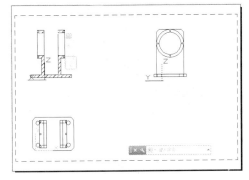

图 14-103　生成轮廓图或剖视图　　　　　　　　　　图 14-104　不显示隐藏线

14.6　标注三维零件图

利用 AutoCAD 2016，可以方便地为三维图形标注尺寸，但标注时通常需要根据标注位置的不同而定义对应的 UCS，以使标注的尺寸满足制图要求。一般来说，当标注某一尺寸时，应使 UCS 的 XY 面与在该尺寸所在平面相同，且 UCS 的坐标轴方向还应满足一定的要求。本节将通过为如图 14-99 所示的底座标注尺寸为例，介绍为三维图形标注尺寸的具体过程。

(1) 打开"底座"图形后，新建如图 14-105 所示的 UCS。

(2) 分别执行 DIMLINEAR 或 DIMRADIUS 命令，然后根据提示标注位于当前 UCS 的 XY 面上的对应尺寸，标注结果如图 14-106 所示。

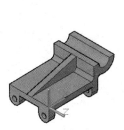

图 14-105　创建 UCS

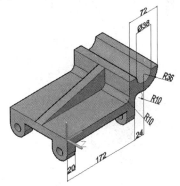

图 14-106　标注尺寸

(3) 建立如图 14-107 所示的 UCS(原 UCS 绕 Z 轴旋转-90 度)。

(4) 分别执行 DIMLINEAR 命令，然后根据提示标注位于当前 UCS 的 XY 面上的对应尺寸，标注结果如图 14-108 所示。

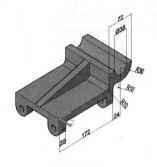

图 14-107　调整 UCS

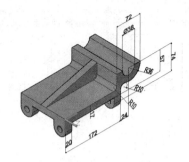

图 14-108　当前 UCS 对应尺寸

(5) 建立如图 14-109 所示的 UCS。

(6) 分别执行 DIMLINEAR 或 DIMDIAMETER 命令，然后根据提示，标注位于当前 UCS 的 XY 面上的对应尺寸，结果如图 14-110 所示。

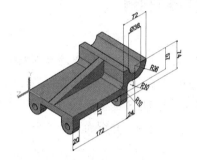

图 14-109　新建 UCS

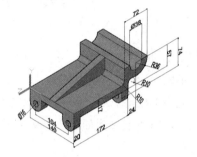

图 14-110　标注当前尺寸

(7) 建立如图 14-111 所示的 UCS。

(8) 在命令行中执行 DIMLINEAR，根据提示标注对应尺寸，如图 14-112 所示。

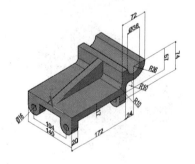

图 14-111　修改 UCS

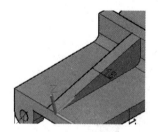

图 14-112　尺寸标注结构

14.7　思考练习

1. 本小节将创建如图 14-113 所示的三维端盖(图中给出了主要尺寸)。

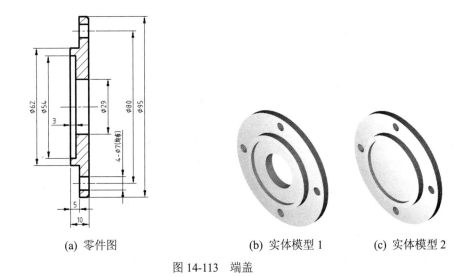

(a) 零件图　　　　　　　　　(b) 实体模型 1　　　　　(c) 实体模型 2

图 14-113　端盖

2. 本小节将创建如图 14-114 所示的三维齿轮模型(图中给出了主要尺寸)。

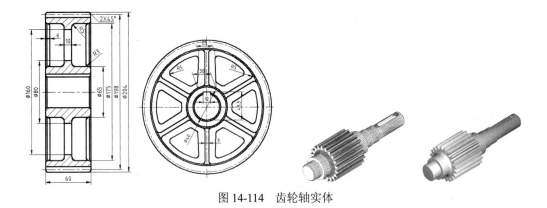

图 14-114　齿轮轴实体

第15章　绘制三维实体装配图

与二维装配图类似，用户也可以将已有零件的实体模型进行装配，生成部件或设备的装配实体，以便显示部件或设备的整体效果。当进行产品展示或当进行新产品的开发时，这一点特别有用。本章将介绍如何利用 AutoCAD 2016 进行实体装配以及如何创建实体的分解图(又称为爆炸图或展开图)等。同样，利用实体装配功能，可以验证实体零件的设计是否正确以及是否满足装配要求。利用实体装配，不需要制造出全部零件，就能够验证所设计的零件在装配后是否存在无法安装、干涉以及间歇太大或太小等缺陷。这也是计算机造型的优势所在。

15.1　装　配　实　体

本节将在第 11 章中创建的箱体、轴、齿轮和皮带轮等实体装配成变速器。

(1) 打开如图 15-1 所示的箱体实体和如图 15-2 所示的轴承实体。

图 15-1　箱体

图 15-2　轴承

(2) 选择"窗口"|"垂直平铺"命令将打开的两个窗口垂直平铺。

(3) 选择"视图"|"视觉样式"|"二维线框"命令，显示二维线框，如图 15-3 所示。

(4) 激活"轴承"图形窗口，选择"编辑"|"带基点复制"命令(注意，此处采用了带基点复制)，AutoCAD 提示如下信息。

指定基点：	//在左侧所示窗口中，捕捉轴承右端面的圆心
选择对象：	//选择轴承
选择对象：	//按 Enter 键

(5) 激活"箱体"图形窗口，选择"编辑"|"粘贴"命令，AutoCAD 提示如下信息。

指定插入点:

(6) 在"箱体"窗口中,在箱体左壁的内面上,捕捉某一孔的圆心,完成一个轴承的装配。

(7) 用类似的方法,在其他 3 个孔中装配轴承,得到的结果如图 15-4 所示(对于位于右壁的轴承,也可以通过三维镜像的方式实现装配)。装配完毕后,关闭轴承图形。

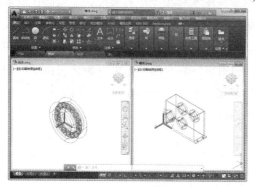

图 15-3　垂直平铺窗口

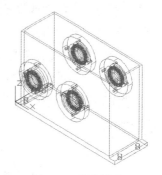

图 15-4　装配轴承

(8) 打开如图 15-5 所示的齿轮轴实体图,并垂直平铺打开的图形(为使图形清晰,已对轴消隐)。

(9) 激活"齿轮轴"图形窗口,选择"编辑"|"带基点复制"命令,AutoCAD 提示如下信息。

指定基点:	//在窗口的轴上,在位于左侧的第二个圆台上,捕捉其左端面的圆心
选择对象:	//选择齿轮轴
选择对象:	//按 Enter 键

(10) 激活"箱体"窗口,选择"编辑"|"粘贴"命令,AutoCAD 提示如下信息。

指定插入点:

(11) 在"箱体"窗口中,在箱体左壁的内面上,捕捉对应孔的圆心,得到的结果如图 15-6 所示。装配完毕后,关闭轴图形。

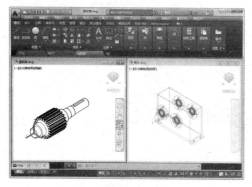

图 15-5　打开齿轮轴

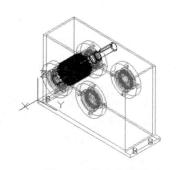

图 15-6　装配齿轮轴

（12）　打开如图 15-7 所示的端盖实体，然后重复上面介绍的方法装配实体，结果如图 15-8 所示。

  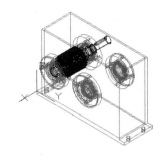

图 15-7　打开端盖　　　　　　　　　　　　图 15-8　装配端盖

（13）打开如图 15-9 所示的轴实体，然后重复上面介绍的方法装配实体，结果如图 15-10 所示。

 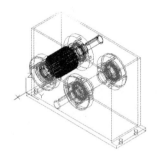

图 15-9　打开轴　　　　　　　　　　　　图 15-10　装配轴

（14）打开如图 15-11 所示的皮带轮和齿轮实体，然后重复上面介绍的方法装配实体，选择"视图"｜"消隐"命令后的结果如图 15-12 所示。

  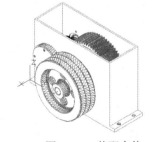

图 15-11　皮带轮和齿轮　　　　　　　　　图 15-12　装配实体

（15）执行 BOX 命令，AutoCAD 提示如下信息(注意: 此操作应在图 15-12 中坐标系图标所示的 UCS 下进行)。

```
指定第一个角点或 [中心(C)]: 50,0,110
指定其他角点或 [立方体(C)/长度(L)]:@-200,350,120
```

（16）执行结果如图 15-13 所示。

（17）执行 SUBTRACT 命令，AutoCAD 提示如下信息。

选择要从中减去的实体或面域…

选择对象:　　　　　　//在图 15-13 中，选择箱体实体

选择对象:　　　　　　//按 Enter 键

选择要减去的实体或面域…

选择对象:　　　　　　//在图 15-13 中，选择长方体

选择对象:　　　　　　//按 Enter 键

(18) 执行结果如图 15-14 所示。

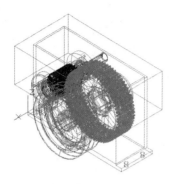
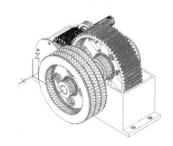

　　图 15-13　绘制长方体　　　　　　　　　　图 15-14　差集运算结果

(19) 参考步骤(14)的操作，创建一个长方体，然后用该长方体同其中的一个端盖做差集操作，结果如图 15-15 所示。

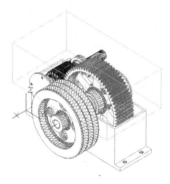

图 15-15　差集操作

(20) 重复以上操作，对其他端盖进行相同的差集操作，结果如图 15-16 所示。

(21) 执行"旋转"命令将皮带轮绕其轴旋转 180 度，结果如图 15-17 所示。

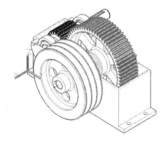
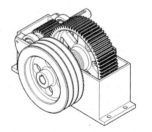

　　图 15-16　差集结果　　　　　　　　　　图 15-17　旋转皮带轮

(22) 选择"视图"|"三维视图"|"西北等轴测"命令，得到的结果如图 15-18 所示。

(23) 选择"视图"|"视觉样式"|"真实"命令显示图形，效果如图 15-19 所示。

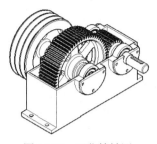

图 15-18　西北等轴测

图 15-19　真实视觉样式

(24) 选择"视图"|"三维视图"|"东南等轴测"命令，得到的结果如图 15-20 所示。

(25) 选择"视图"|"三维视图"|"西南等轴测"命令，得到的结果如图 15-21 所示。

图 15-20　东北等轴测

图 15-21　西南等轴测

15.2　创建分解图

一旦绘出实体装配图，可以很容易地创建出三维零件的分解图(分解图又称为爆炸图或展开图)。下面将介绍创建分解图的具体方法。

(1) 打开与图 15-17 对应的实体装配图，然后删除箱体、齿轮轴及与该轴同轴的端盖等，结果如图 15-22 所示。

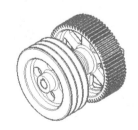

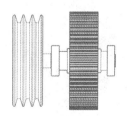

图 15-22　删除多余的图形

(2) 将图 15-22 中的各实体沿 X 轴方向平移一定距离，并改变观看视点，得到的结果如图 15-23 所示。

(3) 对图 15-23 消隐，得到如图 15-24 所示的结果。

图 15-23　分解图　　　　　　　　　　　　　图 15-24　消隐图

(4) 选择"视图"｜"视觉样式"｜"真实"命令显示图形，效果如图 15-25 所示。

(5) 选择"视图"｜"三维视图"｜"西北等轴测"命令，得到的结果如图 15-26 所示。

图 15-25　真实效果图　　　　　　　　　　　图 15-26　西北等轴测

15.3　思 考 练 习

1. 以本书第 14 章创建的"支架"实体为基础，设计并创建与图 15-27 对应的轴承、端盖、轴及皮带轮等实体零件，并将它们装配成如图 15-27 所示的效果。

2. 根据图 15-23 所示的装配图创建其分解图，效果如图 15-28 所示。

图 15-27　装配图　　　　　　　　　　　　图 15-28　分解图